冶金工业出版社

普通高等教育"十四五"规划教材

采矿工程导论

主　编　陈忠强　齐学元

副主编　张　鹏　耿俊俊

参　编　王向阳　康　正

扫一扫查看
全书数字资源

U0316000

北　京

冶金工业出版社

2025

内 容 提 要

本书共分 12 章，主要介绍了矿业发展及矿产资源储量概况、采矿工程技术的发展、采矿工程专业人才培养、露天开采技术、矿床地下开采技术、矿山爆破技术、智能采矿技术、煤矿绿色开采技术、矿山环境保护、矿井通风与矿山灾害防治、矿山生产过程信息化管理、矿山安全生产标准化等内容。

本书可作为高等院校采矿工程专业本科生的专业课教学用书，也可作为矿山企业工程技术人员的培训教材或参考书。

图书在版编目(CIP)数据

采矿工程导论/陈忠强，齐学元主编 .—北京：冶金工业出版社，2022.8（2025.1 重印）

普通高等教育"十四五"规划教材

ISBN 978-7-5024-9188-8

Ⅰ.①采… Ⅱ.①陈… ②齐… Ⅲ.①矿山开采—高等学校—教材 Ⅳ.①TD8

中国版本图书馆 CIP 数据核字（2022）第 105261 号

采矿工程导论

出版发行	冶金工业出版社	电　话	(010)64027926
地　址	北京市东城区嵩祝院北巷 39 号	邮　编	100009
网　址	www.mip1953.com	电子信箱	service@mip1953.com

责任编辑　王　颖　美术编辑　彭子赫　版式设计　郑小利
责任校对　葛新霞　责任印制　禹　蕊
北京建宏印刷有限公司印刷
2022 年 8 月第 1 版，2025 年 1 月第 3 次印刷
787mm×1092mm　1/16；13.5 印张；327 千字；205 页
定价 49.00 元

投稿电话　(010)64027932　投稿信箱　tougao@cnmip.com.cn
营销中心电话　(010)64044283
冶金工业出版社天猫旗舰店　yjgycbs.tmall.com
（本书如有印装质量问题，本社营销中心负责退换）

前　言

采矿工程是综合性很强的学科，主要研究矿产资源开采的基本理论和方法以及发展采矿新技术，核心内容包括采矿技术、矿山压力及岩层控制、井巷工程、通风安全技术、矿山机械、智能开采技术等。采矿工程专业培养人才的目的是通过学习科学技术、法律法规，提升专业人才的基本素质；提高矿产资源利用率，保障矿山安全生产，提高经济效益，保护矿区环境等。

本书结合内蒙古工业大学矿业学院采矿工程专业的培养目标，针对采矿工程专业的新生，对采矿工程专业进行全面系统的介绍，进一步探索应用型本科院校采矿工程专业新生学习专业知识的新方法。本书可作为采矿工程相关专业学生了解专业概况的教材、参考书，也可作为矿山企业职工培训基础教材使用。

本书共分12章，第1章主要介绍了矿业发展及矿产资源储量的概况；第2章介绍了采矿工程技术的发展；第3章介绍了采矿工程专业人才培养目标、课程设置；第4章到第6章简述了露天开采技术、矿床地下开采技术、矿山爆破技术；第7章介绍了智能采矿技术；第8章和第9章对煤矿绿色开采技术和矿山环境保护进行了简述；第10章介绍了矿井通风与矿山灾害防治；第11章和第12章介绍了矿山生产过程信息化管理、矿山安全生产标准化等内容。

本书由内蒙古工业大学组织编写，其中，齐学元编写第4章~第6章，张鹏编写第1章、第3章、第7章、第9章，耿俊俊编写第8章、第10章，陈忠强编写第11章、第12章，康正、王向阳共同编写第2章。全书由陈忠强、齐学元担任主编，张鹏、耿俊俊担任副主编，齐学元统稿。

本书在编写过程中，参考了有关文献和著作，借鉴了他们的成果，同时还参阅了网上有关资料，在此谨向相关作者表示诚挚的感谢。

由于编者水平所限，希望广大读者对书中不妥之处提出批评与建议，在此编者表示衷心的感谢。

编　者

2022 年 4 月

目　　录

1 矿业发展及矿产资源储量概况

1.1 全球矿业最新发展状况

新冠肺炎疫情全球蔓延以来，世界经济陷入深度衰退，全球矿产资源需求量总体出现下降，降幅为第二次世界大战以来最大。受经济衰退和应对气候变化影响，全球化石能源与大宗矿产消费出现明显下降，清洁能源与新能源矿产需求逆势增长。疫情对世界矿业活动造成较大冲击，2020 年全球矿产品总产量下降幅度超过消费量下降幅度，总体出现供不应求局面。疫情初期，全球矿产品价格和矿业公司市值呈恐慌式下降，各国陆续出台量化宽松政策，尤其在中国疫情趋稳后，矿产品价格和矿业公司市值快速反弹，全球矿产品和矿业市场整体呈现"V"字形震荡调整态势。未来，发达经济体经济总体缓慢增长，中国经济增速仍将保持较高水平，新冠肺炎疫情与大国贸易战仍将持续一段时间，气候变化压力不断增大，全球矿产资源需求总量仍将不断增长，但增速逐渐放缓。全球化石能源和大宗矿产需求将陆续达峰，清洁能源和新能源矿产需求快速增长，全球矿业发展面临结构性调整。

1.1.1 2020 年全球矿产资源状况

1.1.1.1 2020 年全球能源消费量显著下降，可再生能源逆势增长

2020 年全球能源消费量 133.5 亿吨油当量，较 2019 年下降 4.5%，是 1945 年以来最大降幅，远高于全球金融危机期间 1.5% 的降幅，如图 1-1 所示。化石能源消费大幅下降，全球石油消费量 40.1 亿吨，同比下降 9.7%；煤炭消费量 72 亿吨，同比下降 4.2%；天然气消费量 3.82 万亿立方米，同比下降 2.3%。但可再生能源消费逆势上升，同比增长 9.7%。

1.1.1.2 金属矿产需求总体下降，新能源矿产逆势增长

由于全球经济下行，传统产业受到影响，铁、锰、铝等大宗矿产消费出现下降。2020 年全球粗钢、铝消费量分别为 18.85 亿吨和 6477 万吨，同比分别下降 0.2% 和 0.7%。新能源、新材料产业逆势增长，拉动了铜及锂、钴等新能源矿产消费的较快增长，2020 年消费量分别为 2533 万吨、34 万吨（碳酸锂）和 14 万吨，同比分别增长 6.2%、15.3% 和 7.3%。

1.1.2 全球矿产品产量状况

1.1.2.1 2020 年全球矿业勘查开发投入下降

2020 年，新冠肺炎疫情在全球大规模蔓延，对全球矿业生产造成巨大冲击。各地区陆续出台各种措施抗击疫情，暂停包括勘查在内的不必要矿业活动，关停部分矿山，暂缓新

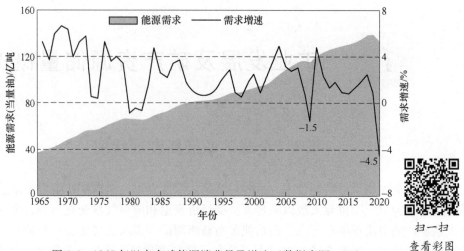

图 1-1 1965 年以来全球能源消费量及增速（数据来源：BP）

建矿山项目，削减部分矿山产量，或将部分开采矿山转为保养和维护状态，受疫情影响的采矿业项目超过 1600 个。同时，缩减开支，降低人员活动，减少员工数量。2020 年，全球固体矿产勘查投入约 83 亿美元，同比下降 11%；全球采矿业投资总额约 2900 亿美元，同比下降 13%，为过去 14 年来最低水平。

1.1.2.2 2020 年大部分矿业国家矿产品产量下降

与 2019 年相比，2020 年澳大利亚的煤炭、铁矿石、铜、金等矿产品产量下降，俄罗斯的煤炭、石油、天然气、金、铂族等矿产品产量下降，巴西铁的矿石、金等矿产品产量下降，秘鲁的铜、金、铅、锌产量下降，智利的铜产量下降，南非的铁、锰、金、铂族等矿产品产量下降。

1.1.2.3 2020 年全球矿产品总产量下降

2020 年，全球主要矿产品总产量 218 亿吨，同比下降 3.7%。其中，能源、金属和非金属产量分别为 147.4 亿吨、16.7 亿吨和 56.7 亿吨，同比分别下降 5.1%、1.4% 和 0.5%，生产下降幅度均高于消费下降幅度，总体出现供不应求的局面，如图 1-2 所示。

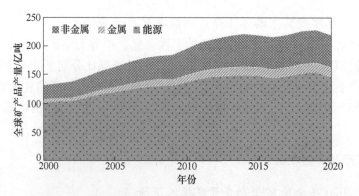

图 1-2 全球矿产品产量（数据来源：BP、USGS、WBMS）

1.1.2.4 2020 年全球能源、贵金属、黑色和有色金属产量下降

2020 年，全球煤炭产量同比下降 4.9%，石油下降 7.0%，天然气下降 3.1%，黄金下降 3.0%，银下降 5.7%，铂族金属下降 8.0%，铁下降 2.0%，锰下降 5.6%，铜下降 2.0%，铝土矿产量逆势上涨 2.3%。

1.2 中国矿产资源储量及矿产开发利用

1.2.1 矿产资源储量

截至 2020 年年底，中国已发现 173 种矿产，其中，能源矿产 13 种，金属矿产 59 种，非金属矿产 95 种，水气矿产 6 种。

（1）能源矿产。2020 年中国主要能源矿产储量见表 1-1，其地区分布如图 1-3 所示。

表 1-1 2020 年中国主要能源矿产储量

序号	矿产	储 量
1	煤炭	1622.88 亿吨
2	石油	36.19 亿吨
3	天然气	62665.78 亿立方米
4	煤层气	3315.54 亿立方米
5	页岩气	4026.17 亿立方米

注：油气（石油、天然气、煤层气、页岩气）储量参照国家标准《油气矿产资源储量分类》（GB/T 19492—2020），为剩余探明技术可采储量；其他矿产储量参照国家标准《固体矿产资源储量分类》（GB/T 17766—2020），为证实储量与可信储量之和。

数据来源：CHINA MINERAL RESOURCES 2021。

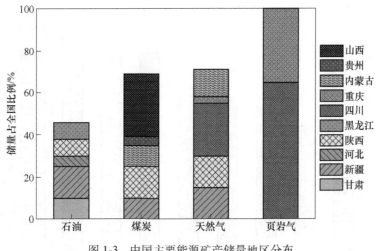

图 1-3 中国主要能源矿产储量地区分布

（数据来源：CHINA MINERAL RESOURCES 2021）

（2）金属矿产。2020 年中国主要金属矿产储量见表 1-2，其地区分布如图 1-4 所示。

表 1-2   2020 年中国主要金属矿产储量

序号	矿产	储量
1	铁矿	108.78 亿吨
2	锰矿	21295.69 万吨
3	铬铁矿	276.97 万吨
4	钒矿	951.20 万吨
5	钛矿	20116.22 万吨
6	铜矿	2701.30 万吨
7	铅矿	1233.10 万吨
8	锌矿	3094.83 万吨
9	铝土矿	57650.24 万吨
10	镍矿	399.64 万吨
11	钴矿	13.74 万吨
12	钨矿	222.49 万吨
13	锡矿	72.25 万吨
14	钼矿	373.61 万吨
15	锑矿	35.17 万吨
16	金矿	1927.37t
17	银矿	50672.26t
18	铂族金属	126.73t
19	锶矿	1580.43 万吨
20	锂矿	234.47 万吨

数据来源：CHINA MINERAL RESOURCES 2021。

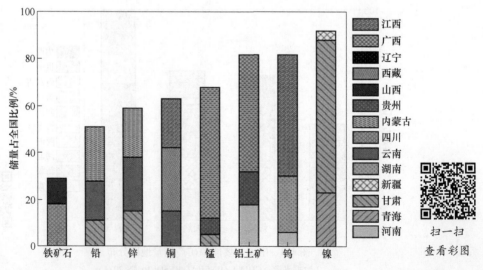

图 1-4   中国主要金属矿产储量地区分布
（数据来源：CHINA MINERAL RESOURCES 2021）

（3）非金属矿产。2020 年中国主要非金属矿产储量见表 1-3，其地区分布如图 1-5 所示。

表 1-3   2020 年中国主要非金属矿产储量

序号	矿产	储量
1	菱镁矿	49475.87 万吨
2	萤石	4857.55 万吨
3	耐火黏土	28259.68 万吨
4	硫铁矿	69470.86 万吨
5	磷矿	19.13 亿吨
6	钾盐	28059.54 万吨
7	硼矿	2090.10 万吨
8	钠盐	207.11 亿吨
9	芒硝	17.73 亿吨
10	重晶石	3689.12 万吨
11	水泥用灰岩	342.66 亿吨
12	玻璃硅质原料	11.33 亿吨
13	石膏	15.48 亿吨
14	高岭土	57158.21 万吨
15	膨润土	30175.71 万吨
16	硅藻土	15114.04 万吨
17	饰面花岗岩	11.63 亿立方米
18	饰面大理岩	4.29 亿立方米
19	金刚石	1302.36kg
20	晶质石墨	5231.85 万吨
21	石棉	1489.50 万吨
22	滑石	5581.06 万吨
23	硅灰石	5149.23 万吨

数据来源：CHINA MINERAL RESOURCES 2021。

1.2.2   矿产资源开发利用

2020 年，中国采矿业固定资产投资减少，其中石油与天然气开采业固定资产投资降幅近 30%，煤、天然气、铁矿石、铜等主要矿产品生产增速放缓。

1.2.2.1   采矿业固定资产投资

2020 年，采矿业固定资产投资较上年减少 14.1%，增速较 2019 年放缓 38.2 个百分点，低于全国固定资产投资增速 17.0 个百分点。在采矿业固定资产投资中，仅有非金属矿采选业固定资产投资增长 6.2%，煤炭开采和洗选业固定资产投资同比减少 0.7%，石油与天然气开采业固定资产投资大幅减少 29.6%，黑色金属矿和有色金属矿采选业固定资产投资降幅收窄，同比下降 10.3% 和 4.0%，如图 1-6 所示。

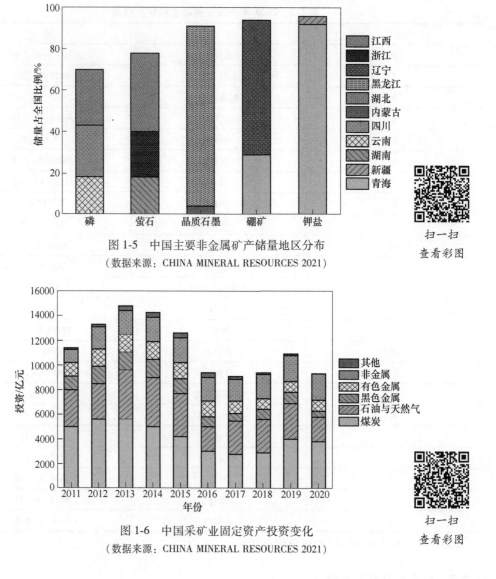

图 1-5   中国主要非金属矿产储量地区分布
（数据来源：CHINA MINERAL RESOURCES 2021）

扫一扫
查看彩图

图 1-6   中国采矿业固定资产投资变化
（数据来源：CHINA MINERAL RESOURCES 2021）

扫一扫
查看彩图

1.2.2.2   矿产品生产与消费

A   能源矿产

2020 年一次能源生产总量为 40.8 亿吨标准煤，较 2019 年增长 2.8%（见图 1-7）；消费总量为 49.8 亿吨标准煤，增长 2.2%，能源自给率为 81.9%。2020 年能源消费结构中煤炭占 56.8%，石油占 18.9%，天然气占 8.4%，水电、核电、风电等非化石能源占 15.9%。

中国能源消费结构不断改善。过去十年，煤炭消费量占一次能源消费比重下降了 13.4 个百分点，水电、核电、风电等非化石能源比重提高了 7.5 个百分点，如图 1-8 所示。

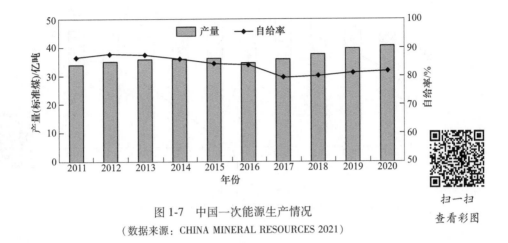

图 1-7 中国一次能源生产情况

（数据来源：CHINA MINERAL RESOURCES 2021）

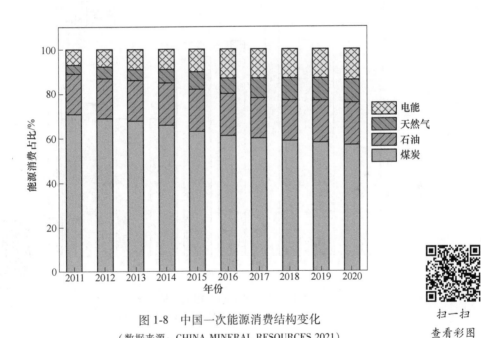

图 1-8 中国一次能源消费结构变化

（数据来源：CHINA MINERAL RESOURCES 2021）

2020 年煤炭产量为 39.0 亿吨，较 2019 年增长 1.4%，消费量 43 亿吨，增长 0.6%。石油产量 1.95 亿吨，增长 1.6%（见图 1-9），消费量 6.7 亿吨，增长 2.0%。天然气产量 1925.0 亿立方米，增长 9.8%，消费量 3306 亿立方米，增长 6.9%。

B 金属矿产

2020 年，铁矿石产量 8.7 亿吨，较 2019 年增长 3.7%（见图 1-10），表观消费量（国内产量 + 净进口量）14.2 亿吨（标矿）。粗钢产量 10.65 亿吨，增长 7.0%。10 种有色金属产量 6167.98 万吨，增长 5.5%。铜精矿产量 167.3 万吨，增长 3.9%；铅精矿产量 132.9 万吨，增长 6.2%；锌精矿产量 276.9 万吨，下降 1.8%。

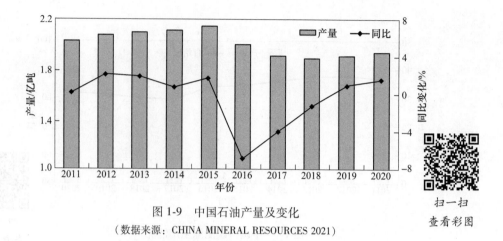

图 1-9　中国石油产量及变化

（数据来源：CHINA MINERAL RESOURCES 2021）

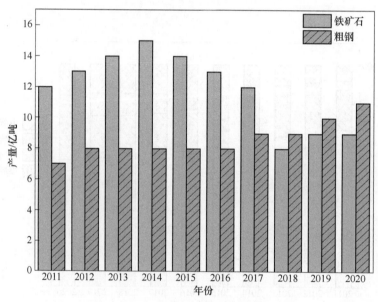

图 1-10　中国铁矿石与粗钢产量变化

（数据来源：CHINA MINERAL RESOURCES 2021）

C　非金属矿产

2020 年，磷矿石产量 8893.3 万吨（折含 P_2O_5 30%），较 2019 年增长 1.3%；水泥 24.0 亿吨，增长 2.5%，如图 1-11 所示。

1.2.2.3　矿产资源节约与综合利用

A　节约与综合利用水平稳中有升

全国大中型矿山数量占比突破 20%，矿业产业集中度稳步提升，矿产资源开发（非油气）全员劳动生产率由 1310t/（人·a）大幅提升至 2120t/（人·a）。矿山企业在原矿采选难度持续增加、采出品位总体下降的情况下，主要采选指标总体保持基本稳定或有所增长。例如，地采铁矿平均回采率为 86.7%，平均选矿回收率达到 76.5%。

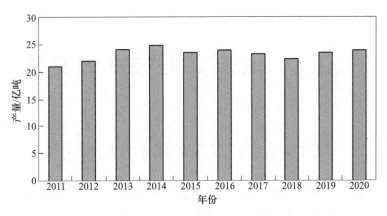

图 1-11　中国水泥产量变化

（数据来源：CHINA MINERAL RESOURCES 2021）

B　发布第九批矿产资源合理开发利用"三率"最低指标要求

2021 年 4 月，发布《自然资源部关于粉石英等矿产资源合理开发利用"三率"最低指标要求（试行）的公告》（自然资源部公告 2021 年第 21 号），明确粉石英、地热、二氧化碳气等 36 种矿产资源合理开发利用开采回采率、选矿回收率和综合利用率（简称"三率"）指标要求，累计完成了 124 种矿产资源合理开发利用"三率"最低指标要求的研究制定工作，实现了在产矿山所涉及矿种全覆盖。

思 考 题

1-1 全球矿产资源发展趋势如何？

1-2 中国矿产资源储量分布有哪些特点？

2 采矿工程技术的发展

2.1 古、近代采矿技术发展简述

贯穿于采矿技术发展历史的主线是采矿方法的演变和采矿手段的进步。石器时代的原始采矿者们用自己的双手和简单的木制、骨制和石制工具在地表砸取岩石，采矿的主要目的是获取制造工具的原料。约公元前 30000 年~公元前 20000 年，人类开始开采黏土，用于制造器皿；公元前 15000 年~公元前 5000 年，出现了在矿体的露头开采自然铜；从砂砾矿床开采自然金开始于公元前 10000 年之前。在漫长的采矿实践中，采矿工具不断改进，木槌、木楔和金属器具被用于挖掘；篮子和畜力被用于搬运矿石。随着挖掘能力的提高，采矿由地表走向地下，出现了以巷道形式开采的地下矿山。古埃及的地下宝石矿已达 240m 深，开采规模达到 400 名矿工同时作业。公元前约 5000 年出现的火法破岩（火和水交替使用），可以说是人类在采矿技术上的首次突破。

17 世纪初，黑火药在采矿中的应用使开采工艺发生了重大变化。18 世纪的工业革命空前地提高了人类对矿产品的需求，同时也为采矿技术的飞跃提供了革命性的工具——机器。蒸汽机的出现为采矿提供了全新的运输方式；空气压缩机的出现则导致了 19 世纪风动凿岩机的发明，动力机械凿岩开始代替手工凿岩；1867 年，诺贝尔发明的比黑火药威力更大的代那买特炸药被用于爆破岩石。采矿技术在 20 世纪初进入了一个全新的时代——机械化大规模开采时代。

2.2 现代采矿技术发展概述

就固态矿物而言，主要的开采方式是露天开采和地下开采。下面就现代露天和地下开采技术的发展做一概述。

2.2.1 现代露天开采技术的发展

露天开采有两种基本方法，即台阶式开采（open-pit mining）和条带剥离式开采（strip mining），前者主要用于开采金属矿床以及其他硬岩矿床，后者主要用于开采埋藏较浅的煤炭，这两种基本露天开采方法几十年来没有根本性的变化。露天开采工艺的改进主要体现在陡工作帮和分期开采，以及不同运输方式（铁路、汽车和间断-连续运输）的应用。

2.2.1.1 生产规模

露天开采自 20 世纪 50 年代开始腾飞，其技术发展的一个重要标志是生产规模不断扩大，劳动生产率不断提高。例如，苏联的铁矿石年产总量 2.5 亿吨的 82.5% 来自 19 座露天矿，平均生产规模超过 1000 万吨/年（原矿）；近几年美国每年 5200 万~5500 万吨铁精矿几乎全部产自 8 座露天矿，铁矿开采业平均劳动生产率（按采、选和烧结生产工人数算）约为每人每年 11800t 精矿。据统计，20 世纪 80 年代全世界共有年产 1000 万吨以上矿石的各类露天矿 80 多座，其中年产矿石 4000 万吨、采剥总量 8000 万吨以上的特大型露天矿 20 多座，最大的露天矿的年矿石生产能力超过 5000 万吨、采剥总量超亿吨；最深的露天矿超过 850m。我国目前最大的露天铁矿的年矿石生产能力达到 1500 万吨，年采剥总量达到 6000 万吨以上；露天煤矿的年采煤能力达到 2000 万吨以上。

2.2.1.2 主要生产设备

现代露天矿能够达到如此大的开采规模和如此高的劳动生产率，其技术基础是采矿设备的快速发展，包括设备大型化及其性能的不断改进。

A 穿爆设备

露天矿钻孔设备经历了活塞冲击钻、钢绳冲击钻、潜孔钻到牙轮钻的发展历程。国际上牙轮钻机的研制在 20 世纪 50 年代前已开始，60 年代牙轮钻在露天矿得到广泛应用；进入 70 年代，美国露天矿 90% 的生产钻孔量由牙轮钻完成。西方国家使用最广的牙轮钻机是美国产的 60R、45R、61R 钻机。潜孔钻在西方国家的露天矿已很少使用，主要用于辅助工程。

我国在 20 世纪 50 年代主要采用钢绳冲击钻，60 年代以孔径 100~200mm 的潜孔钻为主，70 年代开始从美国引进牙轮钻机。现在大型露天矿以牙轮钻机为主，小型矿山仍以潜孔钻为主。

爆破技术的发展主要体现在炸药与爆破器材的不断改进上。炸药有甘油炸药、铵油炸药、浆状炸药、乳胶炸药等，性能（如威力、装药密度和抗水性）不断提高。引爆器材经历了从火雷管到电雷管、毫秒延时雷管再到导爆索和导爆管的发展历程，使爆破作业越来越安全可靠，并实现了机械化。微差和挤压爆破是爆破方式发展的代表性技术。

B 采装设备

露天矿采装作业的主要设备是电铲。世界上最早的动力铲出现于 1835 年，此后经历了从小到大、由蒸汽机驱动到内燃机驱动再到电力驱动的发展历程。早期的动力铲在铁轨上行走，主要用于铁路建筑。20 世纪初，动力铲开始被用于露天矿山，第一台真正意义上的剥离铲于 1911 年问世，其斗容为 $2.73m^3$、铲臂长 19.8m、斗杆长 12.2m，为蒸汽机驱动、轨道行走。到 1927 年，轨道行走式的动力铲消失，被履带式全方位回转铲取代。电铲的快速大型化始于 50 年代末，60 年代初 Marion Power Shovel 电铲公司制造出了两台 291M 型电铲，斗容达 19~26.8m^3；1982 年 P&H 的 M5700 型电铲问世，斗容为 45.9m^3。世界上最大的电铲是用于条带式露天煤矿的剥离电铲，其斗容为 138m^3、自重 14000t、驱动功率 37300kW。现代大型露天金属矿采装作业最常用的电铲斗容为 9~25m^3；用于大型露天煤矿的剥离电铲斗容更大。20 世纪 80 年代以来，电铲技术的进步主要集中在改进其驱动系统，增加提升和行走动力，改进前端结构，采用双驱动及模块化设计等方面。

用于条带式露天煤矿剥离作业的另一种大型设备是索斗铲。索斗铲最早出现于 20 世纪初，行走式索斗铲出现于 20 世纪 30 年代。1900~1940 年间，索斗铲斗容从 1.5m^3 发展到 11.5m^3；1940~1960 年间又发展到 26.8m^3。60 年代开始出现"超级"索斗铲；60 年代末，斗容为 30.6m³、悬臂长为 83.8m 的 Marion7900 问世；1969 年，世界上最大的索斗铲 BE4250 诞生，其斗容为 168.2m³、悬臂长 94.5m。1970 年以后，索斗铲的技术发展主要集中在行走系统、控制系统及悬臂设计的改进上，以提高设备工作效率和可靠性。用于露天煤矿剥离作业的还有斗轮挖掘机（BWE）。大型 BWE 的斗轮直径超过 20m，装有 18 个 6326L 的铲斗，整机自重达 12900t，驱动功率达 15000kW。

我国露天矿在 20 世纪 50 年代至 60 年代一直以仿苏联 3m³ 铲为主；60 年代中期开始生产 4~4.6m³ 的 WK-4 系列电铲；1985 年研制出 10~14m³ 电铲；1986 年与美国合作制造出 23m³ 电铲。现已能生产多种规格的大中型电铲，索斗铲目前在我国露天矿应用很少。

C　运输设备

露天矿运输方式主要有铁路运输、汽车运输和间断-连续运输。西方国家在第二次世界大战前，铁路运输在露天矿占主导地位。铁路运输最适用于采场范围大、服务年限长、地表较平缓、运输距离长的大型露天矿，其单位运输费用低于其他运输方式。然而，由于爬坡能力小和转弯半径大，铁路运输灵活性低，致使开采延伸速度低，开采工作线布置和开采顺序的选择受到很大的限制。因此，西方国家大约从 20 世纪 60 年代初开始，铁路运输逐步被汽车运输代替，目前采用单一铁路运输的矿山已为数不多。现代露天矿的铁路运输设备主要是 120~150t 电机车和 60~100t 的翻斗矿车（最大的达到 180t）。

1980 年以来，国外各类金属露天矿约 80% 的矿岩量由汽车运输完成，因此汽车是露天矿生产的主要运输设备。非高速公路（off-highway）汽车于 20 世纪 30 年代中期应用于露天矿山，最早的矿用汽车载重量约为 14t；到 50 年代中期，载重量为 23t 和 27t 的矿用汽车已很普遍，最大达到 54t；50 年代后期，单后轴驱动车问世；60 年代矿用汽车大型化开始高速发展；70 年代中期，载重量为 318t 的矿用汽车诞生。

矿用汽车有两种传动方式，即机械传动和电力传动（通称为电动轮汽车）。1980 年前，载重 85t 以下的多用机械传动，85t 以上的几乎全部用电力传动。70 年代初期的电动轮汽车以 90~108t 为主，中期的以 136~154t 为主发展到以后的 200t 以上。机械传动矿用汽车的大型化是进入 80 年代以来矿用汽车的一个发展方向，机械传动在大型矿用汽车中占的比例不断升高。1999 年 Catpillar 公司推出了载重量 326t、设计总重量 558t、总功率 2537kW 的机械传动矿用汽车 CAT797。如今载重量 300t 以上的汽车被用于许多大型露天矿山。

我国露天矿 20 世纪 60 年代和 70 年代以 12~32t 汽车为主，大多从苏联进口；70 年代末引进 100t 和 108t 电动轮汽车；80 年代引进 154t 电动轮汽车。国产 108t 电动轮汽车在 80 年代初投入使用，与美国合作制造的 154t 电动轮汽车于 1985 年生产成功。随着矿山开采规模的扩大，越来越多的大型汽车被用于我国露天矿山。

胶带运输机是现代露天矿采用的另一种运输设备，在国外于 20 世纪 50 年代开始在一些露天矿得到应用，主要用于松软矿岩和表土运输。60 年代开始扩大到中硬岩运输，固定式、半固定式和可移动式破碎站的相继问世，大大扩大了胶带运输机的应用范围，它们与胶带运输机相配合，形成了间断-连续运输工艺。从 80 年代初开始，这一工艺得到较快的推广应用，美国、加拿大的一些大型露天矿纷纷改用"汽车—可移动式破碎机—胶带运输机"运输系统，破碎机达到 1.5m×2.3m，带宽达到 2.4m。间断-连续运输技术的发展主要集中在可移动式破碎机的性能提高和适应各种运输条件的胶带运输机的研制，如履带行走胶带机、可伸缩式胶带机、可移动式胶带机、可水平转弯胶带机和陡角度胶带机等。

在我国，间断-连续运输工艺在一些露天煤矿得到应用，在露天金属矿主要用于采场外的岩石运输。

2.2.2　现代地下开采技术的发展

世界上金属矿产以地下开采为主的国家主要是瑞典、法国、德国和南非等。西方国家20世纪70年代后期地下开采量约占金属矿石产量的35%。70年代以后，地下开采比重有所缩小，如美国现在的铁矿石几乎全部由露天开采。但随着开采深度的增加，一些露天矿开始转为地下开采，从长远看，地下开采的比重将会上升。为了适应不同的矿床赋存条件、矿石和围岩性质及开采环境，地下矿开拓和开采方法随着开采技术的进步不断演变，逐步形成了以竖井、斜井、平硐和斜坡道开拓为基本方式的约十种矿床开拓方法，以及空场法、充填法和崩落法三大类共二十余种典型采矿方法，应用较为广泛的采矿方法有十几种。

地下采矿方法演进的主要特点是：木材消耗量大、工效低的采矿方法的使用比重（如支柱充填和分层崩落等）逐渐下降，如今在现代化矿山已基本消失；采用大孔径深孔落矿的高效采矿方法逐渐推广，20世纪70年代出现的大直径深孔法、VCR法（垂直后退式大直径深孔法）和分段空场法，可以说是采矿方法的一大进展；随着采深的增加，充填法应用比重有增长趋势，充填法与空场法联合工艺——深孔落矿嗣后充填扩大了充填法的使用范围；地下采矿方法结构逐步简化，结构参数增大。

2.2.2.1　生产规模

开采规模的大型化和劳动生产率的提高是地下开采技术发展的综合体现。进入20世纪70年代以来，国外地下金属矿山生产规模不断扩大，劳动生产率显著增加。西方国家80年代后期约有大型地下矿山645座，其中年产量100万~300万吨的矿山有150座，占23%；年产量300万吨以上的有62座，占9.6%；年产量500万~1000万吨的有20多座；还有几座1000万吨以上的矿山。瑞典马尔姆贝律耶特铁矿年产1400万吨矿石，井下工人劳动生产率为28000t/（人·a）；美国克莱马克斯钼矿的产量为42000t/d，采矿工人劳动生产率为200t/（工·班）；加拿大克莱顿镍矿的产量为14000t/d，采矿工人劳动生产率为117t/（工·班）；智利的伊尔·萨尔瓦多铜矿产量为26000t/d，伊尔·特尼兰铜矿产量为37000~40000t/d。苏联100万~700万吨的地下矿山约占地下矿山总数的70%。大型地下金属矿的年生产能力达到2000万吨以上在技术上是完全可行的。

2.2.2.2　主要生产设备

地下开采能够应用高效、高开采强度的采矿方法，能够使开采规模和劳动生产率大幅度提高的技术保障，是地下开采设备的快速发展，尤其是地下凿岩设备、井巷掘进设备和装运设备的进步。

A　凿岩设备

法国1861年掘进的Mont Cenis隧道被认为是机械凿岩的诞生地，从1870年到19、20世纪之交的凿岩机为活塞式凿岩机。1897年，美国的G. Leyner发明了钢管冲水凿岩机，具有自动转杆、自动润滑和封闭气门控制，是早期凿岩机技术的一大进展。20世纪20年代和 30 年代，自动推进等技术的出现为现代风动凿岩机奠定了基础。之后凿岩机的技术进展主要集中于产品设计和冶金技术的改进，使凿岩机更快、更轻、更可靠。从机械凿岩机的诞生到 1975 年的 100 多年间，凿岩机的凿岩速度从不到 1mm/s 提高到 28mm/s。

现代风动凿岩机有手持式（一般带有支腿，如气腿）和支架式两种，前者重量轻（一般在 45kg 以下），靠人力手持对位和支腿产生推力，孔径一般为 19~44mm，孔深为 0.3~3.7m；后者重量大，需要支架支撑，支架形式有液压臂、柱支架和履带车架，孔径为 32~57mm，孔深为 1.2~30.5m。凿岩台车的出现大大提高了凿岩效率，减轻了劳动强度。凿岩台车有单机和多机、履带行走和轮胎行走等种类，行走驱动有风动、电动和柴油机驱动，现代凿岩台车还可以装备消声罩和自动控制装置，凿岩台车的大小可以根据其用途设计。1957 年出现了天井掘进钻架，它由导轨、升降驱动装置、工作平台、载人笼、保护顶和凿岩机组成，由于其具有灵活性高、成本低、掘进速度快的优点，很快成为使用很广的天井掘进设备。

为了增加爆破量，提高开采强度，降低开采成本，需要能够钻凿更大孔径和更深的炮孔。20 世纪 70 年代初，用于露天穿孔的潜孔钻机被引入地下矿山。地下潜孔钻机的主要技术难度是结构的改进，以适应地下矿有限的作业空间。地下潜孔钻钻孔孔径为 100~230mm，深度可达 150m，它的诞生使大孔径深孔落矿得以实现。同一时期，开始了地下矿牙轮钻机的研制，80 年代初投入使用。

液压凿岩机是凿岩技术的一个重要发展，1971 年投入使用后迅速推广应用于巷道掘进和回采凿岩，到 80 年代初，西方国家已有 17 个厂家生产 48 种型号的液压凿岩设备。液压凿岩机的优点主要有：凿岩效率高，比同规格的风动凿岩机高 50% 以上；动力消耗低，是风动凿岩机的 2/3~3/4；噪声低，油雾和水雾小；不需要压风设备和风管系统；其主要缺点是价格高、设备复杂、对操作和维修人员素质要求高。

我国在 20 世纪 50 年代后期开始仿制苏联手持式、气腿式、支架式和上向式风动凿岩机，70 年代研制了独立回转式凿岩机、凿岩台车和天井钻架等，80 年代研制出大孔径潜孔钻机，并开始研制和试验液压凿岩机。

B　井巷掘进设备

天井钻机是地下掘进技术发展的一大成就，20 世纪 60 年代初期投入使用，80 年代已成为西方国家天井掘进的标准方法。到 1981 年，估计有 300 台天井钻机在 25 个国家使用。天井钻机有标准型、反向型和无引孔型（盲孔型）三种，应用最多的是标准型。天井钻机可钻直径为 0.9~3.7m、高度为 90~910m 的天井，钻进速度为 1~3m/h，总功率 75~300kW，为液压或电力驱动。我国 70 年代初开始研制天井钻机，1974 年研制成功直径为 0.5m 的钻机，到 80 年代末已有 16 台直径为 0.5~2m（常用的为 1m）的天井钻机在 14 座矿山使用，最大钻井深度 140m。

平巷钻机也是地下掘进技术的一大成就，其应用开始于 20 世纪 50 年代。平巷钻机可以钻进的巷道直径为 1.75~11.0m。平巷钻机在地下矿山主要用于掘进开拓、运输大巷和较长的横穿巷道，直径一般为 1.75~6.0m。虽然有不同类型，但全断面旋转式平巷钻机应用最为广泛。平巷钻机对岩石特性的适应性较差。

C　搬运设备

采场矿石搬运、装运设备的装备水平在很大程度上决定着整个地下矿的生产能力和效率，地下开采中使用的主要搬运、装运设备有电耙绞车、装岩机和铲运机。

电耙绞车的原型是 20 世纪初的风动单卷扬耙斗。1920 年，改进为两个单筒卷扬机，一个用于重耙耙矿，一个用于空耙返回，提高了耙矿效率。1923 年，第一台电力驱动电耙绞车出现。20 世纪 20 和 30 年代是电耙绞车改进和推广应用最快的时期，之后的发展主要是功率越来越大（由 20 年代初的 4.8kW 到 50 年代初的 110kW）和可靠性不断提高，后来又出现了遥控电耙绞车。

装岩机最早出现于 20 世纪 30 年代初期，为轨道行走，斗容 0.14~0.59m³。后来出现了履带和轮胎装岩机，不同行走方式适用于不同巷道底板状况，大多数装岩机为压气驱动。在理想条件下，小型装岩机（0.14m³）的生产效率为 25~30m³/h，大型（0.59m³）可达到 110~120m³/h。

无轨装运设备的应用在地下开采技术发展中占有重要地位。西方国家从 20 世纪 50 年代早期开始试验无轨装运设备，最初的努力是改造柴油驱动的地表装运设备，收效有限。到 60 年代中期，装运卸（LHD）设备（铲运机）成型，并成为所谓"无轨"采矿新概念的基本要素，其高度灵活性、机动性和适应性为地下矿开采和开拓翻开了新的一页，应用迅速推广。许多老矿山被重新设计以便使用铲运机，新建矿山纷纷选用这种设备。1965 年，西方国家使用铲运机的地下矿有 20 个，1969 年上升到 60 个，1973 年上升到 119 个，1980 年上升到 145 个。铲运机适用于多种地下采矿方法。1980 年，西方国家采用铲运机的 145 个矿山中，房柱法矿山占 28.3%、阶段矿房法占 26.2%、VCR 法占 4.8%、分层充填法占 15.2%、矿块崩落法占 3.5%、其他占 22.0%。到 1977 年，已有美国、西德、法国、芬兰和瑞典等几个国家生产各种型号、规格的铲运机，大型铲运机载重量达 25t，铲运机的经济运距受到一定的限制。

地下矿较长距离的无轨运输设备是地下自卸汽车，西方国家地下自卸汽车的应用早于铲运机。20 世纪 50 年代后期到 70 年代早期，地下自卸汽车受到铲运机的挑战，在很大程度上被铲运机代替。1975 年，地下自卸汽车的应用又开始回升。地下自卸汽车载重一般为 4.5~45t，有尾卸式、伸缩式和推板卸矿式三个基本种类，主要运输水平使用的汽车载重达 120t。

在我国，1966 年以前电耙绞车是地下矿山唯一的机械出矿设备。1954 年开始仿制苏联制造电耙绞车，1960 年后自行设计制造，1982 年后开始标准化。我国从 1966 年开始生产风动装运机，由于存在许多缺点，没有得到大的发展，随着铲运机的应用逐步被淘汰。铲运机从 1975 年开始引进，80 年代初开始自行研制。1983 年，国产柴油铲运机投入使用；1986 年，国产电动铲运机投入使用。到 1990 年，全国有 40 多个地下金属矿山使用铲运机共 549 台。

2.2.3　自动化技术与计算机技术的应用

如果说 20 世纪 80 年代之前采矿技术的发展主要是采矿工艺与设备的不断进步的话，那么进入 20 世纪 80 年代之后的发展，主要是自动化技术和计算机及以计算机为核心的信息技术在矿山的推广应用，这些新技术的应用使采矿业开始从机械化时代步入又一个新的时代——信息时代。

2.2.3.1　矿山自动化技术

自动化技术在矿业的应用可以归纳为单台设备自动化、过程控制自动化和系统自动化。早期的自动化主要是基于传感和控制器件的单台设备部分功能自动化，如提升机运行中的深度自动控制；凿岩机自动停机、退回和断水；钻机的轴压、转速等自动控制；装药车的自动计量等等。随着自动控制、计算机和通信技术的发展，单台设备自动化的深度和广度不断增加，例如，设备各种运行和作业的数据采集、故障诊断、作业参数优化控制、远程操作、无人驾驶等。过程控制自动化主要用于矿物加工，系统自动化主要有运输自动调度系统。矿山自动化技术是控制技术、计算机技术（包括软件）和通信技术的有机结合，形成了由检测、采样、操作控制、数据分析处理、参数优化以及图文信息显示和输出等多功能组成的集成系统。

在过程控制自动化方面，美国希宾铁燧岩公司的矿物加工过程控制自动化系统具有一定的代表性。与设备相连的过程输入和控制功能都由可编程控制器（PLC）完成，如电动机的启动和停机、限位开关、电动机电流、轴承温度、风扇振动等。过程控制操作界面和系统综合由分布式控制系统（DCS）完成，如流量、温度、压力的过程监控；给料机、闸门和闸板执行机构的调节等；公共操作界面和所有来自过程单元的信息显示等等。专家系统通过高速数据链（实时过程数据库）从 DCS 采集过程信息，进行监督和控制策略等高级控制，相关软件系统可用于矿物加工设备优化配置、流程回路模拟、设计优化以及破碎和筛分过程的流量计算、颗粒组分调节和化学分析与平衡结果评价。

在远程操作方面，地下矿的主要单体设备和某些系统，如凿岩台车、铲运机、锚杆机等，都已实现远程操作。操作人员在操作硐室就可通过屏幕显示和操作盘控制设备的作业，如同操作游戏机一样。

在无人驾驶运输方面，美国 Modular Mining Systems（模块采矿系统）公司研制的自主式汽车控制系统，由 GPS（全球卫星定位系统）和先进的矿山管理软件确定汽车位置，由测距雷达探测障碍物；需要时可在 PC 机上在线实时地修正作业循环，一套系统可同时控制数百辆汽车的驾驶。地下矿的运输设备配以导航系统也实现了无人驾驶。

美国模块采矿系统公司开发的 Dispatch 露天矿汽车运输自动调度系统，是矿山系统控制的典型，集 GPS、计算机、无线数据传输和优化为一体。GPS 系统实时地跟踪设备位置；车载计算机实时采集相关信息，通过无线数据传输至中央计算机；计算机通过监测和优化，及时动态地发出信息和调度指令。自动调度系统可以提高装运系统的整体效率，降低运营成本，国外已有 200 多座露天矿采用。我国 1998 年从美国引进了 Dispatch 系统，用于德兴露天铜矿。我国从 20 世纪 90 年代开始研发露天矿汽车运输自动调度系统，现已在少数矿山得到应用，越来越多的国内露天矿山计划安装该系统。

2.2.3.2　计算机技术

20 世纪 60 年代初计算机最早在国外矿山得到应用，最初只是用于简单的数据计算。随着计算机速度、容量、图形能力和相应软件的快速发展，计算机在矿山的应用越来越广。到 80 年代中期，计算机辅助设计（CAD）、计算机优化设计和管理信息系统在西方国家的矿山得到广泛应用。计算机在矿山生产中的作用主要体现于：

（1）计算机使优化理论走出书本，在矿山生产中发挥着越来越重要的作用。例如，地质统计学被广泛用于建立矿床模型；基于图论和动态规划等的算法被用来优化露天矿的最终开采境界；基于动态规划和整数规划的境界与台阶排序算法被用于优化中长期开采计划；线性规划、动态规划、随机模拟等用于运输调度；种种优化算法被用于备品备件存量、设备更新时间和边界品位、配矿等参数的优化。优化实质上是在矿山企业的这一微观层次上为管理和工程技术人员提供科学的决策支持和生产方案优选，可产生巨大的经济效益。

（2）计算机使矿山地质、开采及经营管理数据在存储、显示和通信方面发生了革命性的变化。矿区的所有地质地貌特征、采场现状、巷道及总体布置等均可在计算机上建模，实现二维、三维显示。日常生产与管理的所有图文数据均通过计算机进行存储、调用、显示和输出，功能强大的计算机信息网络在发达国家已成为矿山公司生产经营的神经和脉络。

（3）计算机与优化使矿山设计和计划从方法到手段发生了质的飞跃。矿床模型、优化开采、矿石品位控制、设备控制与调度等组成一个有机的整体，矿山建模、规划、设计、计划与管理工作均在计算机系统上完成。

（4）如前所述，计算机是矿山生产中各类自动化的神经中枢。

我国计算机在矿山的应用始于20世纪80年代中期，取得了不小的进展，主要用于辅助设计、建模、管理、调度、监测等方面。但在应用的深度上与国际先进水平还有一定的差距，在优化与决策上的应用仍十分有限。

思 考 题

2-1 现代露天开采技术发展有哪些特点？

2-2 现代地下开采技术设备发展有哪些特点？

2-3 计算机技术应用对采矿技术发展起到的作用有哪些？

3 采矿工程专业人才培养

3.1 采矿工程专业的研究内容

采矿工程是一门综合应用性工程技术科学，其基本任务是揭示安全、经济、充分和无害地开采有用矿物的客观规律，阐述有关矿床评价、规划设计和矿床开采的理论、方法、工艺及管理知识。

矿床开采的工作对象是岩体，开采过程是两个目的相反且相互矛盾的行为，即破坏与反破坏的矛盾统一：一个是对岩石原始平衡状态的破坏，另一个是对形成的开挖体的稳定性的维护。要想把有用矿物从地壳中开采出来，这两个行为缺一不可。解决这对矛盾的学科分支是岩体力学，它是开拓、采矿方法选择和各种设计参数选取的基础，是采矿学的重要基础之一。

矿体的绝大部分（或全部）埋藏在地下，人们对矿体的了解只局限于非常有限的探矿资料。为了制定技术上可行、经济上最佳的开采方案，必须首先利用有限的探矿数据对矿床的整体状况进行估计。因此，矿床中矿物品位的估算、矿体圈定和矿量计算是采矿学的一个重要研究内容。

地壳中经过亿万年地质过程形成的矿产资源，对人类文明的短暂历史而言，是不可再生的，所以开采是一次性的。开采活动没有像工厂生产那样的固定场所，而是必须随着矿产的存在不停地移动。另外，开采活动在空间上受到自然条件（如矿体赋存形态和矿岩稳定性）的限制，必须不断地"准备"出新的开采储量，才能保证矿物开采的连续进行。因此，矿床开采不同于其他生产过程的一个最大特点，是必须始终保持一定的动态时空发展顺序，这一顺序决定了矿床开采的各道工序及工艺，矿床开采程序和工艺是采矿学的核心研究内容之一。

从发现矿床（勘探完毕）到采出其中所有可采矿物，是一个周期很长的过程，矿床的开采寿命长达数年、数十年乃至上百年，需要消耗巨额的初始投资和生产经营费用，是公认的高风险投资项目。在市场经济条件下，矿产品和其他产品一样参与市场竞争，为了做出正确的投资决策，得到应有的投资回报，采矿工作者在掌握开采方法与工艺、技术的同时，还必须掌握科学评价投资项目的有关经济知识。因此，技术经济也是采矿学的一个重要内容。

从矿物品位和矿量估算，到开采方式与开拓、采矿方法的选择，再到开采程序和工艺的确立及设备选择，以及这一系列工作中需要确定的大量参数，再加上开采条件的复杂多变和众多不确定性因素，决定了矿床开采是一个充满挑战的多层次、多环节的复杂系统；必须从系统观点应用系统工程领域的优化与决策理论和方法，才能得到最佳的矿床开采方案。因此，采矿学必须有机地融合矿山系统工程的一些重要研究成果，即优化方法。

采矿业为现代工业文明做出了不可替代的贡献，也对生态环境造成严重损害。在可持续发展的大背景下，采矿业必须注重与自然的和谐，尽可能降低对生态环境的冲击。具体表现在：一是通过土地复垦重建被破坏的生态系统；二是在矿产开发项目的规划设计中就考虑矿山生产对生态环境的冲击问题，把"为环境设计"的新理念贯穿于技术经济决策之中。因此，矿山土地复垦和生态经济是当代采矿学必须纳入的内容。

概括的说，采矿工程的主要研究内容有矿床评价、矿床开拓、采矿方法、开采程序、开采工艺、技术经济基础、优化方法、矿山土地复垦与矿山生态经济等。

3.2 采矿工程专业人才培养目标及要求

以内蒙古工业大学为例，依托内蒙古丰富的矿产资源，本专业立足于内蒙古自治区对矿山技术人才的大量需求，以服务区域矿业经济发展为导向，以促进矿产开发产业向绿色开采和智能开采为目标，培养具有扎实基础知识、较强的实践能力与创新精神的高级应用型专业技术人才。

3.2.1 专业人才培养目标

立足于内蒙古在国家"一带一路"倡议的重要支撑作用和国家对区域经济与环境融合发展新模式的需求，培养适应区域新发展模式对新型矿产开发技术人才的需要，具有扎实的基础知识，掌握采矿工程学科基本原理和基础知识，具有较强的实践能力和创新能力，德智体美劳全面发展，具备良好的职业道德、人文素养和社会责任感，以及良好的团队协作和民族团结精神，能从事矿山开发规划与设计、工程生产与管控、生产与安全技术研究及开发等工作，能够系统解决采矿工程领域复杂工程问题的高级应用型人才。

目标1：具有浓厚的爱国情怀、崇高的理想、高度的社会责任感，良好的职业道德、社会公德和高尚的思想品德；适应矿山艰苦的工作环境。

目标2：能够运用采矿工程专业培养方案内设置的数学、自然科学及工程基础理论，同时考虑经济、环境、法律、安全等因素，分析、解决矿业工程及其相关领域复杂工程问题。

目标3：具备从事矿业工程领域的研究、开发、设计的技术能力，具有系统的工程实践学习经历；掌握科学的思维方法，具有创新意识和科学研究与工程实践创新能力。

目标4：熟悉矿山开采法律、法规和行业技术标准与规范，具有良好的质量、环境、安全及服务意识，较强的组织管理能力、表达能力和人际交往能力；能够在矿山、岩石、地下工程等行业从事工程设计、生产、开发、研究及管理等方面工作；具备担任工程师、技术负责人职位的能力，能够主持采矿工程相关的工程管理项目等。

目标5：理解采矿工程师的职业和道德责任，具备创新精神、可持续发展理念，能不断学习和适应发展；具有通过终身学习不断拓展自己的知识和能力，具备团队协作能力、民族团结精神、沟通表达能力和工程管理能力。

3.2.2 毕业要求

（1）工程知识：能够综合运用掌握的数学、自然科学、工程基础和专业知识解决复杂的采矿工程问题；具有初步创新能力，具有与区域采矿行业未来发展方向所需要的矿山新理论、新方法、新工艺、新技术参与研发的基本能力。

（2）问题分析：能够应用数学、自然科学和工程科学的基本原理，识别、表达并通过文献研究分析采矿工程专业的复杂工程问题，以获得有效结论。

（3）设计/开发解决方案：能够根据煤炭矿产资源赋存特征，运用数学、力学、采矿学等专业知识，兼顾考虑社会、安全、健康、文化、法律、环境等因素，能够设计与开发满足煤矿安全开采的解决方案，具备一定的创新及开发能力。

（4）研究：能够基于科学原理并采用科学方法对复杂采矿工程问题进行研究，包括设计实验、分析与解析数据，并通过信息综合得到合理有效的结论。

（5）使用现代工具：掌握利用计算机及网络等工具进行文献检索、资料查询的基本方法，具备现代信息获取与加工处理以及学术成长的能力，以及开发、选择与使用恰当的技术、资源、现代工程工具和信息技术工具解决复杂采矿工程问题的能力。

（6）工程与社会：在评价矿山工程技术方案和工艺设计方案以及其他复杂工程方案时，能够考虑对社会、健康、安全、法律、文化、环境、社会可持续发展的影响，并知晓应承担的责任。

（7）环境和可持续发展：能够理解和评价针对复杂采矿工程问题的工程实践对环境、社会可持续发展的影响。

（8）职业规范：具备社会主义核心价值观、科学精神和社会责任感；具有吃苦耐劳、求真务实、开放包容、团结合作的品质，以及良好的思想品德、社会公德和学术道德；能够在矿山开采工程实践中遵守工程职业道德和规范，理解矿山开采对国家安全、公众安全与社会等的影响，并自觉履行其责任。

（9）个人和团队：具备团队合作、组织协调、竞争与合作的初步能力，能够在采矿工程项目实施中进行协调、管理与合作，并在团队中发挥骨干或带头作用。

（10）沟通：能够就采矿工程专业的复杂采矿工程问题与业界同行及社会公众进行沟通和交流，包括撰写报告和设计文稿、陈述发言、清晰表达或回应指令，并具备一定的国际视野，能够在跨文化背景下进行沟通和交流。

（11）项目管理：熟悉矿山工程管理原理与经济决策方法，并能应用于解决矿山工程问题及其他复杂工程问题。

（12）终身学习：掌握科学的思维方法，具有自主学习和终身学习的意识，以及不断学习和适应发展的能力；具有健康的身体和良好的心理素质。

3.3　采矿工程课程设置及介绍

3.3.1　通识教育

3.3.1.1　思想政治教育系列课程

（1）思想道德与法律基础：通过本门课程的学习，要求学生养成正确的政治观，道德观和法制观，为接下来继续学习其他几门高校公共政治理论课打下基础，同时也为学生提高自我修养及拥有健康的人生打下基础。

（2）马克思主义基本原理：通过本门课程的学习，向学生宣传马克思主义的基本原理，帮助学生树立建设中国特色社会主义共同理想和共产主义崇高理想，弘扬爱国主义、集体主义、社会主义思想，形成科学的世界观、人生观、价值观，使学生跟党和人民的根本利益保持一致，更好地为中华民族的繁荣富强服务。

（3）毛泽东思想和中国特色社会主义理论体系概论：通过本门课程的学习，使学生懂得马克思主义基本理论必须同中国具体实际相结合才能发挥它的指导作用；对马克思主义中国化的科学内涵和历史进程有总体的了解；对马克思主义中国化的几大理论成果形成、发展、主要内容及重要的指导意义有基本的把握；对马克思主义中国化理论成果之间的内在关系有准确的认识，并能运用马克思主义中国化的理论指导自己的学习与工作。

（4）民族理论与民族政策：通过该课程的学习，使学生能树立正确的民族观、熟知中国政府处理民族问题的基本政策、了解我国各民族的基本概况，力争使学生具备研究现实民族问题的能力。

（5）中国近现代史纲要：通过本门课程的学习，使学生掌握近现代中国革命发生、发展和胜利的历史进程，加深对中国近现代发展历史规律的认识；增强坚持中国共产党的领导和走社会主义道路的信念，提高贯彻执行党的路线、方针和政策的自觉性，并培养正确的世界观、人生观和价值观。

3.3.1.2 语言系列课程

（1）大学语文：本课程通过教授学生古今中外的名家名作，使学生了解多样丰富的文学经典，尤其是了解并继承中华民族的优秀文化传统，培养其高尚的思想品质和道德情操；使学生掌握一定的文学基本知识，帮助学生掌握一般文学鉴赏与审美的知识，提升人文素养，提高专业素质和工作能力，并注重学生心理素养和职业意识培养，为从事相关工作奠定良好的基础。

（2）通用英语：大学英语课程是高等院校非英语专业本科生必修的基础课程。大学英语是以英语语言知识与应用技能、学习策略和跨文化交际为主要内容，以外语教学理论为指导，以现代教育技术和信息技术为支撑，集多种教学模式和教学手段为一体，实施开放式、交互型、立体化的教学体系。在教学中注重学生语言综合运用能力，尤其是听说能力的培养和提高，使学生在今后的工作和社会交往中能运用英语有效地进行口头和书面的信息交流；同时，增强其自主学习能力，提高其综合文化素养，以适应我国经济发展和国际交流的需要。

3.3.1.3 自然科学与信息技术系列课程

（1）高等数学：通过本门课程的学习，逐步培养学生具有抽象思维能力、逻辑推理能力、空间想象能力和自学能力，还要特别注意培养学生具有比较熟练的运算能力和综合运用所学知识分析和解决问题的能力。

（2）大学物理：大学物理是工科院校学生一门重要的必修基础课，内容包括经典物理和近代物理两方面内容。除了提供工科专业学生必备的物理概念和物理规律外，更重要的是使学生初步学习科学的思维方法和研究问题方法，这些都起着增强学生适应能力、开阔思路、激发探索和创新精神，提高人才科学素质的重要作用。

（3）线性代数：通过教学，使学生了解和掌握行列式、矩阵、线性方程组、二次型等基本理论和基本知识，并具有熟练的矩阵运算能力和用矩阵方法解决实际问题的能力，同时使学生的抽象思维能力和数学建模能力受到一定的训练；特别是《线性代数》的逻辑性、抽象性较强，应用性广泛，尤其是在当今的电子信息时代，许多工程技术问题的解决都离不开线性代数的理论与方法，因而本课程对工学和管理学学生具有重要的作用和地位，为进一步学习专业课打下坚实的基础。

（4）文献检索：该课程主要包括文献检索基础、事实数据检索、综合文献信息检索、专业文献检索、网络资源检索利用等五个教学模块。本课程通过课堂理论讲授帮助学生了解文献检索的相关理论，通过课堂多次演示各种文献资源检索利用的程序、步骤和方法，提高学生对相关文献检索理论的理解，帮助学生树立起较规范的文献检索理念，形成科学的文献检索思路；通过课堂作业、课后作业加强与巩固学生对文献检索程序、步骤和方法的理解和掌握，形成良好的文献检索能力。

3.3.1.4　军体健康与劳动教育系列课程

（1）体育选项课：体育课程是大学生以身体练习为主要手段，通过合理的体育教育和科学的体育锻炼过程，达到增强体质、增进健康和提高体育素养为主要目标的公共必修课程，是学校课程体系的重要组成部分、是实施素质教育和培养全面发展的人才的重要途径、是高等学校体育工作的中心环节。

（2）军事理论：以国防教育为主线，通过军事课教学，使大学生掌握基本军事理论与军事技能，达到增强国防观念和国家安全意识，强化爱国主义、集体主义观念，加强组织纪律性，促进大学生综合素质的提高，为中国人民解放军训练后备兵员和培养预备役军官打下坚实基础的目的。

（3）大学生心理健康教育：心理健康教育教学是高校大学生心理素质教育的重要途径与方法。通过本门课程的讲授，帮助学生认识心理健康与个人成才发展的关系，了解常见的心理问题，掌握心理调节的方法，解决成长过程中遇到的自我认识、学习适应、人际交往、恋爱心理、情绪管理、危机预防等方面的问题，从而提升大学生心理素质，有效预防心理疾病和心理危机，促进大学生全面的发展和健康成长。

（4）劳动教育：通过对劳动的基本理论学习，学生能够深刻认识人类劳动实践的创造本质，深入理解劳动实践对于立德树人的重大意义，深切感悟劳动实践对于人的自由全面发展所具有的重要推动作用，树立正确的劳动意识，形成正确的劳动观；进一步明确我国工人阶级的劳动实践在实现中华民族伟大复兴中国梦的伟大征程中所发挥的主力军作用，树立起尊重劳动、尊重知识、尊重人才、尊重创造的意识。

3.3.2　专业教育

3.3.2.1　专业基础系列课程

（1）工程制图：培养绘制和阅读工程图样的理论和方法，内容主要是工程制图，目的是培养空间想象能力，掌握绘图工具的使用，了解国家建筑制图标准，掌握绘制土建工程图样的技能和一般方法，使学生具备阅读和绘制中等难度房屋施工图的能力，为后续课程、专业实习、课程设计、毕业设计打下基础。本课程的主要内容包括以正投影理论为主要内容的画法几何，以介绍、贯彻有关制图国家标准为主要内容的制图基础、专业图等几部分。

（2）机械设计基础概论：是一门培养学生具有一定机械设计能力的技术基础课。通过本课程的学习，使学生获得各种机械传动原理和通用机械零件的设计、使用和维护等方面的知识和技能，也为后续专业机械设备课程提供必要的理论基础。

（3）电子电工技术：通过本门课程的学习，使学生获得必要的电子技术分析的基本理论、基本方法和基本技能；了解电子技术发展的概况，初步掌握电子电路的设计方法；培养学生分析和解决问题的能力，为学习后续课程打下基础。

（4）工程力学：通过本门课程的学习，使学生能较熟练地进行受力分析，培养学生对结构的受力情况、稳定情况，对构件的强度、刚度和稳定性等问题进行分析的能力，具有明确的基本概念、必要的基础知识、比较熟练的计算能力和初步的实验分析能力。

（5）流体力学：通过本课程的学习，应掌握工程流体力学基础理论；具有较强的应用工程流体力学基本理论来分析和解决实际问题的能力，并掌握基本的实验技能；具有较强的自学能力和创新能力，为以后从事专业工作、科研和其他专业课的学习打下基础。

（6）测量学：本课程广泛地结合矿山开采、矿井建设、地质勘探中有关的工程测量基本理论、技术、方法和仪器等内容，并特别侧重结合当前典型采矿工程、地质工程进行教学，使学生通过本课程的学习，能掌握解决各种工程建设中测量问题的理论和方法，具备分析和解决一些有特殊要求的工程测量问题的能力。

（7）岩体力学与弹性力学：通过本课程的学习，使学生掌握弹性力学的基本概念、基本原理和基本方法，在学生掌握岩石力学基础理论知识、基本实验技能和基本研究方法的基础上，培养和激发创新意识和创新能力，使学生具有发现问题、分析问题和解决岩石工程实际问题的综合能力，对提高工程素质和增强创新意识具有重要作用，是普通高等学校本科专业重要的应用基础课程，在专业人才培养中具有重要的贡献度。

3.3.2.2 专业必修系列课程

（1）采矿工程专业导论：使学生入学伊始就能较全面地认知采矿工程专业的学科特点、研究领域和发展方向，了解采矿工业在国民经济建设中的地位和作用，初步构建专业基础、树立专业思想以及解决工程问题的方法，建立和培养热爱采矿专业的感情和献身采矿事业的责任。

（2）采矿学：系统阐述了以煤炭为主的固体矿床开采技术、工艺、理论和方法，概括了我国煤矿生产和建设中的最新成果、标准、经验及开采技术。煤矿井工开采内容包括采煤工艺、回采巷道布置、准备方式、井田开拓、矿井开采设计及特殊开采方法。非煤固体矿床开采内容包括矿床划分和开拓、采矿工艺和方法。

（3）井巷工程：通过本课程的学习，使学生重点掌握巷道设计与施工的基本理论、基本技术与方法，掌握斜巷施工的基本思想和方法，了解井筒的设计与施工；培养学生查阅和利用有关规程规范及技术文件的能力，培养和锻炼学生利用专业知识和组织管理知识，分析解决煤矿建设与生产中实际问题的能力，培养初步的组织施工能力，能够参与矿山建设和指导施工。

（4）工程爆破：主要介绍采矿过程中所使用的爆破器材和爆破技术。通过学习，使学生能够正确地选用爆破方法和确定爆破参数，并具有分析和解决爆破技术问题的能力；能用理论计算方法和图表设计各种爆破网络。

（5）非煤固体矿床开采：以非煤矿山开拓、采切、回采与采矿方法相结合，是一门理论性、实践性都较强的课程。使学生掌握非煤矿山采矿方法，为学习后续专业课准备必要的知识，并为从事有关实际工作奠定必要的基础。通过综合设计能力训练，使学生具备非煤矿山基础设计能力、识别矿图能力、对多种采矿方法对比比较的能力，选择非煤矿床适合的采矿方法的能力。

（6）露天采矿学：学习目的是使学生掌握矿床露天开采的基本概念、专业术语，熟悉露天开采步骤和开采工艺，掌握露天开采的设计原理、设计方法和管理技术，并进一步了解目前国内外露天开采的技术和设备发展现状，掌握本专业各个领域出现的新成就、新技术，以具备从事露天开采规划、设计、施工与管理以及科学研究的基本能力。

（7）矿山压力与岩层控制：本课程是以研究采场及采准巷道在煤矿开采过程中所形成的矿山压力及其显现规律为中心，掌握矿山压力控制技术为目的的课程。通过课程学习、实验、生产实习等教学环节，使学生掌握采场和采区巷道矿压及其控制的基本知识和基本理论，深入了解采煤工艺选择、巷道布置和维护方法等基本原理，为在校期间的毕业设计和毕业后从事科研、设计及煤矿技术管理工作打基础。

（8）矿井开采设计：学习了解矿区总体规划设计、矿井设计、井底车场设计、采区准备方式设计、采区车场设计、采区硐室设计、采煤方法设计、采动治理设计、采煤和掘进工作面作业规程编制等内容。

（9）矿井通风与安全：通过本课程的教学使学生掌握矿井通风的基本方法、基本规律，培养学生在煤矿安全生产方面的管理能力和动手能力以及进行这方面工程设计的能力，使学生了解矿井主要灾害的存在和发生规律；基本掌握预防、治理矿山灾害的基本方法；了解有关矿山法律、法规及相关的规章制度；具有从事矿山通风与安全科研、设计和管理的能力。

（10）矿井运输与提升：通过这门课程拓宽采矿类专业学生的思路和知识面，培养学生认识井下常用的运输和提升设备及其工作原理，使学生能够了解矿井运输与提升技术的最新发展动态，在专业人才培养中具有重要的贡献度。

3.3.2.3　专业选修系列课程

（1）矿山法规：通过该门课程的学习，让学生掌握和了解有关矿山行业法律知识，也使学生树立法律观念，为其毕业后从事矿山企业工作中认真遵守法律、法规和严格按法律程序办事奠定基础。

（2）矿山电工学：通过对本课程的学习，对矿山供电系统与矿山电气设备、煤矿井下用电安全与保护、煤矿机械的电气控制等有明确的了解，掌握电气设备的防爆原理、煤矿机械的构造和原理，能进行简单的井下供电系统的设计与计算。

（3）矿业经济学：本课程与我国的矿业可持续发展的理论与实践紧密相关，使学生掌握矿业经济学的主要内容，熟悉矿业经济学的基本研究方法，了解矿业经济的一般规律，具有开展矿业经济研究的学科基础和适应社会需求的业务能力，拓宽就业面。

（4）数字矿山技术：数字矿山技术以采矿专业理论及技术为背景，结合矿山技术发展及应用方向，主要内容涉及数字矿山起源、资源信息采集、数字化软件系统、矿山生产与安全信息分析、信息集成与编码等。课程教学主要面向具有一定学科基础的采矿工程专业学生，立足培养学生采矿理论及技术的综合性、系统性思维能力。

（5）采矿专业英语：目的在于提高本科生专业外语水平，掌握采矿工程专业的专业词汇，进而提高外文专业书籍和文献的阅读理解能力，拓展学生知识的学习领域；对学生的专业学习，尤其是国外采矿工程的发展前沿与技术的学习有重要的提升作用。

（6）智能采矿概论：课程以传授我国最新的智能化开采技术、装备与工艺为目标，课程资源丰富，图文并茂，有丰富的现场工程案例。通过本课程的学习，能让学生更详细地了解煤矿的生产工艺，学习到最新的智能化开采和智慧矿山知识。

思 考 题

3-1 采矿工程的主要研究内容有哪些？

3-2 采矿工程专业学生培养目标有哪些？

3-3 分析采矿工程专业课程设置的原则。

4 露天开采技术

所谓露天采矿，《中国冶金百科全书》有明确定义：用一定的采掘运输设备，在敞露的空间里从事开采矿床的工程技术。其具有作业安全、可采用大型采矿机械、生产能力大、矿石损失少等优点，适合于矿体埋藏浅、赋存条件简单、储量大的矿床。

4.1 露天开采的地位与特点

据统计，全世界固体矿物资源年开采总量约为 $3×10^{10}t$，其中约 2/3 采用露天开采。据 2000 年对世界 639 座非燃料固体矿山进行统计，露天开采的占 60% 以上。其中，铁矿占 90% 以上、铝土矿占 98%、黄金矿占 67%、有色矿占 57%。

我国金属矿山露天开采，铁矿占 70%~80%，铜矿占 62%，铝土矿占 97%，钼矿 87%，稀有稀土矿 95%。大型的露天矿山有安太堡露天煤矿、德兴露天铜矿、鞍钢齐大山露天铁矿、本钢南芬露天铁矿、首钢水厂露天铁矿、包钢白云鄂博露天铁矿、金堆城露天钼矿、中铝平果铝石矿等。

我国非金属矿山中，水泥矿山基本上都采用露天开采的方式进行，其他矿种采用露天开采的达 80% 以上。

从国内外露天开采比重远大于其他开采方式这一点可以看出，露天开采目前在采矿业中仍然占有主导地位。

4.1.1 露天开采的优越性

(1) 矿山基建时间短，单位矿石基建投资小。国内大中型露天矿的基建时间为 3~4 年，是地下矿的一半。大型露天矿山的基建投资为地下开采矿山的 30%~50%。

(2) 开采机械化与自动化程度高，生产规模大。由于具有开采空间限制小、易于实现机械化和设备大型化等优点，大中型露天矿的机械化程度为 100%，而且正朝着设备大型化和自动化方向发展，从而大大提高了劳动生产率（为地下开采的 5~10 倍）。

(3) 劳动生产率高，生产成本低（为地下开采的 1/2~1/3）。

(4) 矿石损失与贫化小，损失率和贫化率不超过 5%。

(5) 开采条件好。作业较安全，不受有害气体与地压显现等灾害的威胁，运行较可靠。

(6) 可调节性强。露天开采易于技术改造，能适时扩大或调整生产规模。

4.1.2 露天开采的缺点

(1) 露天采场和排土场占地面积大，破坏自然景观和植被。一个露天开采的矿区占用的土地可达几十平方千米。

（2）污染与损坏环境。开采过程中，穿爆、采装、运输、排卸等作业粉尘较大，运输汽车排出的一氧化碳逸散到大气中，废石场的有害成分在雨水的作用下流入江河湖泊和农田等，污染大气、水域和土壤，将危及人民身体健康，影响农作物与动植物的生长，破坏生态环境。露天开采后留下赤裸的矿坑，破坏地表植被。

（3）露天开采易受气候条件，如严寒、酷暑、冰雪和暴风雨的影响和干扰。

虽然露天开采在经济和技术上的优越性很大，但它不能取代地下开采。当开采技术条件确定时，随着露天开采深度增加，岩石剥离量迅速增大，达到一定深度后继续用露天开采，经济上不再合理，这种情况就应转入地下开采。随着地下开采技术进步，地下开采的能力和生产条件也正在逐步提高。

4.2 露天开采的基本概念

4.2.1 露天开采术语

（1）矿物：是指在地壳中由各种地质作用所形成的天然化合物或单质，是组成岩石或矿石的基本单位。自然界中的矿物存在三种状态：固态、液态和气态。

（2）岩石：是一种或多种矿物组成的集合体。矿石是指在一定的经济技术条件下能从中提取对国民经济有用的组分（元素、化合物或矿物）的天然矿物集合体，是矿体的基本组成部分。

（3）矿体：是在地壳内部或表面，由地质作用形成的，其中所含有的矿物集合体的质和量均达到工业要求的地质体。矿床是指单个矿体或数个生成在一起的相邻矿体的总称。一个矿床可由一个或多个矿体组成。根据矿山的地理、地质和经济条件，在现代技术经济条件下，有开采价值的矿床称为工业矿床。矿床周围的岩石称为围岩，一般是指矿床的上盘和下盘的岩石。

在关系上，矿床由矿体组成，矿体由矿物组成。

（4）废石：是指与矿体直接接触的、不含有用矿物或含量过少、矿石质量太差、当前无工业价值的岩石。在矿床内部的岩石称为夹石。

露天开采中，除开采有用矿石外，还要剥离大量岩石或土，将剥离的岩土量与采出的矿石量之比称为剥采比，其单位可用 t/t、m^3/m^3 或 m^3/t 表示（包括生产剥采比、境界剥采比、平均剥采比等）。

（5）生产剥采比：是某一区段生产时期内所剥离的岩土量与采出的矿石量的比值。

（6）境界剥采比：是在开采境界内增加单位开采深度而相应增加的剥离岩石量与采出的矿石量的比值。它是作为衡量延深单位开采深度时，在技术上是否可行、经济上是否合理的标准。

（7）平均剥采比：是露天开采境界内总的岩土量与总的矿石量的比值。分层剥采比是水平分层的岩土剥离量与采出矿石量的比值。

（8）经济合理剥采比：是经济上允许的最大剥离量与可采的矿石量的比值。

（9）矿石损失与贫化：露天采矿过程中有矿石损失与贫化，矿石损失是指采出的石量少于地质储量的现象；矿石贫化是指由于采出的矿石中混入了部分岩石，导致采出矿石的品位低于地质储量品位的现象。

（10）露天矿山工程：露天开采的目的是从地面把地壳中的有用矿物开采出来。为此，按一定工艺过程，把矿石从矿体中开采出来的全部工作，总称为露天矿山工程。掘沟、剥离和采矿是露天矿在生产过程中的三个重要矿山工程。

（11）露天矿：从事露天采矿的企业称为露天矿。用矿山设备进行露天开采的场所，称为露天采场或露天矿场，它包括露天开采形成的采坑、台阶和露天沟道等，如图 4-1 所示。

扫一扫
查看彩图

图 4-1　露天矿

（12）开采境界：露天采场的底平面和坡面限定的可采空间的边界称为露天矿山开采境界，也就是露天采场的最终边界，它由露天采矿场的地表境界、底部境界和四周边坡组成。露天矿采用分期开采时，涉及分期境界，开采结束时形成最终境界。

（13）封闭圈：是指露天采场最上部境界在同一标高上的台阶形成的闭合曲线。根据采矿作业情况，露天矿分为山坡露天矿和凹陷露天矿，封闭圈以上称为山坡露天矿，以下称为凹陷露天矿。露天矿的长宽比大于 4 的露天矿称为长露天矿。

（14）露天矿田：划归一个露天采场开采的矿床或其一部分称为露天矿田。

（15）露天矿床开拓：就是建立地面与露天矿场内各工作水平之间的矿岩运输通道的工作。根据露天矿的运输方式，分为公路运输开拓、铁路运输开拓、平硐溜井开拓、胶带运输开拓及联合运输开拓等。

（16）排土场：接受剥离岩土的场地称为废石场，也称为排土场。

（17）台阶：露天开采时，把矿岩按一定的厚度划分为若干个水平分层，自上而下逐层开采，并保持一定的超前关系，这些分层称为台阶或阶段。上部台阶的开采使其下面的台阶被揭露出来，当揭露面积足够大时，就可进行下一个台阶的开采。台阶是露天采场的基本构成要素，进行采矿和剥离作业的台阶称为工作台阶，暂不作业的台阶称为非工作台阶。

（18）台阶的基本要素：台阶由平盘、坡面、坡顶线、坡底线、坡面角、台阶高度等要素组成，如图 4-2 所示。平盘是台阶的水平部分或近水平部分；坡面是指台阶上下平盘之间的倾斜面；坡顶线是指台阶上部平盘与坡面的交线；坡底线是指台阶下部平盘与坡面的交线；坡面角是指台阶坡面与水平面的夹角；台阶高度是指台阶上下平盘之间的垂直距离。

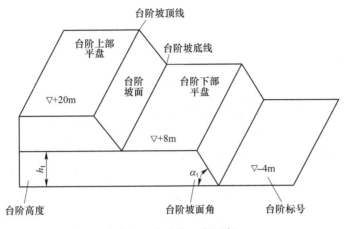

图 4-2 台阶的基本要素

台阶在露天采场中的位置通常用其下部平盘的水平标高表示，即装运设备站立的平盘。台阶的上部平盘和下部平盘是相对的，一个台阶的上部平盘同时也是其上一个台阶的下部平盘，如图 4-2 中的 +8m 平盘（也称为 +8m 水平），既是 +8m 台阶的下部平盘也是 −4m 台阶的上部平盘。

露天开采是分台阶进行的，采装与运输设备在工作台阶的下部平盘作业，为了将采出的矿岩运出采场，必须在新台阶顶面的某一位置开一道斜沟（掘沟工程），使采运设备到达作业水平。掘沟是为一个新台阶的开采提供运输通道和初始作业空间，完成掘沟后即可开始台阶的侧向推进；随着工作面的不断推进，作业空间不断扩大，如果需要加大开采强度，可布置两台或多台采掘设备同时作业。因此，掘沟是新台阶开采的开始。按运输方式的不同，掘沟方法可分为不同的类型，如汽车运输掘沟、铁路运输掘沟、联合运输掘沟、无运输掘沟等。

（1）新水平准备：是指露天开采中，采场延深时建立新的开采台阶的准备工程。它包括掘进出入沟、开段沟和为掘进出入沟、开段沟所需空间的扩帮工程。新水平准备基本程序是先掘进出入沟，后掘进开段沟，开段沟形成后进行扩帮。新水平的准备要考虑准备周期和选择运输方式。

（2）出入沟：是指为建立地面与工作台阶之间以及各工作台阶之间的运输联系而开掘的倾斜的露天沟道。

（3）开段沟：是指为开辟新工作台阶建立工作线而掘进的露天沟道，其沟底是水平或近似水平的。

开采时，将工作台阶划分成若干个具有一定宽度的条带顺序开采，称为采掘带。按其相对于台阶工作线的位置分为纵向采掘带和横向采掘带。采掘带平行台阶工作线称为纵向采掘带，垂直于台阶工作线称为横向采掘带。采掘带长度可以是台阶全长或其中一部分。如采掘带长度足够，且有必要，可沿全长划分为若干区段，每个区段分别配备采掘设备进行开采，称为采区。在采区中，把矿岩从整体或爆堆中挖掘出来的地方，称为工作面，如图 4-3 所示。

已做好采掘准备，即配备采掘设备、形成运输线路和动力供应等的采区称为工作线。

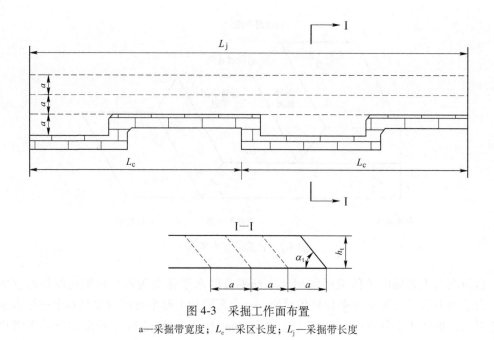

图 4-3　采掘工作面布置

a—采掘带宽度；L_c—采区长度；L_j—采掘带长度

它表示露天矿具备生产能力的大小。一般情况下，工作线长，具备生产能力大，反之则小。工作线年移动距离，表示露天矿的水平推进强度。工作线分为台阶工作线（台阶上已做好准备的采区长度之和）和露天矿工作线（各台阶的工作线之和）。

4.2.2　矿床开采的技术特征

4.2.2.1　矿岩的技术特征

矿岩的技术特征包括矿石与废石的划分、矿石的种类和矿岩的性质。

矿石与废石的概念是相对的，它们随着生产的发展和工业技术的改进而变化，这与矿石品位有密切关系。矿石所含有用成分的多少称为矿石的品位。常用质量百分数表示。根据当前的工业技术及经济水平，当矿石的品位低于某一数值时，便无利用价值，则这一数值的矿石品位称为最低工业品位。它是根据当前国民经济的需要和技术经济条件所确定的最低开采品位，矿石按所含有用成分的多少即品位高低可分为富矿和贫矿。

边界品位是指划分矿与非矿界限的最低品位，即圈定矿体时单位矿样中有用组分的最低品位。边界品位是根据矿床的规模、开采加工技术（可选性）条件、矿石品位、伴生元素含量等因素确定的，它是圈定矿体的主要依据。在国外，没有工业品位要求，边界品位是圈定矿体的唯一品位依据。

矿石可以分为金属矿石、非金属矿石及能源矿石。

金属矿石按所含金属种类不同可分为：（1）贵重金属矿石，如金、银、铂等，这些矿石金属稳定性好，价格昂贵；（2）黑色金属矿石，如铁、锰、铬等，这些矿石的金属颗粒是黑色的；（3）有色金属矿石，如铜、铅、锌、铝、锡、钼、钨等，这些矿石的金属颗粒不是黑色的；（4）稀有金属矿石，如铌、钽等，这些矿石的金属在自然界比较稀少；（5）放射性矿石，如铀、钍等，这些矿石的金属存在放射性。

按所含金属矿物组成、性质和化学成分，金属矿石可分为：（1）自然金属矿石，如金、银、铜、铂等，金属以单一元素存在于矿石中；（2）氧化矿石，如赤铁矿、磁铁矿、赤铜矿等，矿石的成分为氧化物、碳酸盐、硫酸盐；（3）硫化矿石，如黄铜矿、方铅矿、闪锌矿等，矿石的成分为硫化物；（4）混合矿石，矿石是由前面两种及两种以上矿石混合而成。

非金属矿主要有金刚石、石墨、自然硫、硫铁矿、水晶、刚玉、蓝晶石、夕线石、红柱石、硅灰石、钠硝石、滑石、石棉、蓝石棉、云母、长石、石榴子石、叶蜡石、透辉石、透闪石、蛭石、沸石、明矾石、芒硝、石膏、重晶石、毒重石、天然碱、方解石、冰洲石、菱镁矿、萤石、宝石、玉石、玛瑙、石灰岩、白垩、白云岩、石英岩、砂岩、天然石英砂、脉石英、硅藻土、页岩、高岭土、陶瓷土、耐火黏土、凹凸棒石、海泡石、伊利石、累托石、膨润土、辉长岩、大理岩、花岗岩、盐矿、钾盐、镁盐、碘、溴、砷、硼矿、磷矿等。

能源矿石主要有煤、石煤、油页岩、铀、钍、油砂、天然沥青等。

在矿岩的性质中，对矿产开采影响较大的有硬度、坚固性、稳固性、结块性、氧化性、自燃性、含水性、松散性和矿岩体积密度等。

（1）硬度。矿岩抵抗工具侵入的性能，取决于矿岩的组成，对穿爆工作有很大影响。

（2）坚固性。矿岩抵抗外力（机械、爆破）的能力。

（3）稳固性。稳固性是指在一定暴露面积下和在一定时间内不自行垮落的性质。

（4）碎胀性。矿石和围岩破碎之后的体积比原体积增大的性质，碎胀性可用碎胀系数来表示（又称为松散系数）。

（5）结块性。结块性是指采下的矿岩遇水受压，经过一定时间，又结成整块的性质。

（6）氧化性。氧化性是指硫化矿石在水和空气的作用下，变成了氧化矿石的性质。

（7）自燃性。自燃性是指高硫化矿石（含硫量在18%以上），当其透水性及透气性良好的条件下，具有自行燃烧的性能。

（8）含水性。含水性是指矿岩裂缝和孔隙中含水的性质。

（9）容重。容重是指单位体积中原岩的重量。

（10）块度。矿体崩落后则形成矿块，或岩石块，其尺寸的大小称为块度。

（11）自然安息角。松散矿岩自然堆积时，其四周将形成倾斜的堆积坡面，把自然堆积坡面与水平面相交的最大角度，称为该矿岩的自然安息角。

4.2.2.2 矿床的技术特征

矿床的技术特征主要有矿体形状、倾角和厚度。

（1）根据矿体形状，矿床主要有层状矿床、脉状矿床和块状矿床。

（2）矿体的层面与水平面间的夹角即为矿体倾角。根据倾角大小，矿体可为：近水平矿体，倾角为0°~5°；缓倾斜矿体，倾角为30°~55°；急倾斜矿体，倾角为55°以上。

（3）矿体的厚度是指上、下盘间的垂直距离或水平距离，前者称为垂直厚度，后者称为水平厚度。按厚度矿体可分为：极薄矿体，厚度小于0.8m；薄矿体，厚度为0.8~4.0m；中厚矿体，厚度为4~10m；厚矿体，厚度为10~30m；极厚矿体，厚度大于30m。

4.3　露天矿建设程序和开采步骤

4.3.1　露天矿建设程序和设计决策

露天矿从立项建设到建成投产，少则需要 1~2 年，多则持续 3~5 年或更长；露天矿基建投资可达数亿元。矿山建设通常需经历以下几个阶段：

（1）勘探及建设立项阶段，包括矿床初步勘探、详细勘探、项目建议书、可行性研究及设计任务书五个阶段。

（2）建设设计阶段，包括初步设计、技术设计（含安全设施设计）、施工图设计，必要时在初步设计后还要增加技术设计。

（3）建设阶段，包括施工、试车、投产及总结验收。露天矿建设程序的流程如图 4-4 所示。

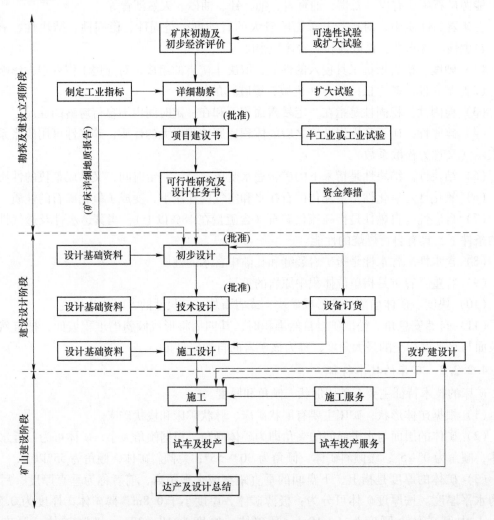

图 4-4　露天矿建设程序流程

实践经验证明，矿山建设必须严格遵循这个程序，切实保证基本建设的质量。在进行露天矿山设计过程中，主要技术决策有：露天矿生产规模、露天矿采剥方法与开采程序、露天矿生产工艺过程及设备类型、露天矿开采境界、露天矿开拓运输系统、总图布置及外部运输。上述技术决策既相互制约又相互依存，因此，露天开采设计是一个综合论证、反复调整的决策过程。

4.3.2　露天矿建设和生产概述

4.3.2.1　露天矿运营的步骤

（1）地面准备。把外部交通、供水、供电等系统引入矿区，形成矿区内部的交通、供水、供电系统，进行矿区的生产、生活、娱乐设施等建设，再进行开采的区域清除和搬迁天然或人为的障碍物，如树木、村庄、厂房、道路等。

（2）矿区隔水与疏干。截断通过开采区域的河流或把它改道，设置防水设施，疏干地下水，使水位低于要求的水平。

（3）矿山基建工程。修筑道路，建立地面与开采水平的联系，进行基建剥离揭露矿体，建立开采工作线，形成排土场（堆积废弃物的场地）和通往排土场的运输线路。

（4）正常生产。在开辟了必要的采剥工作面，形成了一定的采矿能力后即可移交生产。一般再经过一段时间，才能达到设计生产能力，进行正常的开采生产。

（5）扩建或改建。露天矿进行较长时间的生产后，可能进行改建、扩建，以提高产量或进行技术改造，运用新技术与装备改进开采方案与设备配套等，此时需要进行改、扩建设计。

露天矿的建设和生产是十分复杂的工程项目，土地的购置，村庄搬迁，设备的采购、安装、调试，人员培训，组织机构建立等，涉及生产和生活的多个方面，必须统筹安排。

4.3.2.2　露天矿山工程

根据开采对象，露天矿山工程分为剥离工程和采矿工程，根据开采特点还可分出掘沟工程。这三种工程的生产工艺过程基本相同，主要包括矿岩松碎、采装、运输，以及排土或卸矿等生产环节。

掘沟、剥离和采矿三者既相互依存又相互制约，因此这些主要矿山工程的整体发展过程称为露天采剥方法或开采程序。

4.3.2.3　露天矿开采的主要生产工艺

（1）矿岩松碎。用爆破或机械等方法将台阶上的矿岩松动破碎，以适于采掘设备的挖掘。对于采掘设备能直接从台阶上挖落的矿岩，不需要这一生产环节。

（2）采掘及装载。用挖掘设备将台阶上松碎的矿岩装到运输设备中，这是露天开采的核心环节。

（3）矿岩运输。运用一定的运输设备，如汽车、机车、胶带运输机等，将采场的矿岩运送到指定地点，如矿石运送到选矿厂或储矿场，岩石运送到排土场。

（4）排岩（土）。露天矿开采过程中，需要剥离覆盖在矿体上的岩石或土，剥离的岩石或土通过运输设备运送到排土场，然后采用挖掘机、前装机、推土机等设备进行推排和堆砌。

4.4　露天采矿发展史

矿产资源的开发利用，对人类社会文明的发展与进步产生了巨大的、无可替代的促进作用。正是我们的祖先在适应自然、认识自然和改造自然的过程中，不断发现、认识并利用了新的矿产资源，才促进了社会生产力的发展和人类文明的进步。历史学家以人类在各时期利用的主要矿产种类为特征，将人类历史划分为旧日石器时代、新石器时代、青铜器时代、铁器时代、钢铁时代和核能时代。无论在人类文明的哪个时代，采矿都是最基本的工业活动。贯穿采矿史的主线是采矿方法的演变，最初的采矿活动仅限于露天环境，因此，露天采矿可谓是最古老的工业，为人类文明的源起提供了最初的物质基础。

4.4.1　石器时代

由于尚未获得金属工具，生产力水平低下，人类还不具备进行地下开采的技术与物质条件，因此，在人类历史早期，原始采矿活动都是露天进行的。

人类的采矿活动可追溯到旧石器时代（距今约 300 万~约 1 万年）。50 万年前，生活在北京周口店地区的北京猿人即开始选取片石制造简单的工具，并开始了人类历史上最早、最原始的露天采矿。根据出土的化石，距今 45 万年左右人类已经开始从地表出露的硬岩中获取燧石。2 万~3 万年前，捷克斯洛伐克人已经开始开挖黏土来制作器皿，石墨也被埃及人用来装饰陶器。约 18000 年前，人类通过"沙里淘金"的方式获得了自然金、铜，由于其稀有性，常被用作装饰品。根据希腊学者 Heroditusand Aristotle 的记载，早在 12000 年前，西班牙人已经开采砾石层获得自然金并制作了黄金工艺品。

到新石器时代（距今约 1 万~约 6000 年），虽然破岩效率较低，但人类的采矿水平仍然有了较为显著的进步。大约 7000 年前，埃及人创造了"火爆法"，即用火烧岩石使其膨胀，随后用水使岩石迅速冷却并破碎，这一方法在岩石破碎领域有着革命性的意义，极大地提高了破岩效率。同时，我国北方草原地区的民族，开始有选择性地开采玛瑙、玉髓等高级石料；中原地区的农耕民族大量开采陶土，烧制各种陶器。开采花岗岩作为建筑材料，同时，又将花岗岩制成石犁，完成了由锄耕农业到犁耕农业的革命性转变。

4.4.2　青铜器时代

到了青铜时代（距今约 6000~约 3500 年），人类开始大规模使用金属制品。在以色列 Timna 铜矿周围发现了 5500 年前的炼铜炉，而历史上最早青铜器出现在美索不达米亚，距今也有 5000 年。由于炼制青铜需要金属锡，便开始了锡矿的开采。根据考古学研究，冶炼铜的技术不仅仅出现在中东地区，世界上的其他地区也有独立发现。例如，4000 多年前我国进入夏朝，我们的祖先开采出铜矿石，并从中炼制出了金属铜，用于制造各种生产和生活用具。至夏朝晚期（约 3600 年前），又炼制出了青铜，我国历史进入了著名的青铜器时代。这个时期，人们主要还是通过露天的方式开采一些地面露头或风化堆积的矿石，露天开采仍然是最主要的采矿方式。进入商代后，随着人们大量使用青铜器，矿石的产量越来越大，原始的技术水平和装备无法完成露天开采所必需的剥岩工作量，简单的露天开采已不能满足矿石数量的需求，人们开始了原始的地下采矿活动。

4.4.3 铁器时代

人类使用铁器制品至少有 5000 多年历史，最开始是用铁陨石中的天然铁制成铁器。地球上的天然铁是少见的，所以铁的冶炼和铁器的制造经历了一个很长的时期。目前世界上出土的最古老冶炼铁器是土耳其（安纳托利亚）北部赫梯先民墓葬中出土的铜柄铁刃匕首，距今 4500 年。当人们在冶炼青铜的基础上逐渐掌握了冶炼铁的技术之后，铁器时代就到来了。大约在 3400 年前，小亚细亚的西台帝国已掌握了铁的冶炼技术。由于腓尼基民族在中东的入侵，使得本来是西台帝国机密的冶铁技术在西台被腓尼基所灭后得以传播开去。大约 3200 年前，整个中东地区已大致掌握了铁的冶炼技术。而在欧洲，则是由古希腊在吸收了西台的冶铁技术后才传播开去的。中国自春秋战国就步入了铁器时代，铁器的制造和使用在中国古代社会居于重要的地位。中国最早的关于使用铁制工具的文字记载是《左传》中的晋国铸铁鼎。在春秋时期，中国已经在农业、手工业生产上广泛使用铁器。铁器坚硬、韧性高、锋利，胜过石器和青铜器。铁器的广泛使用，使人类的工具制造进入了一个全新的领域，生产力得到极大的提高。在这一时代，开采的铁矿石大部分来自地表风化残积、堆积矿和江河岸边的铁矿，以及露出地表的浅部铁矿体。

在工业革命以前，由于没有获得现代意义上的动力，采矿活动始终处于人力破岩和运搬的落后水平，除了建材类矿物，绝大多数金属类矿物都是通过地下采矿的方式生产的。地下采矿作为金属矿石的主导开采方式，技术日渐成熟，一直持续到工业革命。在这个漫长的时间里，露天采矿技术没有任何革命性的进展，露天开采仅仅用于开采一些规模不大的"草皮矿""鸡窝矿"，以及一些地表露头的风化残留矿。露天采矿作为一项采矿技术一直处于停滞状态。

4.4.4 钢铁时代

4.4.4.1 蒸汽时代

真正意义上的现代露天采矿技术发展始于 19 世纪的工业革命，这期间露天采矿技术主要在西方工业发达国家得以发展。但是从清朝雍正（1723~1735 年）时期至 19 世纪中叶的时间段里，中国实行闭关锁国政策，拒绝引进正处于工业革命期间的西方发达国家先进的地质学、矿物学理论和采矿技术，导致中国的露天采矿发展严重落后于西方发达国家。铁矿的大规模开采利用开启了工业革命的大门，英国在这一时期贡献巨大。工业革命前，英国冶铁业主要采取以木炭为燃料的生产技术，由于森林消亡，必须找到一种可替代性能源。而英国的煤炭资源比较丰富，人们开始尝试使用煤炭作为新的能源，但是煤作为一种矿物质，本身含有硫化物，在冶炼过程中硫化物会使铁矿石发生质变，冶炼出来的铁在实际生活中根本无法正常使用。为解决这一问题，18 世纪初亚伯拉罕·达比提出了焦炭炼铁法，即先将煤炼成焦炭。但该方法中的高炉是以上下水池中水的落差形成动力来鼓风的，效率很低。1732 年，达比二世修建了用马车来输送水的轨道，到 1742 年，马车被纽克门蒸汽机代替，此时的蒸汽机仅用于将水提升到上水池，高炉鼓风的动力仍然来自水轮机。直到 1776 年，蒸汽机才代替了水力鼓风在高炉炼铁中得到应用。至此，炼铁业不仅摆脱了对木材的依赖，也摆脱了对水力的依赖，从而获得了充分的发展空间。焦炭炼铁引发的冶铁业革命在带来铁业繁荣的同时，也拉动英国煤矿业进一步繁荣。廉价的铸铁和熟铁使新型的动力机械得以大规模生产和应用，并使铁构件在工程建筑领域代替木材而得到广泛应用。不仅如此，价廉质优的熟铁使铁路建设的大规模发展成为可能。焦炭炼铁的发明引起了钢铁业及相关行业的巨大发展，人类也由此被带入了"钢铁时代"，英国的工业革命因此得以全面展开。

工业革命带来的科学技术的进步直接提高了采矿的生产效率，蒸汽机最初被用来抽出矿井中的地下水，随后被推广到矿井通风中，其在露天采矿中的运用主要体现在运输方式和凿岩方式的革新。19 世纪初，有轨列车成为主要的矿石运输工具，最初这些列车依靠人力或者畜力推动。1805 年，煤矿工程师约翰率先使用蒸汽机车运输矿石，但这只适用于地面较为平坦的情况。1849 年，蒸汽机的双用泵技术出现，蒸汽机车大范围使用变成可能。1835 年美国人威廉·奥蒂斯研制的蒸汽铲，它繁衍出了庞大的挖掘机家族。1868 年，英国的沃克设计制造成功第一台风动圆片采煤机。

在运输设备完成机械化的同时，矿工的凿岩工作也逐渐被机械所替代。1813 年英国人特罗蒂克发明蒸汽冲击式钻机，冲击式钻机最初的工作原理是用活塞运动代替人来运转鹤嘴锄，以此减少矿井工人的劳动量。1865 年，瑞典发明家诺贝尔利用雷酸汞制成了雷管，不久，他又找到了用硅藻土吸收硝化甘油的办法，制成了使用、运输安全的硝化甘油炸药。1872 年，用气压作动力的伯利机械钻问世，取代手工操作的钻机，大大加快了掘进速度。随后，气动凿岩机和炸药的发展逐渐形成现代爆破破岩技术。

4.4.4.2　电气时代

由于近代工业的迅速发展，作为工业动力的蒸汽机已经满足不了社会的需要，其局限性明显地暴露出来。首先，随着蒸汽机的功率增强，其体积也会日益庞大，导致蒸汽机的使用受到很大的限制。其次，从蒸汽机到工作机需要复杂的传动机构，才能将动力分配给各种工作机。这种能量传递方式既不方便也不经济，很难实行远距离的传输，大大限制了大工业的发展规模。随后，蒸汽机虽然多次改进，热效率仍然很低，使用极不经济。另外，蒸汽机只能将热能单纯地转化为机械能，不能实现多种形式能量的互相转化。

以电力的广泛应用和内燃机的发明为主要标志的第二次工业革命使人类社会从"蒸汽时代"进入了"电气时代"。1831 年，英国科学家法拉第发现了电磁感应现象，找到了打开电能宝库大门的钥匙。1866 年德国人西门子制成发电机，电力作为新能源进入生产领域，并日益显示出它的优越性。在这期间，电力被广泛应用于采矿行业，出现了电动机械铲、电机车和电力提升、通风、排水设备。1892 年，狄塞尔研发出一台实用的柴油动力压燃式发动机，这种发动机扭矩大、油耗低，可使用劣质燃油，显示出广阔的发展前景。柴油动力压燃式发动机，不仅解决了交通工具的发动机问题，也引起了采矿运输领域的革命性变革，运输机车实现了由蒸汽机驱动到内燃机驱动和电力驱动的发展历程。

4.4.5　20 世纪露天采矿的发展

20 世纪以来，露天采矿的发展远远超过了 19 世纪，露天采矿的机械化程度有了显著的提高。19 世纪延续下来的传统技术经过不断的改进和提高，其应用范围也逐渐扩大，动力机械功率增大，效率进一步提高，内燃机的应用普及到几乎所有的矿用机械。随着工作母机设计水平的提高及新型工具材料和机械式自动化技术的发展，露天采矿的生产水平有了极大的提升。此外，其他技术也有了明显进步，包括：出现了硝铵炸药，使用了地下深孔爆破技术，逐步形成了适用于不同矿床条件的机械化采矿工艺。在此基础上，对矿床开拓和采矿方法形成了分类的研究，对于矿山压力显现进行了实测和理论探讨，对岩石破碎理论和岩石分级进行了研究，完善了矿井通风理论，提出了矿山设计、矿床评价和矿山设计管理的科学方法，使采矿从技艺向工程科学发展。20 世纪 50 年代后，露天采矿的主要发展是：

（1）使用了潜孔钻机、牙轮钻机、自行凿岩台车等新型凿岩设备，以及铵油、浆状和乳化油等安全、廉价的炸药；

（2）采掘设备实现大型化、自动化；

（3）运输、提升设备自动化，出现了无人驾驶机车；

（4）露天矿采用间断、连续式运输；

（5）电子计算机用于矿山生产管理、规划设计和科学计算，开始用系统科学研究采矿问题，诞生了矿业系统工程学；

（6）矿山生产开始建立自动控制系统，岩石力学和岩石破碎学进一步发展，利用现代试验设备、测试技术和电子计算机已能预测和解决某些实际问题。

4.4.6 改革开放后我国露天采矿的发展

改革开放以来，我国经济步入了快速发展的轨道，矿业开发迎来了前所未有的发展机遇，矿山开采规模得到了突飞猛进的发展。截至 2015 年，我国已建成了各类金属矿山达 1.2 万余座，建成和即将建成的铁矿石年生产能力 300 万吨以上的矿山有 34 座，其中 2002 年以后在建、新建和改扩建矿山就达 16 座，其产能近 1 亿吨。随着投资的增加，采矿规模迅速扩大，采矿技术得到快速发展，装备水平逐步提高，有力地促进了露天采矿的发展。目前我国铁矿年产量露天开采占 77%，有色金属矿年产量露天开采占 52%，化工矿山露天开采占 70%，建材矿山几乎 100% 为露天开采。近 40 年来，我国在金属露天采矿技术和装备方面，开展了多项科技攻关研究，使我国金属露天采矿技术水平得到了显著提高，包括陡帮开采工艺、高台阶采矿工艺、间断-连续开采工艺、大型深凹露天矿陡坡铁路运输系统、深凹露天矿安全高效开采技术、露天转地下开采和露天-地下联合开采技术、矿山数字化技术、采场无（微）公害爆破技术、特大型露天安全高效开采技术等。

总体来看，当前我国露天采矿技术已经接近或达到了国际先进水平，差距主要体现在机械设备方面，这是制约我国露天采矿进步的关键技术因素。要缩小这方面的差距：一方面要通过"引进、消化、吸收、创新、提高"来发展我国的矿山设备；另一方面要加大科技投入，加强技术创新，努力创造具有自主知识产权的新设备、新产品，着力于自身创新能力的增强，充分利用后发优势，实现矿山行业跨越式发展。

4.5 露天开采技术发展方向

露天开采在未来的发展中，矿山设备大型化、工艺连续化、生产最优化、开采无害化、操作自动化、管理信息化、矿山数字化、开采无人化等将成为主要发展方向。

4.5.1　设备大型化

随着地表的矿物资源逐渐枯竭，可采矿石质量不断下降，开采深度急剧加大，地质条件和地理条件日趋困难，以及越来越严格的环境保护和水土保持要求，露天采矿的规模也越来越大。露天矿大型化进程为矿用大型设备发展提供了机遇。高新技术，特别是微电子技术的扩大应用，大功率柴油机和大规格轮胎相继研制成功，传动方式的不断创新等，为矿用设备大型化发展创造了条件。除了制造业进步的原因，经济效益也是重要因素，如操作、维修定员较少使人工成本降低。另外，设备大型化使单位采剥量设备投资和成本降低，也是驱动设备大型化的重要原因之一。设备大型化主要包括以下几个方面。

4.5.1.1　凿岩设备

凿岩设备穿孔直径越来越大，穿孔深度逐渐加深。露天采矿曾广泛使用过两种凿岩方式：热力破碎穿孔和机械破碎穿孔。20世纪50年代前主要采用的穿孔设备有火钻、钢绳冲击钻机。目前，国内大型矿山穿孔设备是潜孔钻与牙轮钻共存，牙轮钻比例较高（占88%），钻孔直径以250mm、310mm为主，中型矿山以潜孔钻为主，钻孔直径以200mm为主；国外普遍采用牙轮钻，直径大多为310~380mm，有的达559mm，孔深可达73m。

4.5.1.2　装载设备

装载设备容量不断增加。露天矿装载作业的主要设备是电铲，世界上最早的动力铲出现于1835年，此后经历了从小到大、由蒸汽机驱动到内燃机驱动再到电力驱动的发展历程。20世纪初，动力铲开始用于露天矿山，第一台真正意义上的剥离铲于1911年问世，其斗容为2.73m^3，由蒸汽机驱动，通过轨道行走。到1927年，轨道行走式的动力铲逐渐被履带式全方位回转铲取代。电铲的快速大型化始于20世纪50年代末60年代初，目前斗容量以16.8m^3、21m^3、30m^3、38m^3、43m^{3}为主（20世纪70年代以11.5m^{3}和13m^{3}为主）。国内重点露天矿山主要以电铲为主，斗容量一般为4m^3、10m^3、16.8m^3，如图4-5（b）所示。

(a)　　　　　　　　　　　　　　　　　(b)

图4-5　露天矿用装运设备

(a) 矿用汽车；(b) 露天矿用电铲

扫一扫

查看彩图

4.5.1.3 运输设备

露天矿常用的运输设备包括电机车、矿用汽车和大倾角皮带运输机，图4-5（a）为矿用汽车。

20世纪40年代前，电机车曾占主导地位。电机车适用于采场范围大、服务年限长、地表较平缓、运输距离长的大型露天矿，其单位运输费用低于其他运输方式。然而，由于其爬坡能力小和转弯半径大，灵活性差，露天采场的参数选择受到很大的制约。因此，从20世纪60年代初开始，电机车逐步被汽车运输代替，目前采用电机车作为单一运输方式的露天矿山已为数不多。目前国外露天采矿场使用电机车运输的国家主要是独联体的一些国家，这些国家深凹露天矿电机车一般是直流电机或交流电机驱动的联动机组，黏重一般为300t以上，最大黏重为480t。国内电机车一般为直流电机驱动，黏重一般为150t。

20世纪80年代以来，国外各类金属露天矿约80%的矿岩量由汽车运输完成，因此汽车是目前露天矿生产的主要运输设备。我国露天矿20世纪60和70年代以12~32t汽车为主，大多从苏联进口；70年代末引进100t和108t电动轮汽车；80年代引进154t电动轮汽车。国产108t电动轮汽车在20世纪80年代初投入使用，与美国合作制造的154t电动轮汽车于1985年通过鉴定。目前大型矿山，无论是液力机械传动的、还是交流驱动的电动轮汽车，其载重量大多为150t、240t、320t，小松、利勃海尔与卡特公司已研制出装载质量360t的汽车。我国大型露天矿山汽车的最大装载质量也超过了170t，如徐工集团DE400型电传动自卸矿车的载重量就达到了400t，最高速度50km/h，举升时间24s。

大倾角皮带运输机在露天矿山运输中具有明显的优越性。美国、苏联、瑞典、德国及英国等都进行了这方面的研究，如美国大陆公司研制了由两条胶带组成的夹持式大倾角运输机，瑞典斯维特拉公司研制了带横隔板的波浪挡边大倾角运输机和由两条胶带牵引的袋式大倾角运输机，英国休伍德公司研制了链板与胶带组合的大倾角运输机等，这些运输机都实现了大于30°的大倾角连续运输。南斯拉夫麦依丹佩克铜矿因采用了大陆公司的大倾角运输系统，使采场内的汽车用量减少2/3，运距缩短4km，其中35km是连续陡坡，大幅度降低了运输成本，每年可节省1200万美元。

4.5.2 工艺连续化

连续采矿工艺具有劳动生产效率高、产能大、消耗低、运营费用低、机械化与自动化程度高、安全程度高等优点，在国外以及国内大型露天矿中应用广泛。但该工艺在复杂地形下适应能力较差，特别是采场与排土场空间频繁变动情况下，搬迁费用成本过高，在国内部分大型露天矿山以及众多中小型露天采矿中仍旧未能推广应用。

连续式开采工艺流程，其系统的组成为：露天采剥机—胶带输送机—排土机（或堆取料机）。为了减少工作面胶带机的移设次数，扩大采剥机的作业范围，可在工作胶带机与采剥机之间设转载机。露天采剥机连续工艺系统与由轮斗电铲组成的连续工艺系统有基本相同的特点和适用条件，但露天采剥机具有挖掘中硬（普氏硬度系数$f = 5 \sim 8$）矿岩的优点，其应用扩大了连续开采工艺的应用范围。

4.5.3 生产最优化

系统工程是实现系统最优化的科学，采矿系统工程根据采矿工程的内在规律和基本原理，以系统论和现代数学方法研究和解决采矿工程综合优化问题，实现生产最优化。目前，露天采矿生产最优化的研究呈现出以下几个特征。

4.5.3.1　研究对象由单一工艺流程向全流程优化发展

相比早期以境界优化、采剥设计、生产调度等采矿工艺为主的系统优化，近几年采矿系统工程所涉及的研究领域更加宽广，采矿系统工程的研究已经渗透到矿业工艺流程的各个方面，单个工艺流程的整体优化研究已经得到重视，但是各流程相互之间的复杂关系还有待深入研究，优化的对象缺乏以整个矿山企业为对象的整体优化。

4.5.3.2　优化算法由常规、单一算法向智能化算法融合发展

采矿系统工程从建立伊始就和算法模型有着千丝万缕的联系，不管是早期的线性规划、整数规划、网络流、多目标决策、存储论、排队论等运筹学方法，还是后来盛行的遗传算法、人工神经网络、不确定向量机等计算智能理论和方法，都在露天采矿领域中大放异彩。

4.5.4　开采无害化

矿山的露天开采，会对自然环境造成严重的污染和破坏，该问题已引起各国政府的普遍重视，进行无废开采和生态重建是所有露天矿山在设计规划阶段就必须考虑的重大问题。我国近 20 年来，在这方面已经进行了大量的研究工作，并建立了相应的示范基地，取得了一定的成果。2000 年科技部批准的"冶金矿山生态环境综合整治技术示范"项目，以马钢集团姑山矿为示范基地，制定了生态环境综合治理规划；8 个分项工程实施后，矿区矿产资源得到了有序利用，特别是建成的 4 个植物园区，有效防止了水土流失，阻止了生态环境恶化趋势，为我国露天矿山在生态环境重建和保护方面起到了示范作用。另外，自然资源部于 2018 年 6 月发布了《非金属矿行业绿色矿山建设规范》等 9 项行业标准。

4.5.5　管理信息化

我国露天矿管理信息化大致分为四个阶段：萌芽阶段（20 世纪 60 年代到 80 年代初）、起步阶段（20 世纪 80 年代到 90 年代初）、基础建立阶段（20 世纪 90 年代中期到 21 世纪初期）、快速发展阶段（21 世纪初至今）。

第一阶段为萌芽阶段，即电子管计算机年代，主要用于露天矿最终境界确定；第二阶段为起步阶段，主要是利用计算机进行辅助设计、矿床建模、算量及采运排优化；第三阶段为基础建立阶段，主要是国外三维设计软件引进使用（Gemcom、Surpac 等）、矿区基础网络的建立、各专业信息管理系统建立，此时矿山的信息化与自动化较长时间里处于独立的并行发展之中；第四阶段为快速发展阶段，主要是以卡调、边坡监测为代表的安全监测监控联网系统、国产地理信息系统、生产集控系统的建立和应用，标志着露天矿信息化建设进入一个新的阶段，即研究"智能采矿"阶段。

4.5.6　矿山数字化

"数字化矿山"（digital mine）简称为"数字矿山"，是对真实矿山整体及其相关现象的统一认识与数字化再现。核心是在统一的时间坐标和空间框架下，科学合理地组织各类

矿山信息，将海量异质的矿山信息资源进行全面、高效和有序的管理和整合，形成计算机网络管理的管控一体化系统；它综合考虑生产、经营、管理、环境、资源、安全和效益等各种因素，使企业实现整体协调优化，在保障企业可持续发展的前提下，达到提高其整体效益、市场竞争力和适应能力的目的。

矿山数字化信息系统包括以下子系统：矿区地表及矿床模型三维可视化信息系统，矿山工程地质、水文地质及岩石力学数据采集、处理、传输、存储、显示与探采工程分布集成系统，矿山规划与开采方案决策优化系统，矿山主要设备运转状态信息系统，生产环节监控与调度系统，矿山环境变化及灾害预警信息系统，矿山经营管理及经济活动分析信息系统。目前，我国一些重点矿山已经建设了包含不同内容的矿山数字化信息系统。

4.5.7 操作自动化

自动化技术在露天采矿中的应用可以归纳为四类：单台设备自动化、过程控制自动化、远程控制自动化和系统控制自动化。

4.5.7.1 单台设备自动化

早期的自动化主要是采用简单的传感和控制器件的单台设备部分功能自动化，如凿岩机自动停机、退回和断水，钻机的轴压、转速等自动控制，装药车的自动计量等。随着自动控制和计算机技术的普及和发展，可编程控制器（PLC）得到广泛应用，单台设备自动化的程度不断提高，单台设备即可实现从数据采集、故障诊断、作业参数优化控制到自动运行等功能。

4.5.7.2 过程控制自动化

过程控制自动化是控制技术与计算机技术（包括软件和网络）的有机结合，形成了由采样、操作控制、数据分析处理、参数优化以及图文信息显示和输出等多功能组成的集成系统，大致由三个层次组成：

（1）与设备相连的过程输入和控制功能都由可编程控制器完成，如电动机的启动和停机、限位开关、电动机电流等；

（2）过程控制操作界面和系统综合由分布式控制系统（DCS）完成，如流量、温度、压力的过程监控等；

（3）公共操作界面和所有来自过程单元的信息显示等。

4.5.7.3 远程控制自动化

美国模块采矿系统（modular mining systems）公司研制了远程无人驾驶汽车控制系统，它由全球卫星定位系统（GPS）和计算机确定汽车位置，由测距雷达探测障碍物，可通过计算机在线实时修正作业循环，该系统可同时控制 500 辆汽车的驾驶。Alcoa 采矿公司已将这一系统用于西澳大利亚的一个大型露天铝土矿。

4.5.7.4 系统控制自动化

美国模块采矿系统公司开发的 Dispatch 露天矿汽车运输自动调度系统，是矿山系统控制自动化的典型，这套系统集 GPS、计算机、无线数据传输为一体。GPS 系统实时地跟踪设备位置；车载计算机实时采集相关信息，通过无线数据传输至中央计算机；计算机通过监测和优化，及时动态地给司机发出信息和调度指令。该系统可大大提高装运系统的整体效率，降低运营成本。我国德兴露天铜矿 1997 年从美国引进了 Dispatch 系统，这是我国首座采用自动调度系统的大型露天矿。

4.5.8 开采无人化

信息化、数字化、自动化都是矿山发展的方向，本质上没有太大区别，只是从不同角度、维度及程度进行诠释。数字化是表现形式，信息化是实质，自动化是基础；数字化、信息化、自动化都是技术手段，无人化则是矿山开采的终极目标。

开采无人化是当前采矿研究的热点，加拿大已制定出一项拟在 2050 年实现无人开采的远景规划，加拿大 INCO 公司通过地下通信、地下定位与导航、信息快速处理及过程监控系统，实现了对地下开采装备乃至整个矿山开采系统的遥控操作。在加拿大某矿山，自动化程度达到除固定设备自动化外，铲运机、凿岩台车、井下汽车全部实现了无人驾驶，工作时只需在地面遥控设备即可保证工作顺利运行，这样不仅提高了生产、工作效率，也大幅度增加了采矿作业的安全性。目前，我国也正在朝这方面发展，自动化调度系统、采矿设备的自动化控制、智慧化定位系统等现代化技术也得到了应用和推广。2014 年，陕煤化集团黄陵矿业一号煤矿 1001 综采工作面实现无人开采。该技术攻克了可视化远程操作采煤等难题，实现了工作面割煤、推溜、移架、运输、灭尘等操作自动化运行，达到了工作面无人作业的目的；实现了"工作面内 1 人巡视、远程 2 人操作"常态化生产，在煤层厚度 1.4~2.2m 条件下，最高月产量达到 17 万吨，平稳运行一年，实现了安全生产零事故，填补了我国矿山无人开采研究的空白。

$$思 \quad 考 \quad 题$$

4-1 试分析露天开采的优势及其存在的缺陷。

4-2 简述我国露天开采发展现状及前景。

4-3 什么是露天矿、露天采场？

4-4 画图表示台阶及其构成要素。

4-5 简述露天开采发展趋势。

5 矿床地下开采技术

采用地下开采的矿床通常有两种情况：一是埋藏较深的盲矿体，即矿体的上端距地表的垂直距离较大；二是矿体上端虽然较浅甚至有露头，但延伸到较大的深度。在第一种情况下一般采用单一地下开采，第二种情况一般采用露天开采，深部采用地下开采。本章针对金属矿山，系统介绍地下开采的矿床开拓、矿山总平面图布置、井巷掘进与支护、典型采矿方法与工艺。

5.1 地下开采一般结构

在金属矿床地下开采中，首先把井田（或称为矿田）在垂直方向上划分为阶段，然后再把阶段在水平和垂直方向上划分为矿块（或采区）。矿块（或采区）是独立的回采单元。在垂直方向上，地下开采一般结构如图5-1所示。

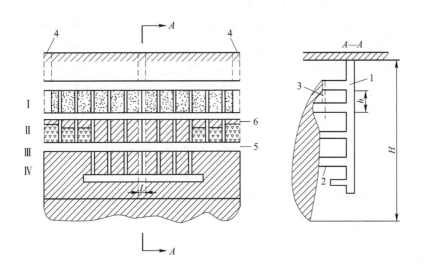

图5-1 地下开采一般结构示意图

Ⅰ～Ⅳ—不同的开采阶段

H—矿体垂直埋藏深度；h—阶段高度；L—矿体走向长度

1—主井；2—石门；3—天井；4—排风井；5—阶段运输巷道；6—矿块

矿块结构随采矿方法而异，一般由矿房和矿柱构成，并在水平方向上依据其与矿体的走向之间的关系有不同的布置方式，如图5-2所示。

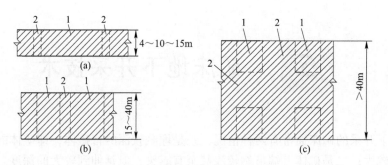

图 5-2　矿块及其布置方式示意图
（a）沿走向布置；（b）垂直走向布置；（c）垂直走向布置且留走向矿柱
1—矿房；2—矿柱

5.2　矿　床　分　类

矿体的形状、厚度和倾角是金属矿床地下开采设计的主要依据，直接影响开拓、采矿方法选择、采矿工程的结构及其布置。因此，金属矿床一般按这三个因素进行分类。

5.2.1　按矿体形状分类

按矿体形状划分，有以下三种类型：

（1）层状矿床。这类矿床多为沉积或沉积变质矿床，其特点是矿床规模较大，赋存条件（倾角、厚度等）稳定，有用矿物成分组成稳定，含量较均匀。多见于黑色金属矿床。

（2）脉状矿床。这类矿床主要是由于热液和汽化作用，矿物质充填于地壳的裂隙中生成的矿床，其特点是矿床与围岩接触处有蚀变现象，矿床赋存条件不稳定，有用成分含量不均匀。有色金属、稀有金属及贵重金属矿床多属此类。

（3）块状矿床。这类矿床主要是充填、接触交代、分离和汽化作用形成的矿床，其特点是矿体大小不一，形状呈不规则的透镜状、矿巢状、矿株状等，矿体与围岩的界线不明显。一些有色金属矿床（如铜、铅、锌等）属于此类。

在开采脉状和块状矿床时，需要加强探矿工作，以充分回收矿产资源。

5.2.2　按矿体倾角分类

按矿体倾角可分为以下四种类型：

（1）水平和微倾斜矿床，倾角小于 5°；

（2）缓倾斜矿床，倾角为 5°~30°；

（3）倾斜矿床，倾角为 30°~55°；

（4）急倾斜矿床，倾角大于 55°。

矿体的倾角与采场的运搬方式有密切关系。在开采水平矿床和微倾斜矿床时，各种有轨或无轨运搬设备可以直接进入采场；在缓倾斜矿床中运搬矿石，可采用人力或电耙、输送机等机械设备；在倾斜矿床中，可借助溜槽、溜板或爆力抛掷等方法，自重运搬矿石；在急倾斜矿床中，可利用矿石自重的重力运搬矿石。

应该指出，随着无轨设备和其他机械设备的推广应用，按矿体倾角分类的界线也在发生变化。有些情况下，虽然具有利用矿石自重运搬的条件，但也应用机械设备装运。

5.2.3 按矿体厚度分类

矿体的厚度是指矿体上盘与下盘之间的垂直距离或水平距离，如图 5-3 所示。图 5-3 中 a 称为垂直厚度或真厚度，图 5-3 中 b 称为水平厚度。开采急倾斜矿床时，常用水平厚度；开采倾斜矿床与缓倾斜矿床时，常用垂直厚度。

$$a = b\sin\alpha \qquad (5\text{-}1)$$

式中　a——矿体的垂直厚度，m；

　　　b——矿体的水平厚度，m；

　　　α——矿体的倾角。

矿体按厚度通常划分为 5 类：

（1）极薄矿体，厚度在 0.8m 以下；

（2）薄矿体，厚度为 0.8~4m；

（3）中厚矿体，厚度为 4~15m；

（4）厚矿体，厚度为 10~40m；

（5）极厚矿体，厚度大于 40m。

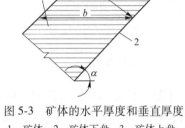

图 5-3　矿体的水平厚度和垂直厚度

1—矿体；2—矿体下盘；3—矿体上盘；

α—矿体的倾角

a—垂直厚度（或真厚度）；b—水平厚度

开采极薄矿体时，掘进巷道和采矿都需开掘部分围岩，方能创造正常的工作空间。开采薄矿体时，在缓倾斜条件下，可用单分层进行回采，其厚度为人工支柱的最大允许厚度；在倾斜和急倾斜条件下，回采时不需要采掘围岩。回采中厚矿体时，可沿矿体走向布置矿块。开采厚矿体时，垂直走向布置矿块。开采极厚矿体时，矿块垂直走向布置且往往需留走向矿柱。

5.3　地下开采一般步骤

金属矿床地下开采一般可分为开拓、采准、切割和回采四个步骤。

5.3.1　矿床开拓

矿床开拓就是通过掘进一系列井巷工程，建立地表与矿体之间的联系，构成一个完整的提升、运输、通风、排水和供风、供水、动力供应系统，以便把地下将要采出的矿石和废石运至地面；把新鲜空气送入地下，并把地下污浊空气排出地表，把矿坑水排出地表，把人员、材料和设备等送入地下和运出地表。为此目的而掘进的井巷，称为开拓巷道。

5.3.2　矿块采准

采准是指在矿床已开拓完毕的部分，掘进采准和切割巷道，将阶段划分成矿块作为回采的独立单元，并在矿块内形成行人、凿岩、放矿、通风等条件。

衡量采准工程量的大小，常用采准系数和采准工作比重两项指标。采准系数 K_1，是每千吨采出矿石量所需掘进的采准和切割巷道的米数，可用下式计算：

$$K_1 = \frac{\sum L}{T} \tag{5-2}$$

式中　$\sum L$——一个矿块中采准巷道和切割巷道的总长度，m；

　　　　T——矿块的采出矿石量，kt。

采准工作比重 K_2 是矿块中采准、切割巷道的采出矿石量 T_1 与矿块采出矿石总量 T 之比。

采准系数只反映矿块的采准切割巷道的长度，而不反映这些巷道的断面大小（即体积大小）；采准工作比重只反映脉内采准切割巷道的掘进量，而未包括脉外的采准切割巷道的掘进。因此，要根据具体情况，应用某个采准工作量指标，或者两项指标配合使用，互相补充，以便较全面地反映出矿块的采准工作量。

5.3.3　切割工作

切割工作是指在已采准完毕的矿块里，为大规模回采矿石开辟自由面和自由空间（通常是拉底或切割槽），有时还需要把漏斗颈扩大成漏斗形状（称为辟漏），为以后大规模采矿创造良好的爆破和放矿条件。

5.3.4　回采工作

切割工作完成之后，就可以进行大量的采矿（有时切割工作和大量采矿同时进行），称为回采工作。它包括落矿、采场运搬、出矿和采场地压管理三项主要作业。

（1）落矿是以切割空间为自由面，以爆破崩落矿石。一般根据矿床的赋存条件、所采用的采矿方法及凿岩设备，选用浅孔、中深孔、深孔或雨室等落矿方法。

（2）采场运搬是指在矿块内把崩下的矿石运搬到底部结构。运搬方法主要有两种：重力运搬和机械运搬。有时单独采用一种运搬方法，有时两种运搬方法联合使用，需根据矿床的赋存条件、所选用的采矿方法和运搬机械来确定。

（3）出矿是把集于底部结构或出矿巷道内的矿石，转运到阶段运输巷道，并装入矿车。这项作业通常用机械设备（电耙、装运机、铲运机等）来实现，少数情况下（如急倾斜薄矿脉等），靠重力实现。

（4）采场地压管理是指矿石采出后在地下形成采空区，经过一段时间，矿柱和上下盘围岩出现变形、破坏、移动等地压现象，为保证开采工作的安全，针对这种地压现象采取必要的技术措施，以控制地压和管理地压，消除地压所产生的不良影响。地压管理方法通常有三种：留矿柱支撑采空区、充填采空区和崩落采空区。

开拓、采准、切割和回采是按编定的采掘计划进行的。在矿山生产初期，上述各步骤在空间上是依次进行的；在正常生产时期，三者在不同的阶段内同时进行，如下阶段的开拓、上阶段的采准与再上阶段的切割和回采同时进行。

为了保证矿山持续均衡地生产，避免出现生产停顿或产量下降等现象，应保证开拓超前于采准，采准超前于切割，切割超前于回采。

5.4 采矿方法分类

采矿方法就是矿块的开采方法，它包括采准、切割和回采三项工作。若采准和切割工作在数量上和质量上不能满足回采工作的要求，则必然影响回采。因此，在矿块中进行的采准、切割与回采工作总称为采矿。

由于金属矿床赋存条件复杂，矿石与围岩性质多变，开采技术的不断完善和进步，在生产实践中应用了种类繁多的采矿方法。为了便于使用、研究和寻求新的采矿方法，应对现有的采矿方法进行科学的分类。

采矿方法的分类有多种，本书采用的采矿方法分类是按回采时的地压管理方法划分的。地压管理方法是以围岩的物理力学性质为依据，同时又与采矿方法的使用条件、结构和参数、回采工艺等密切相关，并且最终将影响到开采的安全性、效率和经济效果等。表 5-1 中，依此将采矿方法划分为三大类，进而根据各自特点可分为 13 个组别和 21 种典型方法。

表 5-1　金属矿床地下采矿方法分类

类别	组别	典型采矿方法
1. 空场采矿法	全面采矿法 房柱采矿法 留矿采矿法 分段矿房法 阶段矿房法	全面采矿法 房柱采矿法 留矿采矿法 分段矿房法 水平深孔落矿阶段矿房法 垂直深孔落矿阶段矿房法 垂直深孔球状药包落矿阶段矿房法
2. 充填采矿法	单层充填采矿法 分层充填采矿法 分采充填采矿法 支架充填采矿法	壁式充填采矿法 上向水平分层充填采矿法 上向倾斜分层充填采矿法 下向分层充填采矿法 分采充填采矿法 方框支架充填采矿法
3. 崩落采矿法	单层崩落法 分层崩落法 分段崩落法 阶段崩落法	长壁式崩落法 短壁式崩落法 进路式崩落法 分层崩落法 有底柱分段崩落法 无底柱分段崩落法 阶段强制崩落法 阶段自然崩落法

在空场采矿法中，矿块划分为矿房和矿柱，先采矿房后采矿柱（分两步开采）。回采矿房时所形成的采空区，靠矿柱和矿岩本身的强度支撑。因此，矿石和围岩均稳固，是使用本类采矿法的理想条件。

充填采矿法类别中的大部具体方法，也是分矿房和矿柱两步回采。回采矿房时，随回采工作面的推进，逐步用充填料充填采空区，防止围岩片落，即用充填采空区的方法管理地压。个别条件下，用支架和充填料配合维护采空区，进行地压管理。因此，不论矿石和围岩稳固或不稳固，均可应用本类采矿方法。

崩落采矿法为一个步骤回采，随回采工作面的推进，同时崩落围岩充满采空区，从而达到管理和控制地压的目的。因此，崩落围岩充满采空区，是应用本类采矿方法的必要前提。

上述三类采矿法中，还可以按方法结构特点、工作面的形式、落矿方式等进一步细分。

5.5　地下开采的发展趋势

目前，地球深部蕴藏 65% 的金属矿资源，面对生产机械化、智能化不足及矿山固废严重污染等问题，为了加速金属矿开采的现代化进程，大幅提升金属矿开采的国际竞争力，改变传统开采产能落后的局面，"深部开采""智能开采""绿色开采"将是未来我国金属矿开采理念的三大发展方向。

5.5.1　深部开采

在近半个世纪的发展历程中，关于"深部"概念的确定，国内外的专家学者提出了诸多建议，但是到目前为止，尚无对"深部"概念的统一标准。我国有些专家学者建议以岩爆发生频率明显增加来界定，普遍认为矿山转入深部开采的深度为超过 800m。谢和平院士提出：决定是否为深部的条件是力学状态，而不是量化的深度概念，这种力学状态由地应力水平、采动应力状态和围岩属性共同决定，可以经过力学分析得到定量化的表述；从力学角度出发，提出了"亚临界深度""临界深度""超临界深度"等概念。由于浅部资源逐渐殆尽，全球金属矿山开始进入千米时代。

据不完全统计，当前国外 112 座有超千米的地下金属矿山，最大采深达 4350m，我国开采深度达到或超过千米的地下金属矿山已达 16 座，目前金属矿山的开采深度以 10~30m/a 的速度下降，在未来，我国预计将有 1/3 的金属矿山开采深度达到 1000m。目前，很多新发现资源的埋藏深度也达到千米甚至更深，深部开采将成为我国金属矿山开采的重点方向。进入千米时代，金属矿山开采将面临诸多挑战，如"高井深""高应力""高井温"的技术难题以及由此引起的"强扰动"附加属性，同时还存在机械装备以及工艺流程等一系列工程技术配套问题。浅部开采时，开采深度为 0~800m，地应力范围为 10~20MPa，井温一般小于 30℃；深部开采时，开采深度超过千米甚至更深，原岩应力达到 40~80MPa，工作面温度高达 30~60℃。为此，未来金属矿山开采的前沿领域必将属于深部开采，且未来采矿科研重心将会向深部开采转移，开展相应的理论技术以及核心装备研究。近年来，尽管从国家层面上支持开展了大量的相关技术研究，但是在"三高一扰动"的复杂条件下，我国仍需重点开展金属矿山深部开采环境精准识别、金属矿山深部采掘一体化装备及提升技术、金属矿山深部开采灾害预警防控及资源化利用这三方面的研究，从而加速推进我国"向地球深部进军"的进程。金属矿山深部开采总体架构如图 5-4 所示。

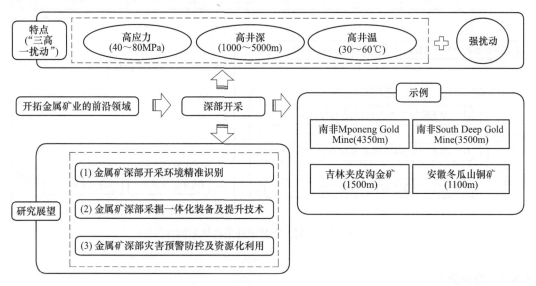

图 5-4　金属矿山深部开采总体架构

5.5.2　智能开采

智能采矿通过开采环境数字化、采掘装备智能化、生产过程遥控化、信息传输网络化和经营管理信息化等方法，实现安全、高效、经济、环保的开采工艺，是 21 世纪矿业的重要发展方向，也是具有前瞻性的目标。目前，智能开采是矿业发达国家争相抢占的技术制高点，同时在"中国制造 2025"背景下，国家工信部提出"智能制造"和"两化融合"，发展改革委提出"互联网+""云计算"和"大数据"，应急管理部提出"机械化换人、自动化减人"，我国也在不断推动金属矿智能开采的发展进程。近年来，国内外对智能开采进行了相关研究，但是国内外智能开采的差距较大。在作业面数据实时通信领域，国外已实现光纤、宽带无线、透地及物联网通信，而国内的核心设备多为进口，网络可靠性不足、信息传输不畅；在采掘装备远程遥控领域，国外已实现智能化行走和作业，国内智能化控制还不成熟；在开采全过程调度领域，国外主要利用 OptiMine、AutoMine 等数字化软件工具，分析和优化采矿全过程调度，国内主要针对井下有轨/无轨作业装备实行局部过程调度；在矿山远程管控平台领域，国外主要通过 800XA、Pit-ram 系统实现矿山远程管控，而国内在多类装备、系统的整合和一体化管控方面比较薄弱。可见，智能采矿的发展是一个困难的过程，今后我国亟须从大型无轨装备自主化及远程智能化控制、开采全过程三维可视化及数据实时采集智能化处理、矿山生产决策及管控一体化平台这三个方面进行重点研究，稳步推进我国金属矿山开采的智能化。金属矿山智能开采总体架构如图 5-5 所示。

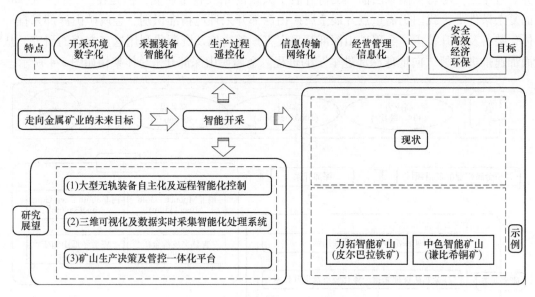

图 5-5　金属矿山智能开采总体架构

5.5.3　绿色开采

绿色开采旨在将矿区的资源和环境看作一个整体，在协调开发、利用和保护矿区土地、水体、森林等各种资源的前提下，充分回收、有效利用矿产资源，实现资源—经济—环境三者统一协调的开发过程，使可持续发展理念在矿业中得以充分体现。矿产资源可持续发展及其与生态环境协调发展的实现，是当今矿业领域的一个热点话题。2006 年中国国际矿业大会上，国土资源部首次提出了"坚持科学发展，建设绿色矿业"的口号，为我国矿业指明了绿色发展的方向；2011 年，国家"十二五"规划提出了发展绿色矿业，强化矿产资源节约与综合利用；2017 年，党的十九大报告再次明确了"绿水青山就是金山银山"，践行绿色发展理念，建设美丽中国。可见，绿色开采遵循矿业可持续发展模式，是我国金属矿山开采的发展道路和时代要求，已成为国家发展的重要战略。同时，金属矿山绿色开采有着全面的深刻内涵和实质内容，充分体现了"绿水青山"和"金山银山"和谐共存、互利互惠的原则。我国金属矿山绿色开采需要依靠科技创新来提供有力支撑，亟需重点开展金属矿山采选充一体化技术、特殊资源原位溶浸开采技术、闭矿后地下开挖空间绿色开发利用技术这三个方面的研究，将绿色矿山的建设作为推进我国金属矿山绿色开采的动力。金属矿山绿色开采总体架构如图 5-6 所示。

5.5.4　金属矿山开采关键技术新进展

金属矿山正面临着"由浅至深、由易至难、由富至贫"的关键转型期，在理论、技术、装备等方面都面临着全新挑战。面对以上挑战，金属矿山地下开采关键技术的研究显得尤为关键。目前，金属矿山地下开采关键技术主要体现在以下五个方面：凿岩爆破技术，运输提升技术，岩层加固技术，膏体充填技术，远程遥控技术。围绕这五大关键技

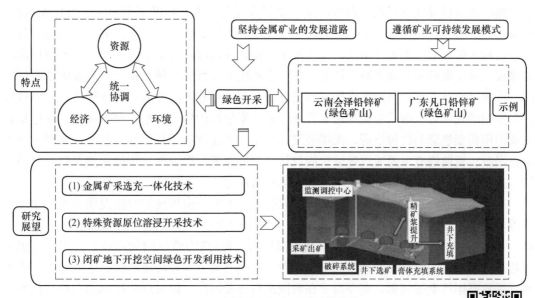

图 5-6 金属矿山绿色开采总体架构

术，本研究系统综述其发展历程及新进展，金属矿山地下开采关键技术架构如图 5-7 所示。

扫一扫
查看彩图

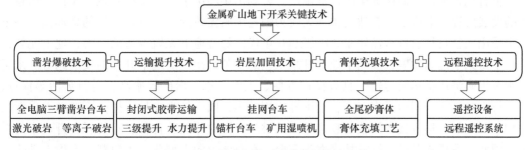

图 5-7 金属矿山地下开采关键技术架构

5.5.4.1 凿岩爆破技术

凿岩爆破技术是金属矿开采过程中的重要技术，同时在金属矿开采的长期发展中也是一个薄弱的环节。因此，持续提高凿岩爆破效率，对于金属矿山安全高效开采至关重要。目前，凿岩爆破技术仍是地下开采的主要落矿手段，从最初的手工凿岩到气动凿岩机、液压凿岩机、凿岩台车（牙轮钻机、潜孔钻机），乃至现在的凿岩机器人，凿岩技术逐渐从机械化开始向自动化、智能化、环保化方向发展。经过长期的研究，国内外相继研发了适合各种条件的凿岩设备。

近年来，随着凿岩设备的完善，美国、加拿大等国家在地下开采中将露天凿岩爆破技术引入进来，中深孔分段凿岩被大直径阶段深孔替代，取得了不错的应用效果。例如，瑞典研发了一系列掘进凿岩台车，具有凿岩效率高、操作安全、污染小等优点；我国自主研制了集行走、凿岩和装药作业于一体的全电脑三臂凿岩台车，具有操作简单、安全系数高、施工成本低等优点，这些设备保证了凿岩质量与效率，降低了劳动强度与作业风险，自动化、智能化、环保化水平达到了一个新高度。同时，由于地下开采的条件不同，且井巷掘进和采矿作业应用条件不同，传统地下矿山常用的爆破方式呈现多样化，普遍使用微差爆破、挤压爆破和光面爆破等技术，在一定程度上改善了爆破质量。随着爆破技术的发展，传统爆破技术逐渐向精准爆破、绿色爆破、智能爆破方向发展。精准爆破主要通过孔网参数精细化设计、爆破能耗理论研究及爆破方案模拟构建矿山精准爆破体系；绿色爆破主要采用新型燃烧剂代替炸药，无爆破气体产生，大幅改善了井下空气环境，实现了井下绿色爆破；智能爆破主要通过爆破智能设计、智能装备、爆破振动智能预测及残孔自动识别等共同构成智能爆破系统，实现爆破技术的智能化。

　　在技术不断进步和创新的新时代，凿岩爆破技术已经由传统的方法发展到机械物理破岩等非爆破岩技术。例如，采用连续采矿机对中硬及以下矿岩进行机械破岩，工作效率高，施工条件好，有利于地压控制；利用高压水射流/热力破碎的物理破岩技术，克服了单独机械能破岩的限制，不产生粉尘和火花，大幅改善了作业环境。但由于能耗大、成本高、道具磨损严重等问题，至今尚未在我国进行普及推广，同时现阶段我国在信息技术与人工智能技术研发方面起步晚，智能化的相关核心技术仍主要依赖国外。因此，目前我国硬岩矿山尚未真正实现连续开采。

5.5.4.2　运输提升技术

　　运输提升系统在地下矿山生产中占有极其重要的地位，通过运输提升可将各个环节连成一个有机整体，从而保证矿山正常生产。采场出矿经历了"人工—有轨—无轨"运输技术的发展历程，形成了从有轨为主、无轨为辅逐渐向无轨为主、有轨为辅的新局面。地下矿山采用无轨自行设备运输始于20世纪60年代，随着地下无轨设备的完善，地下无轨开采技术得到了迅速发展，推动了地下开采工艺的变革，是目前地下开采的发展趋势。采场短距离出矿采用铲运机运输，具有操作方便、工作可靠、出矿效率高、运行灵活等优点；井下长距离运矿采用地下汽车，目前国外应用较多，国内较为少见。提升距离随着采深的增加不断增加，提升技术面临着越来越大的挑战，同时伴随着各种矿石物料提升成本的增加。因此，发展深井矿石提升技术尤为重要，在总体上向大型化、大负载、高度自动化方向发展是矿井运输提升的未来总趋势。

　　经过长期发展，在深部开采中，绝大多数矿井借助轨道运输、胶带运输机或无轨设备等，进行多级竖井提升，例如在南非TauTona金矿采用3级竖井提升方式，在竖井之间再通过胶带或者无轨设备进行转运。传统敞开式胶带运输系统虽然结构简单，但是极易导致扬尘和滑落，污染井下环境，爬坡能力差，安全系数低；如今SiCON公司研发了封闭式胶带运输系统，防止运输中的滑落和扬尘，运输速度可超过3m/s，提升坡度能达到36°，适当改进该系统有望在未来应用于深部开采的矿石运输提升中。目前，水力提升方式主要应用在深海开采中，近年来，部分研究者试图将水力提升应用在深部矿井中，该过程可连续进行，更容易实现提升过程的自动化与智能化，但是利用水力提升需要在深井建立矿石的破碎系统和粉磨系统，当前难以进行实际应用。与此同时，也出现了磁悬浮升降机提升这种创新性的构想，但仍需开展深入细致的研究。这些新技术、新方法及新工艺给矿井运输提升领域注入了新鲜血液，极大地促进了运输提升技术、方法及工艺的创新和革新。

5.5.4.3 岩层加固技术

金属矿山主要针对软弱、破碎、高应力的岩层来进行加固，岩层加固技术可分为被动支护和主动支护。被动支护无法改变岩层内部结构，只能被动承受围岩变形，例如传统的木支护、砌碹支护以及钢拱架支护等；主动支护可以改变岩层内部结构，主动加强岩层自身强度，例如锚杆（锚索）、锚注、锚喷以及锚网喷等支护方式，其中锚注支护、锚喷支护以及锚网喷支护属于复合支护，锚喷支护更是成了金属矿山岩层的主要加固技术。全长式锚杆和黏结式锚杆复合成全长黏结式锚杆，极大提高了锚固强度，在工程实际中具有很好的推广价值和应用前景；喷射混凝土从以往的干喷发展到如今的湿喷，改善了作业环境，防止了岩层剥落。将喷射混凝土和锚杆进行有效结合，可以在一定范围内控制围岩的自由变形，使围岩应力重新分布，可有效防止岩层剥离掉落。随着科技的迅速发展，国内外都在加大有关锚喷支护先进装备的使用。例如，国外已研发了一系列锚杆台车、湿喷车以及挂网台车等设备，同时，我国自主研制了轮胎式锚杆台车（履带式锚杆台车）、矿用湿喷机以及两臂混凝土湿喷机等设备，在提高工作效率的同时，降低了劳动强度，保证了作业安全，在一定程度上实现了岩层加固技术的机械化、智能化。经过数次技术革新，岩层加固技术已从传统被动的单一支护发展到新型主动的复合支护，今后将呈现出机械化、智能化的发展趋势，以期提高安全性和作业效率。

5.5.4.4 膏体充填技术

金属矿山开采所引起的固废污染、水体污染、大气污染和侵占土地等现象十分严重。随着充填采矿技术与装备的发展，膏体充填技术为解决传统采矿问题和金属矿山开采所引起的环境污染问题提供了新思路，将全尾砂等矿山固体废弃物制备成饱和态、无泌水、牙膏状的结构流料浆，进行膏体充填，可协同解决尾矿库和采空区这两个重大隐患，从而保证矿山可持续发展。与传统的水砂充填相比，膏体充填具有"三不"特性，即浆体不分层、不离析、不脱水。目前我国已建成国际首个工业级的膏体充填试验平台，占地约2000m^2，设备200余套，具有工业级、精度高、功能全、智能化的特点，可以对膏体充填工艺全流程进行实验、参数检测并指导系统设计和工程实践，尤其是多管径、多走向、多流量的环管实验系统，检测结果较传统方法更接近实际。金属矿膏体充填的各个工艺环节的共性基础理论为金属矿膏体流变学，以膏体流变本构方程为研究内容，以理论计算、流变实验和数值模拟为主要研究手段，满足膏体充填中尾砂浓密、膏体搅拌、膏体输送以及充填固化这四个工艺环节的工程需求。其中，浓密技术旨在获得稳定合适的底流浓度，为制备合格膏体奠定基础；搅拌技术使物料混合均匀，为膏体管道输送流态化和力学特性均质化提供条件；输送技术追求低能耗、少磨损；填充技术实现充填体强度均匀分布与充分接顶率；上述四种工艺对应着膏体充填的四大关键技术。膏体充填技术具有"安全、经济、环保、高效"的丰富内涵，是金属矿山绿色开采体系的一个重要技术支撑，被我国有关部委列为示范技术，是全球矿业领域的研究热点。膏体充填核心理论体系架构如图5-8所示。

5.5.4.5 远程遥控技术

随着科技的发展，采矿技术也在不断进步，从最初的人工开采到机械化开采，再到现在的自动化开采、智能化开采，不论是自动化开采还是智能化开采，远程遥控都是其核心

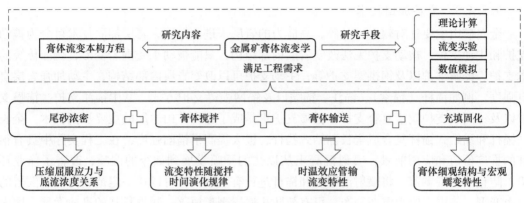

图 5-8　膏体充填核心理论体系架构

技术。为此，远程遥控技术在现代化矿山开采中将扮演着不可替代的角色，是现代采矿发展的重要技术手段。远程遥控技术在国际上已是一种比较成熟的控制技术，也是地下矿山发展的一个方向，其中包括凿岩遥控、装药遥控、出矿遥控等。但是该技术是一个国家工业整体发展到一定高度后的配套应用技术，目前在我国尚未全面推广。远程遥控关键技术主要体现在开采环境远程感知、开采过程远程操作、开采系统远程管控这三个方面，从而实现自动感知与分析、无人作业、远程调配、自动预警及远程决策等功能。此项技术正在中色非洲矿业有色公司旗下的赞比亚谦比希铜矿东南矿体进行实际应用，建立了谦比希铜矿东南矿区井下开采智能管控系统，以应对东南矿区面临的复杂开采问题。该智能管控系统以全矿的信息网络为基础，以智能设备和作业管控平台——OptiMine 系统作为依托，将井下各系统资源整合在一起，可对井下开采进行智能化管控。随着该系统的建成和应用，实现了全自动化与智能化的目标，谦比希铜矿东南矿区将成为非洲乃至世界范围内杰出的地下矿山，为未来智慧矿山的建设树立了旗帜。

5.5.5　展望

在未来，随着深部开采、绿色开采以及智能开采这三个方向不断发展，仍将会产生一系列问题。例如，矿井温度随着开采深度的下降而增加，当达到人类无法承受的高温后，可以考虑利用机器人替代人力进行井下采矿作业；同时在更深的区域，传统的采矿方法将无法实现，部分矿种可颠覆性采用流态化开采技术。随着科技的不断发展，在未来应当结合高新科技的发展，着力建设超大型智慧矿山，将更多的科技产物引入到金属矿山地下开采中。下面从机器人采矿技术、金属矿流态化开采技术和超大型智慧矿山建设等方面论述金属矿山地下开采的前瞻性理论和技术，对未来金属矿开采提出了一些展望。

5.5.5.1　机器人采矿技术

由于机器人技术发展尚未完全成熟，且其成本较高，当前还未应用于金属矿山地下开采中。由于深海采矿处于复杂性和多变性的特殊环境，人类无法在现场进行采矿作业，采矿机器人技术率先成了深海采矿的关键装备。经过长时间的研究与应用，我国深海采矿机器人的发展已经具备了一定的基础，对富钴结壳采矿机器人、多金属硫化物采矿机器人和多金属结核采矿机器人进行了设计研发，对采矿机器人行走的结构、液压系统以及稳定性进行了研究。航位推算定位系统和水声定位系统在深海机器人的定位和导航方面得到了较多的应用。陈勇等提出了一种基于航位推算和伪长基线的组合定位方法，提高了传统方法的精度，为深海采矿机器人定位系统研发提供了一种新的途径。

金属矿山开采将随着深部开采的发展逐渐进入极端环境，人类将无法在现场进行采矿作业，可以在深海采矿机器人发展的基础上，将采矿机器人应用到金属矿山地下开采中。对于金属矿山地下开采，采矿机器人的主要应用方向如下：

（1）凿岩机器人。凿岩机器人可以利用提前设计好的程序并配备精准的传感器在矿井的恶劣环境下进行打孔作业，并可以根据要求进行不同类型的钻孔作业，人类在井下能够完成的凿岩作业该机器人均可完成，即可以完全替代人力。这样不仅避免了人类在恶劣的环境中作业，还可以提高工作效率，对于未来金属矿的地下深部开采具有重要意义。

（2）喷浆机器人。传统在井下进行喷浆作业由人工使用喷浆的机械设备完成，不仅工作繁重而且对人的健康有着很大的危害，具有很大的不足。将喷浆机器人引入地下矿山的喷浆作业中，不仅可以保证喷涂的质量，还能避免人员亲临现场进行喷浆作业，避免了喷浆作业给人员带来的危害。

（3）岩爆监测机器人。在金属矿山地下开采中，岩爆事故一旦发生，将会产生严重的后果，威胁井下工作人员的安全。在未来可以研发一种带有专用传感器的监测机器人，能够灵活移动，监测范围广，可以连续不间断地进行监测，事故突发的先兆可及时被发现，以便及时采取应对措施，保障井下作业安全。

5.5.5.2　金属矿流态化开采

随着矿产资源的不断开发，我国金属矿的开采深度平均每年增加 10~30m。全球最大的金属矿山开采深度已经达到 4350m。从理论上讲，当开采深度超过 6000m 后，传统的采矿方法将无法使用。相比于金属矿开采的巨大限制，石油和天然气等资源的开采深度则超过了 7500m，主要原因在于其采用流态化开采收集碳氢化合物，采用钻机钻井，机械被送往井下，人不下井。金属矿资源的流态化开采，是将地下固体的金属矿资源进行原位转化，形成液体或液/固混合的形式，通过机械设备将矿物送至地表。在未来，金属矿山要想实现真正的深部或超深开采，需要颠覆传统的开采理念。谢和平院士提出的固体资源流态化开采学术构想将成为未来深部金属矿山地下开采的重要攻关方向，将产生一系列新的理论。在金属矿资源流态化开采中，地下岩体的破碎方式与传统的开采方法存在本质区别，同时在固体资源的转化过程中也会扰动原岩应力状态，岩体将会产生一系列不同于传统金属矿山地下开采的力学行为。突破传统的岩石力学研究方法，构建流态化开采下的岩石力学理论将成为未来金属矿流态化开采所需突破的重大难题。原位转化是流态化开采最重要的环节，是一个复杂的转化过程。在地下借助不同的手段将固体的金属矿资源进行原位转化，与传统的采矿方法有本质的不同。研究金属矿原位转化的相关理论是金属矿能否实现流态化开采的核心问题。同时，为了使金属矿产资源能够最大限度地转换或提取出来，提高采矿效率，有必要不断发展金属矿资源的流态化转化理论，以实现经济高效的开采目标。目前，流态化开采在金属矿山地下开采的应用只是一个理论构想，要实现这一目标还需要理论水平的不断提高以及生产技术与装备的不断进步。

5.5.5.3　超大型智慧矿山建设

超大型智慧矿山建设主要在于两个方面，发展大型设备和提高互联网、物联网的水平。采矿技术的发展其根本在于采矿装备的发展和进步，这也是超大型智慧矿山建设的基础。在未来金属矿山地下开采中，发展大型设备与智能化设备是总的趋势，并结合连续采矿，以实现规模化开采的目标，突破矿山设计服务年限的限制，可以大幅度提高金属矿山地下开采的效率，开采过后也可以快速恢复生态环境。超大型智慧矿山的核心在于"智慧"。智慧矿山主要是将物联网与互联网作为基础，结合大数据、云计算、人工智能等各类高新技术，集成自动控制器、传输软件、组合式软件、各类传感器等，形成一套完备的智慧体系。智慧矿山以数字矿山为基础建立，但智慧矿山也只是矿山发展的一个中间过程，最终的目的是建立无人矿山。我国智慧矿山的发展历程经历了单机自动化、综合自动化和局部智慧体三个阶段，在主流技术方面、装备发展方面以及推广应用方面均有了一定的发展，而距离真正实现智慧矿山仍有较大差距。推动智慧化矿山的建设，除了重点发展高新技术外，随着 5G 技术的不断发展，基站的建设成本将会不断降低，将 5G 技术与各类高新技术相结合，可以为智慧矿山建设注入新的活力。

在未来，将智慧矿山建设的核心技术与超大型矿山设备相结合，通过发展完备的理论体系，提供强有力的技术和设备支撑，将会大力推动金属矿山超大型智慧矿山的建设，而将 5G 技术大规模应用将会使超大型智慧矿山的建设水平得到质的提升。

思 考 题

5-1 矿床按形状分为哪几类？

5-2 金属矿床地下开采的一般步骤有哪些？

5-3 采矿方法如何分类？

5-4 试述地下开采的发展趋势。

6 矿山爆破技术

6.1 岩石的性质与分级

井巷掘进是煤矿生产中一项经常而重要的工作。不论开掘何种井巷，其主要工作都是破岩和支护。破岩和支护的主要对象是各种不同的岩石，其物理力学性质各异。因而，了解岩石的性质，对于合理地确定破岩方法和支护方式，选用适当的凿岩机械、爆破器材和掘进机械，以及正确确定工作定额，具有重要的意义。

岩石是组成地壳的基本物质，它由各种造岩矿物或岩屑在地质作用下按一定规律（通过结晶联结或借助于胶结物黏结）组合而成。由于岩石的组成矿物不同、黏结质不同以及岩石的结构和构造不同，所以岩石的性质各异。

研究岩石性质时，常用到岩石、岩块和岩体这三个术语。一般认为，岩块是从地壳岩层中切取出来的小块体；岩体是指地下工程周围较大范围内的自然地质体；岩石则是不分岩块和岩体的泛称。

6.1.1 岩石基本性质

6.1.1.1 岩石主要物理性质

（1）密度 ρ_s：ρ_s 为岩石的颗粒质量与所占体积之比。一般常见岩石的密度在 1400～3000kg/m³ 之间。

（2）容积密度 γ：γ 为包括孔隙和水分在内的岩石总质量与总体积之比，也即单位体积岩石质量。密度与容积密度相关，密度大的岩石其容积密度也大。随着容积密度的增加，岩石的强度和抵抗爆破作用的能力也增强，破碎岩石和移动岩石所耗费的能量也增加。

（3）孔隙率：孔隙率为岩石中孔隙体积（气相、液相所占体积）与岩石的总体积之比，也称为孔隙度。常见岩石的孔隙率一般在 0.1%～30% 之间。随着孔隙率的增加，岩石中冲击波和应力波的传播速度降低。

（4）岩石波阻抗：岩石波阻抗为岩石中纵波波速 c 与岩石密度 ρ_s 的乘积。岩石的这一性质与炸药爆炸后传给岩石的总能量及这一能量传递给岩石的效率有直接关系，通常认为选用的炸药波阻抗若与岩石波阻抗相匹配（接近一致），则能取得较好的爆破效果。

（5）岩石的风化程度：岩石的风化程度是指岩石在地质内力和外力的作用下发生破坏疏松的程度。一般来说随着风化程度的增大，岩石的孔隙率和变形性增大，其强度和弹性降低。所以，同一种岩石常常由于风化程度的不同，其物理力学性质差异很大。

6.1.1.2　岩石主要力学性质

岩石的力学性质可视为其在一定力场作用下形态的反映。岩石在外力作用下将发生变形，这种变形因外力的大小、岩石物理力学性质的不同会呈现弹性、塑性、脆性性质。当外力继续增大至某一值时，岩石便开始破坏。当外力继续增大至某一值岩石开始破坏时的强度称为岩石的极限强度。因受力方式的不同而有抗拉、抗剪、抗压等强度极限。下面分析岩石与爆破有关的主要力学性质。

A　岩石变形特征

（1）弹性：岩石受力后发生变形，当外力解除后恢复原状的性能。

（2）塑性：当岩石所受外力解除后，岩石没能恢复原状而留有一定残余变形的性能。

（3）脆性：岩石在外力作用下，不经显著的残余变形就发生破坏的性能。

岩石因其成分、结晶、结构等的特殊性，它不像一般固体材料那样有明显的屈服点，脆性是坚硬岩石的固有特性。

B　岩石强度特性

岩石强度是指岩石在受外力作用发生破坏前所能承受的最大应力，是衡量岩石力学性质的主要指标。

（1）单轴抗压强度：岩石试件在单轴压力下发生破坏时的极限强度。

（2）单轴抗拉强度：岩石试件在单轴拉力下发生破坏时的极限强度。

（3）抗剪强度：岩石抵抗剪切破坏的最大能力。抗剪强度 τ 用发生剪断时剪切面上的极限应力表示，它与对试件施加的压应力 σ 、岩石的内聚力 c 和内摩擦角 φ 有关，即：

$$\tau = \sigma \tan\varphi + c$$

矿物的组成、颗粒间连接力、密度以及孔隙率是决定岩石强度的内在因素。试验表明，岩石具有较高的抗压强度、较小的抗拉和抗剪强度。各种岩石的抗拉强度通常小于19.61MPa，抗压强度达 29.42~294.2MPa。

C　弹性模量 E

E 为岩石在弹性变形范围内，应力与应变之比。

D　泊松比 μ

μ 为岩石试件单向受压时，横向应变与竖向应变之比。

由于岩石的组织成分和结构构造的复杂性，尚具有与一般材料不同的特殊性，如各向异性、不均匀性、非线性变形等。

6.1.2　岩石的分级

在生产实践中，为了方便，选用一个综合性的指标"坚固性系数 f"来表示岩石破坏的难易程度，通常称 f 为普氏系数。

$$f = \frac{R}{10} \tag{6-1}$$

式中　R——岩石的单轴抗压强度，MPa。

根据 f 值的大小，将岩石分为十级共十五种，见表6-1。

表 6-1 岩石强度分级表

级别	坚固性程度	岩 石	坚固性系数 f
I	最坚固的岩石	最坚固、最致密的石英岩及玄武岩,其他最坚固的岩石	20
II	很坚固的岩石	很坚固的花岗岩类:石英斑岩,很坚固的花岗岩,硅质片岩;坚固程度较 I 级岩石稍差的石英岩;最坚固的砂岩及石灰岩	15
III	坚固的岩石	致密的花岗岩及花岗岩类岩石,很坚固的砂岩及石灰岩,石英质矿脉,坚固的砾岩,很坚固的铁矿石	10
IV	坚固的岩石	坚固的石灰岩,不坚固的花岗岩,坚固的砂岩,坚固的大理岩、白云岩、黄铁矿	8
V	相当坚固的岩石	一般的砂岩、铁矿石	6
VI	相当坚固的岩石	砂质页岩,泥质砂岩	5
VII	坚固性中等的岩石	坚固的页岩,不坚固的砂岩及石灰岩,软的砾岩	4
VIII	坚固性中等的岩石	各种不坚固的页岩,致密的泥灰岩	3
IX	相当软的岩石	软的页岩,很软的石灰岩、白垩、岩盐、石膏、冻土、无烟煤,普通泥灰岩,破碎的砂岩,胶结的卵石及粗砂砾,多石块的土	2
X	相当软的岩石	碎石土,破碎的页岩,结块的卵石及碎石,坚硬的烟煤,硬化的黏土	1.5
XI	软岩	致密的黏土,软的烟煤,坚固的表土层	1.0
XII	软岩	微砂质黏土、黄土、细砾石	0.8
XIII	土质岩石	腐殖土,泥煤,微砂质黏土,湿砂	0.6
XIV	松散岩石	砂,细砾,松土,采下的煤	0.5
XV	流沙状岩石	流沙,沼泽土壤,包含水的黄土(即包含水的土壤)	0.3

普氏岩石分级法简明,便于使用,但它没有反映岩体的特征。对少数岩石也不适用,如黏土就钻眼容易,而爆破困难。

6.2 爆炸基本理论

6.2.1 基本概念

6.2.1.1 爆炸及其分类

自然界有各种各样的爆炸现象,如自行车爆胎、燃放鞭炮、锅炉爆炸、原子弹爆炸等。爆炸时,往往伴有强烈的发光、声响和破坏效应。从广义的角度来看,爆炸是指物质的物理形态或化学性质发生急剧变化,在变化过程中伴随有能量的快速转化,内能转化为机械压缩能,且使原来的物质或其变化产物及周围介质产生运动,进而产生的机械破坏效应。

按引起爆炸的原因不同,可将爆炸区分为物理爆炸、核爆炸和化学爆炸三类。

(1)物理爆炸:是由物理原因造成的爆炸,爆炸不发生化学变化。例如,锅炉爆炸、氧气瓶爆炸、轮胎爆胎等都是物理爆炸。在实际生产中，除了煤矿利用内装压缩空气或二氧化碳的爆破筒落煤外，很少应用物理爆炸。

（2）核爆炸：是由核裂变或核聚变引起的爆炸。核爆炸放出的能量极大，相当于数万吨至数千万吨三硝基甲苯（TNT，俗称为"梯恩梯"）爆炸释放的能量，爆炸中心区温度可达数百万至数千万摄氏度，压力可达数十万兆帕以上，并辐射出很强的各种射线。目前，在岩石工程中，核爆炸的应用范围和条件仍十分有限。

（3）化学爆炸：是由化学变化造成的爆炸。炸药爆炸、井下瓦斯或煤尘与空气混合物的爆炸、汽油与空气混合物的爆炸以及其他混合爆鸣气体的爆炸等，都是化学爆炸。与物理爆炸不同，化学爆炸后有新的物质生成。岩石的爆破过程是炸药发生化学爆炸做机械功、破坏岩石的过程。因此，化学爆炸将是我们研究的重点。

炸药是在一定条件下，能够发生快速化学反应，放出能量，生成气体产物，显示爆炸效应的化合物或混合物，主要由碳、氢、氮、氧四种元素组成。炸药既是安定的又是不安定的。在平常条件下，炸药是比较安定的物质。除起爆药外，炸药的活化能值是相当大的，但当局部炸药分子被活化达到足够数目时，就会失去稳定性，引起炸药爆炸。以鞭炮中装填的黑火药为例，当点燃时，黑火药迅速燃烧，产生化学反应，并放出热量和气体产物，同时发出声响和闪光，完成爆炸过程。

6.2.1.2 化学爆炸三要素

炸药是在一定的条件下，能发生急剧的化学反应，在有限的空间和极短的时间内迅速释放大量的热量和生成大量气体，并显示爆炸效应的化合物或混合物。实践表明，炸药爆炸必须具备三个基本条件。

（1）反应的放热性：放热是炸药爆炸必需的能源，爆炸反应只有在炸药自身提供能量的条件下才能自动进行。没有这个条件，爆炸过程就根本不能发生；没有这个条件，反应也就不能自行延续，因而也不可能出现爆炸过程的反应传播。依靠外界供给能量来维持其分解的物质，不可能具有爆炸的性质。

（2）反应过程的高速度：反应过程的高速度是爆炸反应区别一般化学反应的重要标志。炸药爆炸反应时间是 $10^{-6} \sim 10^{-7}$s 量级。虽然炸药的能量储藏量并不比一般燃料大，但由于反应的高速度，使炸药爆炸时能够达到一般化学反应所无法比拟的高得多的能量密度。

（3）反应中生成大量气体产物：反应过程中生成大量气体产物，是炸药爆炸对外做功的媒介。爆炸瞬间炸药定容地转化为气体产物，其密度要比正常条件下气体的密度大几百倍到几千倍。也就是说，正常情况下这样多体积的气体被强烈压缩在炸药爆炸前所占据的体积内，从而造成 $10^9 \sim 10^{10}$ Pa 以上的高压。同时，由于反应的放热性，这样处于高温、高压的气体产物必然急剧膨胀，把炸药的位能变成气体运动的动能，对周围介质做功。在这个过程中，气体产物既是造成高压的原因，又是对外界介质做功的介质。

6.2.2 炸药化学反应基本形式

爆炸并不是炸药唯一的化学变化形式。由于环境和引起化学变化的条件不同，一种炸药可能有三种不同形式的化学变化：缓慢分解、燃烧和爆炸。这三种形式进行的速度不同，产生的产物和热效应也不同。

6.2.2.1 缓慢分解

炸药在常温下会缓慢分解，温度越高，分解越显著。这种变化的特点是：对炸药内各点温度相同，在全部炸药中反应同时展开，没有集中的反应区；分解时，既可以吸收热量，也可以放出热量，这取决炸药类型和环境温度。但是，当温度较高时，所有炸药的分解反应都伴随有热量放出。

6.2.2.2 燃烧与爆燃

炸药在热源（如火焰）作用下会燃烧。但与其他可燃物不同，炸药燃烧时不需要外界供给氧。当炸药的燃烧速度较快，达到数百米每秒时，称为爆燃。

进行燃烧的区域称为燃烧区，又称为反应区。开始发生燃烧的面称为焰面。焰面和反应区沿炸药柱一层层地传下去，其传播速度即单位时间内传播的距离称为燃烧线速度。线速度与炸药密度的乘积，即单位时间内单位截面上燃烧的炸药质量，称为燃烧质量速度。通常所说的燃烧速度是指线速度。

炸药在燃烧过程中，若燃烧速度保证定值，就称为稳定燃烧；否则称为不稳定燃烧。炸药是否能够稳定燃烧，取决于燃烧过程中的热平衡情况。如果热量能够平衡，即反应区中放出的热量与经传导向炸药邻层和周围介质散失的热量相等，燃烧就能稳定，否则就不能稳定。不稳定燃烧可导致燃烧的熄灭、震荡或转变为爆炸。

要使燃烧过程中热量达到平衡或燃烧稳定，必须具备一定的条件。该条件由下列因素所决定：炸药的物理化学性质和物理结构，药柱的密度、直径和外壳材料，环境温度和压力等。炸药在一定的环境温度和压力条件下，只有当药柱直径超过某一数值时，才能稳定燃烧，而且燃烧速度与药柱直径无关。能稳定燃烧的最小直径称为燃烧临界直径。环境温度和压力越高，燃烧临界直径越小；反之，当药柱直径固定时，药柱稳定燃烧必有其对应的最小温度和压力，称为燃烧临界温度和临界压力，而且燃烧速度随温度和压力的增高而增大。

了解炸药燃烧的稳定性、燃烧特性及其规律，对爆炸材料的安全生产、加工、运输、保管、使用以及过期或变质炸药的销毁都是很有必要的。

6.2.2.3 爆炸与爆轰

在足够的外部能量作用下，炸药以每秒数百米至数千米的高速进行爆炸反应。爆炸速度增长到稳定爆速的最大值时就转化为爆轰；另外，由于衰减它也可以转化为爆燃或燃烧。

爆轰是指炸药以每秒数千米的最大稳定速度进行的反应过程。特定的炸药在特定条件下的爆轰速度为常数。

6.3 工 业 炸 药

凡在外部施加一定的能量后，能发生化学爆炸的物质称为炸药。众所周知，炸药是人们经常利用的二次能源，它不仅用于军事目的，而且广泛应用于国民经济各个部门，通常将前者称为军用炸药，后者称为工业炸药。

6.3.1 工业炸药的分类

炸药分类方法很多，目前还没有建立起统一的分类标准，一般可根据炸药的组成、用途和主要化学成分进行分类，工业炸药还可以根据使用条件的不同进行分类。由于我国已经加入世界贸易组织（WTO），国内爆破企事业单位和人员将有更多的机会参与国际工程的招投标与施工作业，很有必要知晓联合国危险物品运输专家委员会按照运输要求对炸药的分类。

6.3.1.1　按炸药组成分类

A　单质炸药

单质炸药是指碳、氢、氧、氮等元素以一定的化学结构存在于同一分子中，并能自身发生迅速氧化还原反应释放出大量热能和气体产物的物质。例如，硝化甘油、硝化乙二醇、梯恩梯、黑索金、奥克托金、太安等。

B　混合炸药

混合炸药是指由两种或两种以上的成分所组成的机械混合物，既可以含单质炸药，也可以不含单质炸药，但应含有氧化剂和可燃剂两部分，而且二者是以一定的比例均匀混合在一起的，当受到外界能量激发时能发生爆炸反应。混合炸药是目前工程爆破中应用最广、品种最多的一类炸药。

6.3.1.2　按炸药作用特性分类

A　起爆药

起爆药主要用于起爆其他工业炸药。这类炸药的主要特点是：（1）敏感度较高，在很小的外界热或机械作用下就能迅速爆轰。（2）与其他类型炸药相比，它们从燃烧到爆轰的时间极为短暂，最常用的起爆药有雷汞、叠氮化铅、二硝基重氮酚、斯蒂酚酸铅等。这类炸药主要用来制造各种起爆器材。

B　猛炸药

与起爆药不同，这类炸药具有相当大的稳定性。也就是说，它们比较钝感，需要有较大的能量作用才能引起爆炸。在工程爆破中多数是用雷管或其他起爆器材起爆，常用的梯恩梯、乳化炸药、浆状炸药、铵油炸药和铵梯炸药等都是猛炸药。

C　发射药

发射药又称为火药，主要用作枪炮或火箭的推进剂，也有用作点火药、延期药的。它们的变化过程是迅速燃烧。

D　烟火剂

烟火剂基本上也是由氧化剂与可燃剂组成的混合物，其主要变化过程是燃烧，在极个别的情况下也能爆轰。一般用来装填照明弹、信号弹、燃烧弹等。

6.3.1.3　按工业炸药主要化学成分分类

A　硝铵类炸药

以硝酸铵为其主要成分，加上适量的可燃剂、敏化剂及其附加剂的混合炸药均属此类，这是目前国内外工程爆破中用量最大、品种最多的一大类混合炸药。

B　硝化甘油类炸药

以硝化甘油或硝化甘油与硝化乙二醇混合物为主要爆炸组分的混合炸药均属此类。就其外观状态来说，有粉状和胶质之分；就耐冻性能来说，有耐冻和普通之分。

C 芳香族硝基化合物类炸药

凡是苯及其同系物，如甲苯、二甲苯的硝基化合物以及苯胺、苯酚和萘的硝基化合物均属此类。例如，梯恩梯（TNT）、二硝基甲苯磺酸钠（DNTS）等。这类炸药在我国工程爆破中用量不大。

6.3.1.4 按工业炸药使用条件分类

第一类：准许在一切地下和露天爆破工程中使用的炸药，包括有瓦斯和矿尘爆炸危险的矿山。

第二类：准许在地下和露天爆破工程中使用的炸药，但不包括有瓦斯和矿尘爆炸危险的矿山。

第三类：只准许在露天爆破工程中使用的炸药。

第一类是安全炸药，又称为煤矿许用炸药，第二类和第三类是非安全炸药。第一类和第二类炸药每千克炸药爆炸时所产生的有毒气体不能超过安全规程所允许的量。同时，第一类炸药爆炸时还必须保证不会引起瓦斯或矿尘爆炸。

6.3.2 单质起爆药与猛炸药

6.3.2.1 单质起爆炸药

A 雷汞

雷汞学名雷酸汞，分子式 $Hg(ONC)_2$，为白色或灰白色八面体结晶（白雷汞或灰雷汞），属斜方晶系列，机械撞击、摩擦和针刺感度均较高，起爆力和安定性均次于叠氮化铅。

近百年来，雷汞一直是雷管的主装药和火帽击发药的重要组分，但由于它有毒，热安定性和耐压性差，同时含雷汞的击发药易腐蚀膛和药筒，故已逐渐为其他起爆药所取代，在我国已基本被淘汰。

B 叠氮化铅

叠氮化铅（简称氮化铅）的分子式为 $Pb(N_3)_2$。氮化铅爆轰成长期短，能迅速转变为爆轰，因而起爆能力大（比雷汞大几倍）。氮化铅还具有良好的耐压性能和良好的安全性（50℃下可储存数年），水分含量增加时其起爆力也无显著降低。和目前常用的其他几种起爆药相比，氮化铅是性能最优良的一种起爆药，但也存在一定的缺点，如火焰感度和针刺感度较低，在空气中，特别是在潮湿的空气中，氮化铅晶体表面上会生成一薄层对火焰不敏感的碱性碳酸盐。为了改善氮化铅的火焰感度，在装配火雷管时，常用对火焰敏感的三硝基间苯二酚铅压装在氮化铅的表面，用以点燃氮化铅，同时还可以避免空气中水分和 CO_2 对氮化铅的作用。另外，氮化铅受日光照射后容易发生分解，生产过程中容易生成有自爆危险的针状晶体等。

C 二硝基重氮酚

二硝基重氮酚系一种做功能力可与梯恩梯相比的单质炸药，又称为 DDNP。纯品为黄色针状结晶，工业品为棕紫色球形聚晶。撞击和摩擦感度均低于雷汞及纯氮化铅而接近糊精氮化铅，火焰感度高于糊精氮化铅而与雷汞相近。其起爆力为雷汞的两倍，但密度低，耐压性和流散性较差；50℃下放置 30 个月无挥发，微溶于四氯化碳及乙醚，25℃时在水

中溶解度为 0.08%，可溶于丙酮、乙醇、甲醇、乙酸乙酯、吡啶、苯胺及乙酸；熔点
157℃，爆发点 195℃（5s），爆燃点 180℃。由于二硝基重氮酚的原料来源广、生产工艺
简单、安全、成本较低，而且具有良好的起爆性能，20 世纪 40 年代后，DDNP 作为工业
雷管装药取代了雷汞，还用于装填电雷管和毫秒延期雷管及其他火工品，是目前用量最大
的单质起爆药之一。

6.3.2.2 单质猛炸药

A 梯恩梯

梯恩梯，学名三硝基甲苯，英文缩写为 TNT，分子式为 $C_6H_2(NO_2)_3CH_3$ 或 $C_7H_5N_3O_6$。
梯恩梯一般呈淡黄色鳞片状晶体，纯梯恩梯的熔点 80.65℃。梯恩梯的吸湿性很小，难溶
于水，易溶于甲苯、丙酮和乙醇等有机溶剂中。梯恩梯的热安定性很高，在常温下贮存 20
年无明显变化。梯恩梯能被火焰点燃，在密闭或堆量很大的情况下燃烧，可以转化为爆
炸。它的机械感度较低，但如混入细砂类硬质掺和物时则容易引爆。

梯恩梯有广泛的军事用途，许多炸药厂采用精制梯恩梯作雷管中的加强药或硝铵类炸
药中的敏化剂。

梯恩梯也是一种有毒的物质，其粉尘、蒸气主要是通过皮肤侵入人体内，其次是通过
呼吸道。在生产和使用中接触梯恩梯和铵梯炸药均有可能中毒，主要是引起中毒性肝炎和
再生障碍性贫血，结果导致黄疸病、青紫病、消化功能障碍及红、白细胞减少等症，严重
时可死亡。此外，还可以引起白内障，影响生育功能。

B 黑索金

黑索金，即环三次甲基三硝胺 $C_3H_6(NO_2)_3$，简称 RDX。黑索金为白色晶体，熔点
204.5℃，爆发点 230℃，不吸湿，几乎不溶于水。黑索金热安定性好，其机械感度比梯恩
梯高。黑索金的爆热值为 5350kJ/kg，爆力 500mL，猛度（25g 药量）16mm，爆速
8300m/s。由于它的威力和爆速都很高，除用作雷管中的加强药外，还可用作导爆索的药
芯或同梯恩梯混合制造起爆药包。

C 特屈儿

特屈儿，即三硝基苯甲硝胺 $C_6H_2(NO_2)_3NCH_3NO_2$，简称 CE。它是淡黄晶体，难溶于
水，热感度及机械感度均高，爆炸性能好，爆力 475mL，猛度 22mm。特屈儿容易与硝酸
铵强烈作用而释放热量导致自燃。

D 太安

太安，即季戊四醇四硝酸酯 $C(CH_2ONO_2)_4$，简称 PETN。它是白色晶体，几乎不溶于
水。太安的爆炸威力：爆力 500mL，猛度（25g）15mm，爆速 8400m/s。太安的爆炸特性
与黑索金相近，用途相同。

6.3.2.3 硝铵炸药

硝酸铵是一种非常钝感的爆炸性物质。其分子式为 NH_4NO_3，相对分子质量为 80.04，
氧平衡为+19.98%，熔点为 169.6℃。

用于制备炸药的工业硝酸铵有结晶状和多孔粒状之分。硝酸铵的堆积密度取决于颗粒
度，一般粉状硝酸铵为 0.80~0.95g/cm³，多孔粒状硝酸铵为 0.75~0.85g/cm³。常温常压

下，纯净硝酸铵是白色无结晶水的结晶体，工业硝酸铵由于含有少量铁的氧化物而略呈淡黄色。硝酸铵可用缩写代号 AN 来表示。

硝酸铵是一种钝感的弱爆炸性物质，其撞击感度、摩擦感度和射击感度均为零。硝酸铵的爆轰感度很低，除有坚固的金属外壳外，一般不能用雷管或导爆索起爆，而需采用强力的起爆药柱起爆。在完全爆轰的条件下，硝酸铵的爆热为 1612kJ/kg，爆温为 $1100 \sim 1360℃$，比容为 980L/kg。密度 $0.75 \sim 1.10g/cm^3$ 时，硝酸铵的爆速为 $1100 \sim 2700m/s$；硝酸铵的做功能力为 180mL，猛度为 $1.2 \sim 2.0mm$，爆压为 3.6GPa；干燥磨细硝酸铵的临界直径为 100mm（铜筒）。

硝酸铵的主要缺点是具有较强的吸湿性和结块性。吸湿现象的产生是由于硝酸铵对空气中的水蒸气有吸附作用，并且通过毛细管作用，在硝酸铵颗粒的表面形成薄薄的一层水膜。硝酸铵易溶于水中，因而水膜会逐渐变成饱和溶液；只要空气中的水蒸气压力大于硝酸铵饱和溶液水蒸气压力，硝酸铵就会继续吸收水分，一直到两者的压力相等时为止。

6.4　起爆器材与起爆方法

6.4.1　起爆器材种类

炸药虽然属于不稳定的化学体系，但只有在一定的外界能量的作用下才能起爆，这种外界能量称为起爆能；引起炸药发生爆炸反应的过程称为起爆；而用于起爆炸药的器材又称为起爆器材。爆破工程中的任何药包，都必须借助于一定的器材和方法，使炸药按照需要的先后顺序，准确可靠地发生爆轰反应。工程爆破中使用的起爆器材主要有雷管、导火索、导爆索、导爆管、导爆管连接元件、继爆管和起爆药柱等。

起爆器材包括进行爆破作业引爆工业炸药的一切点火和起爆工具。按其作用可分为起爆材料和传爆材料。各种雷管属于起爆材料，导火索、导爆管属于传爆材料。继爆管、导爆索既属起爆材料，又可用于传爆。

6.4.1.1　工业雷管

雷管是管壳中装有起爆药（起初装的起爆药是雷汞，故称为雷管），通过点火装置使其爆炸而后引爆炸药的装置，图 6-1 为瞬发电雷管结构示意图。

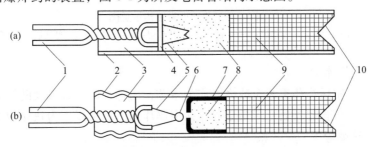

图 6-1　瞬发电雷管结构示意图

（a）直插式瞬发电雷管；（b）装配式瞬发电雷管

1—脚线；2—管壳；3—密封塞；4—纸垫；5—桥丝；6—引火头；7—加强帽；
8—正起爆药；9—副起爆药；10—聚能穴

为了起爆不同感度的工业炸药，工业雷管按其装药填量的多少分为 10 个等级，号数越大，起爆力越强。常用的 6 号雷管和 8 号雷管的装药量列于表 6-2 中。

表 6-2　6 号雷管和 8 号雷管装药量

雷管号数	成分与药量/g						
	起 爆 药			加 强 药			
	二硝基重氮酚	雷汞	三硝基间苯二酚铅（氮化铅）	黑索金（或钝化黑索金）	特屈儿	黑索金梯恩梯	特屈儿梯恩梯
6 号雷管	0.30±0.02	0.40±0.02	0.10±0.02 0.21±0.02	0.42±0.02	0.42±0.02	0.50±0.02	—
8 号雷管	（0.30~0.36）±0.02	0.40±0.02	0.10±0.02 0.21±0.02	（0.70~0.72）±0.02	（0.70~0.72）±0.02	（0.70~0.72）±0.02	（0.70~0.72）±0.02

注：火雷管和电雷管均可适用。装二硝基重氮酚的电雷管允许不装加强帽，但需将二硝基重氮酚的用量增加；8 号雷管为 0.35~0.42g，6 号雷管为 0.30~0.34g，8 号或 6 号雷管起爆药和加强药各自只用表中的一种。

6.4.1.2　导火索

导火索是以具有一定密度的粉状或粒状黑火药为索芯，外面用棉纱线、塑料或纸条、沥青等材料包缠而成的圆形索状起爆材料。导火索的用途是：在一定的时间内将火焰传递给火雷管或黑火药包，使它们在火花的作用下爆炸，它还在秒延期雷管中起延期作用，如图 6-2 所示。

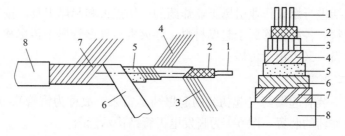

图 6-2　工业导火索结构示意图
1—芯线；2—索芯；3—内层线；4—中层线；5—防潮层；6—纸条层；7—外线层；8—涂料层

6.4.1.3　导爆索

导爆索是用单质猛炸药黑索金或太安作为索芯，用棉、麻、纤维及防潮材料包缠成索状的起爆器材。经雷管起爆后，导爆索可直接引爆炸药，也可以作为独立的爆破能源。

6.4.1.4　继爆管

继爆管是一种专门与导爆索配合使用，具有毫秒延期作用的起爆器材。导爆索与继爆管组合成起爆网路，可以借助于继爆管的毫秒延期作用，实施毫秒延期爆破，如图 6-3 所示。

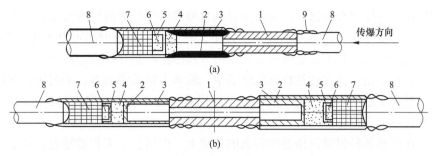

图 6-3 继爆管结构示意图

（a）单向继爆管；（b）双向继爆管

1—消爆管；2—大内管；3—外套管；4—延期药；5—加强帽；6—正起爆药；

7—副起爆药；8—导爆索；9—连接管

6.4.2 起爆方法分类

爆破工程是通过工业炸药的爆炸实施的。在爆破工程中，引爆工业炸药有两种方法：一种是通过雷管的爆炸起爆工业炸药，另一种是用导爆索爆炸产生的能量去引爆工业炸药，而导爆索本身需要先用雷管将其引爆。

按雷管的点燃方法不同，起爆方法包括火雷管起爆法、电雷管起爆法、导爆管雷管起爆法。无线起爆法包括电磁波起爆法和水下声波起爆法，它们利用比较复杂的起爆装置，可以远距离控制引爆电雷管，仍属于电力起爆法。

火雷管起爆法由导火索传递火焰点燃火雷管，也称为导火索起爆法。

导爆管雷管起爆法利用导爆管传递冲击波点燃雷管，也称为导爆管起爆法。

电雷管起爆法采用电引火装置点燃雷管，故也称为电力起爆法。

与雷管起爆法相应，用导爆索起爆炸药的称为导爆索起爆法。

与电力起爆法对应，一般将导火索起爆法、导爆管起爆法和导爆索起爆法称为非电起爆法。图 6-4 为起爆方法分类示意图。

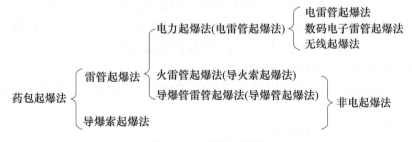

图 6-4 起爆方法分类

绝大多数爆破工程都是通过群药包的共同作用实现的。对群药包的起爆是通过单个药包的起爆组合达到的，单个药包的起爆组合即为群药包的起爆网路。根据起爆方法的不同，起爆网路分电雷管起爆网路、数码电子雷管起爆网路、导火索起爆网路、导爆管起爆网路和导爆索起爆网路。其中，后三种起爆网路也通称非电起爆网路。

在爆破工程现场使用中，最多采用的是以上各种起爆网路的混合体，这种混合起爆网路，充分利用各种网路的特性，以保证网路的安全可靠性和经济合理性。

如前所述，导爆索起爆法往往是作为辅助起爆网路与电爆网路或导爆管起爆网路配合使用的。在以导爆管起爆法为主的起爆网路中，利用电力起爆网路可以实现远距离起爆，控制起爆时间的特点，其击发起爆通常采用电力起爆法。在导爆管起爆网路中，也可将各种网路形式混合使用，如在建筑物拆除爆破中，墙体上钻孔密而多，采用闭合网路可以节省传爆雷管数，从这些闭合网路中引出多根导爆管与柱孔引出的导爆管再采用捆联网路，对理顺整个起爆网路很有好处。

总之，在熟悉各种起爆网路使用特点的基础上，根据各个工程的特点和要求，可以组合出各种各具特色的混合起爆网路。

工程爆破中的起爆方法应根据环境条件、爆破规模、经济技术效果、是否安全可靠以及工人掌握起爆操作技术的熟练程度来确定。例如，在有瓦斯爆炸危险的环境中进行爆破，应采用电起爆而禁止采用非电起爆；对大规模爆破，如硐室爆破、深孔爆破和一次起爆数量较多的炮孔爆破，可采用电雷管、导爆管、导爆索起爆或其混合、复式起爆方法。

6.4.2.1　火雷管起爆法

火雷管起爆法是利用导火索传递火焰引爆雷管再起爆炸药的一种方法，又称为导火索起爆法、火花起爆法。火雷管起爆法出现时间最早，也是一种操作与技术最为简便的起爆法。由于其他先进起爆方法相继产生，使它的应用范围日益缩小，并显现其落后性。但是，因其价格较低，在我国仍然使用，尤其在乡镇的采石场和某些小型隧洞开挖中使用较多。由于其安全性较差，从起爆方法发展的总趋势上看，火雷管起爆法终将被淘汰。

火雷管起爆材料由导火索、火雷管和点火材料三部分组成。

6.4.2.2　导爆索起爆法

导爆索可以直接引爆工业炸药，用导爆索组成的起爆网路可以起爆群药包，但导爆索网路本身需要雷管先将其引爆。导爆索起爆法属非电起爆法。

导爆索起爆法在装药、填塞和联网等施工程序上都没有雷管，不受雷电、杂电的影响，导爆索的耐折和耐损度远大于导爆管，安全性优于电爆网路和导爆管起爆法；此外，导爆索起爆法传爆可靠，操作简单，使用方便，可以使钻孔爆破分层装药结构中的各个药包同时起爆；导爆索有一定的抗水性能和耐高、低温性能，可以用在有水的爆破作业环境中；由于导爆索的传爆速度高，可以提高弱性炸药的爆速和传爆可靠性，改善爆破效果；利用导爆索继爆管能实现导爆索的微差爆破。

爆破工程中的常用导爆索起爆网路的有深孔爆破、光面爆破、预裂爆破、水下爆破以及硐室爆破等。

6.4.2.3　导爆管雷管起爆法

导爆管雷管起爆法又称为导爆管起爆法或塑料导爆管起爆系统法等，自 20 世纪 70 年代后期引入我国后，得到了迅速的推广应用。导爆管雷管起爆法利用导爆管传递冲击波引爆雷管，进而直接或通过导爆索起爆法起爆工业炸药。导爆管雷管起爆法属非电起爆法。

导爆管起爆法的特点是可以在有电干扰的环境下进行操作，联网时可以用电灯照明，不会因通信电网、高压电网、静电等杂电的干扰引起早爆、误爆事故，安全性较高；一般情况下导爆管起爆网路起爆的药包数量不受限制，网路也不必要进行复杂的计算；导爆管起爆方法灵活、形式多样，可以实现多段延时起爆；导爆管网路连接操作简单，检查方便；导爆管传爆过程中声响小，没有破坏作用，可以贴着人身传爆。导爆管起爆网路的最大弱点是迄今尚未有检测网路是否正常的有效手段，导爆管本身的缺陷、操作中的失误和周围杂物对其的轻微损伤都有可能引起网路的拒爆。因而在爆破工程中采用导爆管起爆网路，除必须采用合格的导爆管、连接件、雷管等组件和复式起爆网路外，还应注重网路的布置，提高网路的可靠性，以及重视网路的操作和检查。

导爆管起爆法由击发元件、连接元件、传爆元件和起爆元件组成。

6.4.2.4 电力起爆法

电力起爆法就是利用电能引爆电雷管进而直接或通过其他起爆方法起爆工业炸药的起爆方法。构成电力起爆法的器材有电雷管、导线、起爆电源和测量仪表。

电力起爆法的最大特点是敷设起爆网路前后可以用仪表检查电雷管和对网路进行测试，检查网路的施工质量，从而保证网路的准确性和可靠性；另外，电力起爆网路（俗称电爆网路）可以远距离起爆并控制起爆时间，调整起爆参数，实现分段延时起爆。电力起爆法的缺点主要是在各种环境的电干扰下，如杂散电、静电、射频电、雷电等，存在着早爆、误爆的危险，在雷雨季节和存在电干扰的危险范围内不能使用电爆网路；另外，在药包数量比较多的爆破工程中，采用电爆网路，对网路的设计和施工有较高的要求，网路连接比较复杂；再有，有些人过分依赖电爆网路可以测试的特点，对网路施工技术和起爆电源注意不够，也容易影响电爆网路的准确性和可靠性。

6.5 爆破破岩机理

6.5.1 岩石爆破破坏基本理论

岩石爆破破坏机理，依据其基本观点，可归结为以下三种。

6.5.1.1 爆生气体膨胀作用理论

爆生气体膨胀生成理论认为炸药爆炸引起岩石破坏，主要是高温高压气体产物对岩石膨胀做功的结果。爆生气体膨胀造成岩石质点的径向位移，由于药包距自由面（岩石与空气的分界面）的距离在各个方向上不一样，质点位移所受的阻力就不同，自由面垂线方向阻力最小，岩石质点位移速度最高。正是由于相邻岩石质点移动速度不同，造成了岩石中的切应力，一旦切应力大于岩石的抗剪强度，岩石即发生剪切破坏。其后，破碎的岩石又在爆生气体膨胀推动下沿径向抛出，形成一个倒锥形的爆破漏斗坑，如图6-5所示。

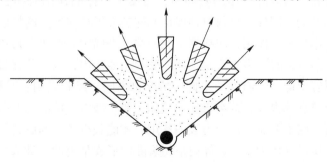

图 6-5　爆生气体膨胀作用形成的漏斗坑

该理论的试验基础是早期用黑火药对岩石进行爆破漏斗试验中所发现的均匀分布的，朝向自由面方向发展的辐射裂隙，这种理论称为静作用理论。

6.5.1.2 爆炸应力波反射拉伸作用理论

爆炸应力波反射拉伸作用理论认为，岩石的破坏主要是由于岩石中爆炸应力波在自由面反射后形成反射拉伸波的作用，岩石中的拉应力大于其抗拉强度而产生的岩石是被拉断的，如图 6-6 所示。

当炸药在岩石中爆轰时，生成的高温、高压和高速的冲击波猛烈冲击周围的岩石，在岩石中引起强烈的应力波，它的强度大大超过了岩石的动抗压强度，因此引起周围岩石的过度破碎。当压缩应力波通过粉碎圈以后，继续往外传播，但是它的强度已大大下降到不能直接引起岩石的破碎，如图 6-6（a）所示。当它达到自由面时，压缩应力波从自由面反射成拉伸应力波，虽然此时波强度已很低，但是岩石的抗拉强度大大低于抗压强度，所以仍足以将岩石拉断。这种破裂方式也称为"片落"，如图 6-6（b）所示。随着反射波往里传播，"片落"继续发生，一直将漏斗范围内的岩石完全拉裂为止。因此岩石破碎的主要部分是入射波和反射波作用的结果，爆炸气体的作用只限于岩石的辅助破碎和破裂岩石的抛掷。

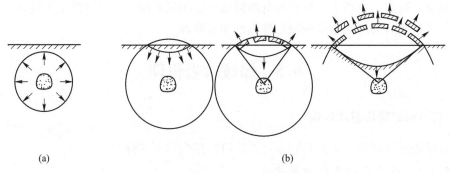

图 6-6 反射拉应力波破坏作用

（a）入射压力波波前；（b）反射拉应力波波前

6.5.1.3 爆生气体和应力波综合作用理论

爆生气体和应力波综合作用理论认为，实际爆破中，爆生气体膨胀和爆炸应力波都对岩石破坏起作用，不能绝对分开，而应是两种作用综合的结果，因而加强了岩石破碎效果。比如冲击波对岩石的破碎，作用时间短，而爆生气体的作用时间长，爆生气体的膨胀，促进了裂隙的发展；同样，反射拉伸波也同样加强了径向裂隙的扩展。

至于哪一种作用是主要作用，应根据不同的情况来确定。黑火药爆破岩石，几乎不存在动作用。而猛炸药爆破时又很难说是气体膨胀起主要作用，因为往往猛炸药的爆容比硝铵类混合炸药的爆容要低。岩石性质不同，情况也不同。经验表明：对松软的塑性土壤，波阻抗很低，应力波衰减很大，这类岩土的破坏主要靠爆生气体的膨胀作用。而对致密坚硬的高波阻抗岩石，应主要靠爆炸应力波的作用，才能获得较好的爆破效果。

这种理论的实质可以认为是：岩体内最初裂隙的形成是由冲击波或应力波造成的，随后爆生气体渗入裂隙并在准静态压力作用下，使应力波形成的裂隙进一步扩展。爆生气体膨胀的准静态能量，是破碎岩石的主要能源。冲击波或应力波的动态能量与岩石特性和装药条件等因素有关。哈努卡耶夫认为，岩石波阻抗不同，破坏时所需应力波峰值不同；岩石波阻抗高时，要求高的应力波峰值，此时冲击波或应力的作用就显得重要。他把岩石按波阻抗值分为三类：

第一类岩石属于高阻抗岩石，其波阻抗为 15～25MPa·s/m。这类岩石的破坏，主要取决于应力波，包括入射波和反射波。

第二类岩石属于中阻抗岩石，其波阻抗为 5～15MPa·s/m。这类岩石的破坏，主要是入射应力波和爆生气体综合作用的结果。

第三类岩石属于低阻抗岩石，其波阻抗小于 5MPa·s/m。这类岩石的破坏，以爆生气体形成的破坏为主。

6.5.2　单个药包爆破作用

6.5.2.1　内部作用

当药包在岩体中的埋置深度很大，其爆破作用达不到自由面时，这种情况下的爆破作用称为爆破的内部作用，相当于单个药包在无限介质中的爆破作用。岩石的破坏特征随离药包中心距离的变化而发生明显的变化。根据岩石的破坏特征，可将耦合装药条件下受爆炸影响的岩石分为三个区域，如图 6-7 所示。

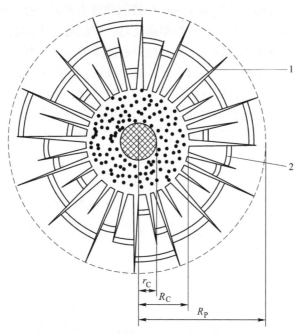

图 6-7　爆破的内部作用

1—径向裂隙；2—环向裂隙

r_C—药包半径，m；R_C—粉碎区半径，m；R_P—破裂区半径，m

A　粉碎区（压缩区）

粉碎区是指直接与药包接触的岩石。当密封在岩体中的药包爆炸时，爆炸压力在数微秒内就能迅速上升到几千甚至几万兆帕，并在此瞬间急剧冲击药包周围的岩石，在岩石中激发出冲击波，其强度远远超过了岩石的动抗压强度。此时，对大多数在冲击载荷作用下呈现明显脆性的坚硬岩石，则被压碎；对于可压缩性比较大的软岩（如塑性岩石、土壤和页岩等）则被压缩成压缩空洞，并且在空洞表层形成坚实的压实层。因此，粉碎区又称为压缩区，如图 6-7 所示。由于粉碎区是处于坚固岩体的约束条件下，大多数岩石的动抗压强度都很大，冲击波的大部分能量也已消耗于岩石的塑性变形、粉碎和加热等方面，致使冲击波的能量急速下降，其波阵面的压力很快就下降到不足以压碎岩石。所以粉碎区的半径很小，一般约为药包半径的几倍。

虽然粉碎区的范围不大，但由于岩石遭到强烈粉碎，能量消耗却很大，又使岩石过度粉碎加大矿石损失，因此爆破岩石时应尽量避免形成粉碎区。

B 裂隙区（破裂区）

当冲击波通过粉碎区以后，继续向外层岩石中传播。随着冲击波传播范围的扩大，岩石单位面积的能流密度降低，冲击波衰减为压缩应力波。其强度已低于岩石的动抗压强度，不能直接压碎岩石。但是，它可使粉碎区外层的岩石遭到强烈的径向压缩，使岩石的质点产生径向位移，因而导致外围岩石层中产生径向扩张和切向拉伸应变，如图 6-8 所示。

如果这种切向拉伸应变产生的拉应力超过了岩石的动抗拉强度，那么在外围的岩石层中就会产生径向裂隙，这种裂隙以 0.15~0.4 倍压缩应力波的传播速度向前延伸。当这种切向伴生拉伸应力小到低于岩石的动抗拉伸强度时，裂隙便停止向前发展。随着压缩应力波的进一步扩展和产生径向裂隙做功，其药包中心的压力急剧下降，先前受到径向压缩的岩石能量快速释放，岩石变形回弹，因而又形成卸载波，卸载波产生与压缩应力波作用方向相反的向心拉伸应力。使岩石质点产生反向的径向移动，当径向拉伸应力超过岩石的动抗拉强度时，在岩石中便会出现环向的裂隙。图 6-9 是径向裂隙和环向裂隙的形成原理示意图。径向裂隙和环向裂隙的相互交错，将该区中的岩石割裂成块，此区域亦称为破裂区。

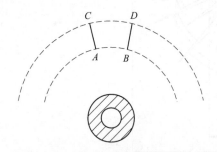 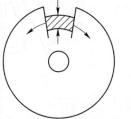 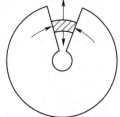

图 6-8 径向压缩引起的切向拉伸示意图   图 6-9 径向裂隙和环向裂隙的形成原理示意图

C 弹性震动区

破裂区以外的岩石中，由于应力波引起的应力状态和爆轰气体压力建立起的准静应力场均不足以使岩石破坏，只能引起岩石质点做弹性震动，直到弹性震动波的能量被岩石完全吸收为止，这个区域称为弹性震动区或地震区。

6.5.2.2 外部作用

当集中药包埋置在靠近地表的岩石中时，药包爆破后除产生内部的破坏作用以外，还会在地表产生破坏作用。在地表附近产生破坏作用的现象称为外部作用。

根据应力波反射原理，当药包爆炸以后，压缩应力波到达自由面时，便从自由面反射回来，变为性质和方向完全相反的拉伸应力波，这种反射拉伸波可以引起岩石片落和径向裂隙的扩展。

A 反射拉伸波引起自由面附近岩石的片落

压缩应力波传播到自由面，一部分或全部反射回来成为同传播方向正好相反的拉伸应力波，当拉伸应力波的峰值压力大于岩石的抗拉强度时，可使脆性岩石拉裂造成表面岩石与岩体分离，形成片落（软岩则隆起），这种效应称为霍普金森（Hopkinson）效应。图6-10 示出了霍普金森效应的破碎机理中应力波的合成过程。

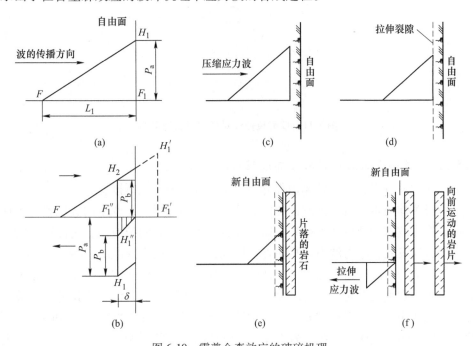

图 6-10 霍普金森效应的破碎机理

（a）（b）应力波合成的过程；（c）~（f）岩石表面片落过程

应该指出的是"片落"现象的产生主要与药包的几何形状、药包大小和入射波的波长有关。对装药量较大的硐室爆破易于产生片落，而对于装药量小的深孔和炮眼爆破来说，产生"片落"现象则较困难。入射波的波长对"片落"过程的影响主要表现在随着波长的增大，其拉伸应力急剧下降。当入射应力波的波长为 1.5 倍最小抵抗线时，则在自由面与最小抵抗线交点附近的岩体，由于霍普金森效应的影响，可能产生片裂破坏。当波长增加到 4 倍最小抵抗线时，则在自由面与最小抵抗线交点附近的霍普金森效应将完全消失。

B 反射拉伸波引起径向裂隙的延伸

从自由面反射回岩体中的拉伸波，即使它的强度不足以产生"片落"，但是反射拉伸波同径向裂隙梢处的应力场相互叠加，也可使径向裂隙大大地向前延伸，裂隙延伸的情况与反射应力波传播的方向和裂隙方向的交角 θ 有关。如图 6-11 所示,当 θ 为 90° 时,反射拉伸波将最有效地促使裂隙扩展和延伸;当 θ 小于 90° 时,反射拉伸波以一个垂直于裂隙方向的拉伸分力促使径向裂隙扩张和延伸,或者在径向裂隙末端造成一条分支裂隙;当径向裂隙垂直于自由面时即 $\theta=0°$ 时,反射拉伸波再也不会对裂隙产生任何拉力,故不会促使裂隙继续延伸发展,相反的,反射波在其切向上是压缩应力状态,使已经张开的裂隙重新闭合。

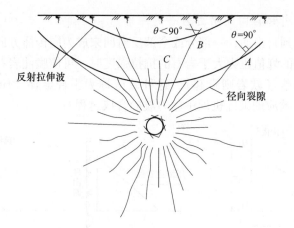

图 6-11　反射拉伸波对径向裂隙的影响

6.5.2.3　炸药在岩石中爆破破坏过程与破坏模式

从时间来说,将岩石爆破破坏过程分为三个阶段为多数人所接受。

第一阶段为炸药爆炸后冲击波径向压缩阶段。炸药起爆后,产生的高压粉碎了炮孔周围的岩石,应力波以 3000~5000m/s 的速度在岩石中引起切向拉应力,由此产生的径向裂隙向自由面方向发展,应力波由炮孔向外扩展到径向裂隙的出现需 1~2ms。

第二阶段为应力波反射引起自由面处的岩石片落。第一阶段应力波压力为正值,当应力波到达自由面发生反射时,波的压力变为负值,即由压缩应力波变为拉伸应力波。在反射拉伸应力的作用下,岩石被拉断,发生片落,此阶段发生在起爆后 10~20ms。

第三阶段为爆炸气体的膨胀。岩石受爆炸气体超压力的影响,在拉伸应力和气楔的双重作用下,径向初始裂隙迅速扩大。

当炮孔前方的岩石被分离、推出时,岩石内产生的高应力卸载如同被压缩的弹簧突然松开一样。这种高应力的卸载作用,在岩体内引起极大的拉伸应力,继续了第二阶段开始的破坏过程,第二阶段形成的细小裂隙构成了薄弱带,为破碎的主要过程创造了条件。

应该指出的是:

(1) 第一阶段除产生径向裂隙外,还有环状裂隙的产生。

(2) 如果从能量观点出发,第一、二阶段均是由应力波的作用产生的,而第三阶段原生裂隙的扩大和碎石的抛出均是爆炸气体作用的结果。

综上所述,炸药爆炸时,周围岩石受到多种载荷的综合作用,包括:应力波产生和传播引起的动载荷、爆炸气体形成的准静载荷和岩石移动及瞬间应力场张弛导致的载荷释放。

在爆破的整个过程中，主要有五种破坏模式：

（1）炮孔周围岩石的压碎作用；

（2）径向裂隙作用；

（3）卸载引起的岩石内部环状裂隙作用；

（4）反射拉伸引起的"片落"和径向裂隙的延伸；

（5）爆炸气体扩展应力波所产生的裂隙。

无论是应力波拉伸破坏理论还是爆炸气体膨胀压破坏理论，就其对岩石破坏的力学作用而言，主要的仍是拉伸破坏。

6.5.3 爆破漏斗

当药包爆炸产生外部作用时，除了将岩石破坏以外，还会将部分破碎了的岩石抛掷，在地表形成一个漏斗状的坑，这个坑称为爆破漏斗。

6.5.3.1 爆破漏斗几何参数

置于自由面下一定距离的球形药包爆炸后，形成爆破漏斗的几何参数如图 6-12 所示。

（1）自由面：被爆破的岩石与空气接触的面称为自由面，又称为临空面，如图 6-12 中的 AB 面。

（2）最小抵抗线 W：自药包重心到最近自由面的最短距离，即表示爆破时岩石抵抗破坏能力最小的方向。因此，最小抵抗线是爆破作用和岩石移动的主导方向。

（3）爆破漏斗半径 r：爆破漏斗的底圆半径。

（4）爆破作用半径 R：药包重心到爆破漏斗底圆圆周上任一点的距离，简称破裂半径。

（5）爆破漏斗深度 H：自爆破漏斗尖顶至自由面的最短距离。

（6）爆破漏斗的可见深度 h：自爆破漏斗中岩堆表面最低洼点到自由面的最短距离。

（7）爆破漏斗张开角 θ：爆破漏斗的顶角。

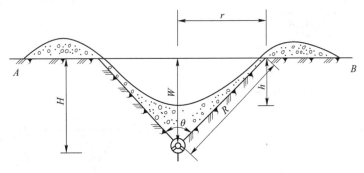

图 6-12 爆破漏斗图

此外，在爆破工程中，还有一个经常使用的指数，称为爆破作用指数 n。它是爆破漏斗半径 r 和最小抵抗线 W 的比值，即：

$$n = \frac{r}{W} \tag{6-2}$$

6.5.3.2　爆破漏斗基本形式

根据爆破作用指数 n 值的不同，爆破漏斗有以下四种基本形式，如图 6-13 所示。

（1）标准抛掷爆破漏斗［见图 6-13（a）］：这种爆破漏斗的漏斗半径 r 与最小抵抗线 W 相等，即爆破作用的指数 $n = \dfrac{r}{W} = 1.0$，漏斗的张开角 $\theta = 90°$，形成标准抛掷爆破的药包称为标准抛掷爆破药包。在确定不同种类岩石的单位炸药消耗量时，或者确定和比较不同炸药的爆炸性能时，往往用标准爆破漏斗容积作为检查的依据。

（2）加强抛掷爆破漏斗［见图 6-13（b）］：这种爆破漏斗半径 r 大于最小抵抗线 W，即爆破作用指数 $n = \dfrac{r}{W} > 1.0$，漏斗张开角 $\theta > 90°$，形成加强抛掷爆破漏斗的药包称为加强抛掷爆破药包。当 $n>3$ 时，爆破漏斗的有效破坏范围并不随 n 值的增加而明显增大。所以，爆破工程中加强抛掷爆破作用指数为 $1<n<3$。一般情况下，$n = 1.2\sim2.5$。

（3）减弱抛掷爆破漏斗（也称加强松动爆破）［见图 6-13（c）］：这种爆破漏斗半径 r 小于最小抵抗线 W，即爆破作用指数 $1>n>0.75$，漏斗张开角 $\theta < 90°$。形成减弱抛掷爆破漏斗的药包称为减弱抛掷爆破或加强松动爆破药包，它是井巷掘进常用的爆破漏斗形式。

（4）松动爆破漏斗［见图 6-13（d）］：药包爆破后只使岩石破裂，几乎没有抛掷作用，从外表看，不形成可见的爆破漏斗。此时的爆破作用指数 $n \leqslant 0.75$，又可细分为标准松动爆破、加强和减弱松动爆破。松动爆破时采用的药量一般较小，因此，爆破时所产生的碎石飞散距离也较小，常用于井下和露天的矿石回采作业以及药壶爆破。

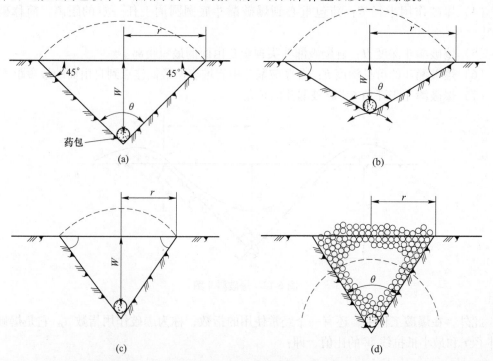

图 6-13　各种爆破漏斗

（a）标准抛掷爆破漏斗；（b）加强抛掷爆破漏斗；（c）减弱抛掷爆破漏斗；（d）松动爆破漏斗

思 考 题

6-1 爆炸分为哪几类?

6-2 化学爆炸的三要素及炸药化学反应的基本形式是什么?

6-3 试述工业炸药的分类。

6-4 试述起爆方法的分类。

6-5 试述爆破漏斗的几何参数和基本形式。

7 智能采矿技术

7.1 智能采矿概述

7.1.1 矿业发展及煤矿开采特征

7.1.1.1 矿业发展阶段

矿业发展与人类文明息息相关。根据人类对矿产资源的开发利用规模和水平、矿产资源的配置方式和矿产资源开发与环境保护的关系,将矿业发展分为四个阶段。

初始矿业:矿业 0.0 时代(初级发展阶段);

掠夺矿业:矿业 1.0 时代(掠夺发展阶段);

绿色矿业:矿业 2.0 时代(共赢发展阶段);

智能矿业:矿业 3.0 时代(智能发展阶段)。

7.1.1.2 煤矿开采特征

我国煤矿开采主要分露天开采和井工开采。煤矿井工开采的重要特点是地下作业,煤矿开采一般要经历地质勘查、预可行性研究、可行性研究、初步设计、施工、建设、投产、达产、技术改造、增产、产量递减、报废和关井等诸多阶段。

为了保证正常生产,必须要有完善的井下和地面生产系统。为保证安全生产,要同井下可能发生的各种灾害做斗争,还要搞好各项工作的配合。煤矿井工开采有如下特征:

(1)受煤层赋存条件严重制约;

(2)工作场所不断移动;

(3)生产系统复杂;

(4)必须设置人工构筑物保护工作空间;

(5)安全问题突出;

(6)开采对象具有随机性和多变性;

(7)开采条件逐渐变差;

(8)破坏生态环境;

(9)消耗的材料不构成产品实体。

随着我国煤矿开采理论与技术的发展,绿色开采、深地开发、智能采矿、未来矿业已成为煤矿开采的四大主题。

7.1.2 智能采矿出现的背景及意义

7.1.2.1 背景

现阶段煤炭仍然是我国的主要能源之一。在我国的能源结构中,煤炭始终是支撑经济发展的主体能源，在国民经济建设中有着举足轻重的地位。在未来相当长时期内，煤炭仍然是我国经济高速增长的重要保障，以煤炭为主的能源消费格局在未来很长时间内都无法改变。随着我国国民经济的快速发展，对煤炭的需求量逐年加大，导致近年来煤炭开采速度加快，煤炭开采所面临的地质条件越来越复杂，于是，开采难度也在不断加深。为了提高回采的效率和降低人力资源的使用率，我国开始着手研究智能采矿。

7.1.2.2 意义

智能采矿的发展是一个渐进的过程，是矿业科技创新的重要方向，是工业经济向知识经济过渡的产业形态，是 21 世纪矿业发展的前瞻性目标。它将给我国煤矿带来深远的影响，有着重要的意义：

（1）实现采矿作业室内化；

（2）实现生产过程遥控化；

（3）实现技术队伍知识化；

（4）推动矿业的全面升级。

7.1.3 智能采矿的发展过程

智能采矿作为一种发展中的概念，对其具体内涵的界定尚无广泛共识，缺少普遍适用性和精确性。但可以认为，智能采矿作为学术研究与工程应用的结合，正在经历着一个伴随着自动化、数字化和智能化技术的发展和演化过程。截至目前，矿山生产模式大致经历了四个阶段：

（1）原始阶段，主要通过手工和简单挖掘工具进行矿产采掘活动，无规划、低效率、资源浪费极大；

（2）机械化阶段，大量采用机械设备完成自动化生产任务，机械化程度较高，但仍无规划，生产较粗放，资源浪费比较严重；

（3）数字矿山阶段，采用自动化、信息化系统，实现数字化整合、数据共享，但仍面临系统集成、信息融合等诸多问题，对绿色矿山、人文关怀、可持续发展等方面不够重视；

（4）智能矿山阶段，以两化融合、智能制造为指引，通过信息技术的全面集成应用，使矿山具有人类般的思考、反应和行动能力。

矿业在为经济社会可持续发展和人类生活水平不断改善而提供物质财富及生产资料的过程中，积极引入和发展高新技术，大力提升生产力水平，高效开发利用矿产资源，全面保障生产安全及职业健康，努力实现零环境影响，已经成为矿山企业在 21 世纪的奋斗目标。与科技发展相融合，矿业引入了一种全新理念，即构建一种新的无人采矿模式，实现资源与开采环境数字化、技术装备智能化、生产过程控制可视化、信息传输网络化、生产管理与决策科学化。在此目标的实现过程中，智能矿山已经成为矿业科技和矿山管理工作者的美好憧憬，人们希冀未来的采矿设备能够在井下安全场所或地面进行遥控，乃至全面采用无人驾驭的智能设备进行井下开采，使采矿无人化，逐步实现智能矿山。

7.1.4 国外智能采矿进展

（1）2001 年 7 月，澳大利亚联邦科学与工业研究组织（Commonwealth Scientific and

Industrial Research Organization，CSIRO）承担了澳大利亚煤炭协会研究计划设立的综采自动化项目，进行开展综采工作面自动化和智能化技术的研究，设计开发了 LASC（Longwall Automation Steering Committee）长壁自动化系统，以设备定位技术为代表。到 2005 年该项目通过采用军用高精度光纤陀螺仪和定制的定位导航算法实现了采煤机位置的精确定位、工作面调直系统和工作面水平控制，并将工作面自动化 LASC 系统首次在澳大利亚的 Beltana 矿试验成功。

（2）2006 年，欧洲委员会信息与欧盟委员会批准了"采掘机械的机械化和自动化"项目研究的专项基金，包括德、英、波、西在内的研究机构相继开展了煤岩界面、防撞技术、采煤机位置监测等相关技术研究，并取得了丰硕成果。

（3）2006 年，美国 JOY 公司推出了虚拟采矿技术方案，以实现地面远程精准操控为研究目标。

（4）2008 年，CSIRO 对 LASC 系统进行了技术优化，完善了工作面自动化系统原型，增加了采煤机自动控制、煤流负荷匹配、巷道集中监控等功能；通过结合钻孔地质勘探资料与掘进数据，描述了工作面煤层的赋存状态，采用陀螺仪获知采煤机的三维坐标，两者结合实现了工作面的全自动化割煤。

（5）2009 年，英国曼彻斯特大学、德国亚琛大学、保加利亚普罗夫迪夫大学的相关研究机构开发了"煤机领路者"系统，并于 2010 年在德国 North-Rhein Westphalia 矿得到了成功应用。

（6）2012 年，美国公司开发的新型采煤机自动化长壁系统，集成了工作面取直系统，可实现采煤机的全自动智能化控制。

目前，行业内研究比较成熟完备的公司除了 LASC 系统外，还有美国的 JOY（久益）公司及德国的 Eickhoff（艾柯夫）公司。而久益公司在 Faceboss 1.0 的基础上研究设计开发了 Faceboss 2.0 控制系统，此系统可以用于采煤机、刮板输送机、梭车、连采机等，同时提供了一套强大的工具包，包括操作人员支持工具、自动化序列、高级诊断、设备性能监控、分析工具等，如果 Faceboss 系统连接到地面计算机，通过采煤机摇臂上的照明灯和摄像头可以实现对设备的远程监控。最新版本还提出了 Advanced Shearer Automation（ASA，高级采煤机自动化），可以实现采煤机水平控制、Golp 离线图形编辑器、三角煤自动化、牵引自动化、弧形挡煤板自动化和长壁工作面自动化一体化，并在采煤机上主要增加倾角传感器、摇臂编码器和惯性导航系统、高级采煤机自动化系统。

德国艾柯夫公司从 1954 年生产出自己的第一台采煤机，为煤矿开采带来了一系列技术发展。1966 年，实现采煤机遥控操作；2001 年，开始采用工业标准 PC（IPC）；2005 年，开发采煤机 EiControl 系统；2007 年，基于传感器改进的 EiControlPlus 系统；2008 年，开发完善参数控制系统 EiControlSB 系统。目前艾柯夫提出的现代采煤机配备了震动传感器、行程传感器、倾角传感器、位置传感器、红外传感器和雷达传感器等多种传感器。

2015 年，艾柯夫已联合德国玛珂、贝克等在俄罗斯建设了一套远程控制自动化薄煤层综采系统，已经接近于"无人工作面"，并且在现场应用。

7.1.5　我国智能采矿进展

改革开放 40 多年来，我国煤炭工业全面发展以综合机械化为标志的现代开采技术。

经过多年的持续科研攻关与创新实践，我国井工煤矿实现了由炮采、普采、高档普采到综合机械化开采、自动化开采的跨越，并在煤层赋存条件较优越的矿区探索实践了智能化、无人化开采技术。

（1）在无人化综采工作面的研究发展过程中，中国矿业大学的方新秋教授率先开展了相关方面的研究及构想。2006年，方新秋等根据无人工作面的关键技术，提出了利用惯性技术来开发定位导航系统，在分析航位推算系统误差补偿模型、地图匹配算法和采煤机自主定位系统误差模型的基础上，认为光纤陀螺适合采煤机定位导航系统。

（2）2008年，方新秋等根据井下采煤机工作环境、运动路线及影响采煤机运动轨迹的因素，确定了采煤机在不同运动路线的运动特征，建立了采煤机动力学模型，基于微机械陀螺和加速度计构建了采煤机自主定位系统；相关实验结果表明，利用环境特征、路标识别以及基于GIS的地图匹配技术可以减少系统误差，提高自主定位精度。

（3）同年，方新秋等提出了高度自动化与传统综采工艺相结合的无人工作面的概念和系统模型，创建了工作面灾害预测预报系统和无人工作面采煤工艺智能化控制系统模型，构建了无人工作面开采技术体系。

（4）2010年，方新秋等在采煤机定位系统研究的基础上，提出了基于陀螺仪和里程计的新定位方案，构建了无人工作面采煤机自主定位系统结构，并在模拟试验中取得了较好的定位效果。

（5）同年，方新秋根据无线电导航、卫星定位或天文导航方法在煤矿井下应用的局限性，分析了一种采煤机惯性导航系统，设计了采煤机的自定位装置，仿真试验指出误差累积导致了自定位系统的精度低，然后建立了误差补偿模型，采用卡尔曼滤波算法对陀螺漂移进行了补偿。

（6）2012年，王巨光分析了采煤机、液压支架、刮板输送机三机设备选型过程，设计并实现了采煤机位置检测、记忆截割自动调高、运行状态实时监控以及液压支架电液控制系统的自动控制，实现了薛村矿薄煤层94702综采工作面数字化无人开采。

（7）2013年，王刚、方新秋等提出了沙曲矿2号薄煤层上保护层无人工作面开采的设计方案，给出了22201无人工作面的采煤机、液压支架、刮板输送机的配套选型，介绍了22201无人工作面自动化控制系统的网络结构及采煤工艺，实现了薄煤层工作面的自动化开采。

（8）2014年，王国法介绍了综采成套装备自动化智能化无人化最新技术发展成果，探讨了综采成套装备自动化智能化无人化发展方向和技术途径。邢泽华等运用弹塑性理论和有限元受力分析手段，研发了薄煤层无人工作面全自动化刨煤机与采煤机开采配套的支护设备液压支架。

（9）马洪礼等开发了无人工作面智能化采煤机监控系统，实现了采煤机手动控制、自主控制、上位机远程控制三种控制工作模式以及相关工作参数的实时监测，并在古书院矿152304工作面进行了工业性试验。

（10）2015年，牛剑锋提出了无人工作面视频系统的技术需求，构建了无人工作面视频系统技术方案，提出了一种以云台摄像仪为基础的工作面设备随动视频监视系统，设计了智能本安型摄像仪，具有视频目标定位、追踪与接续和自动除尘等功能。

（11）樊启高开展了设备定位及任务协调研究。通过掌握"三机"协同运动规律，建立了"三机"系统运动学模型,结合惯性导航理论以及超宽带无线传感网络定位理论,构建了采煤机 INS/UWB 协同定位模型,实现了封闭空间下采煤机高精度定位定姿。

我国智能化开采目前还处于初级阶段,正进入技术创新发展的关键阶段,并在"十二五"期间也取得了快速发展,在国家"863"计划(国家高技术研究发展计划)、"973"计划(国家重点基础研究发展计划)、国家重点研发计划及国家自然科学基金支持下,我国智能化综采取得了一系列的创新成果:实现了"液压支架电液控制+记忆割煤+可视化远程干预控制"、液压支架自适应控制、工作面远程视频监控、系统协调联动、采煤机动态精准定位、采煤机自动调高、煤矿探测机器人、基于煤层分布的采煤机截割路径规划等。

近年来,王国法等提出了采煤机智能调高控制、液压支架群组与围岩的智能耦合自适应控制、工作面直线度智能控制、基于系统多信息融合的协同控制、超前支护及辅助作业的智能化控制等煤炭智能化开采关键技术,对工作面支护与液压支架技术理论体系、液压支架群组支护原理与承载特性、安全高效开采成套技术与装备进行了深入广泛的研究,基于此提出了智慧矿山的概念与内涵,明确了智慧煤矿 2025 发展目标与实现路径,为今后统筹开展煤矿生产智能化研究奠定了基础。宋振骐以我国煤炭开采理论及开采技术为基础,从控制煤矿事故和环境灾害的角度提出了安全高效智能化开采技术构想。袁亮以智能感知、智能控制、物联网、大数据云计算和人工智能等支撑,提出了煤炭精准开采的科学构想和关键科学问题,精准开采是准确高效的煤炭少人(无人)智能开采与灾害防控一体化的未来采矿新模式,为实现"互联网+"科学开采的未来少人(无人)采矿提出了技术路径。葛世荣等从识别、决策、控制三方面分析了无人驾驶采煤机的技术架构,提出了无人驾驶采煤机关键技术及突破方向,开发了基于工作面地理信息系统的采煤机定位定姿技术,研究了采煤机惯性导航定位动态零速修正技术和刮板输送机调直方法,阐述了智能化采煤装备的"3个感知,3个自适"技术架构,构建了煤矿无人化综采工作面的关键技术架构,探讨了"互联网+采煤机"智能化关键技术及未来突破方向,并认为光纤传感器将为智能化采煤装备的关键技术突破提供借鉴。

可见,虽然我国的智能化开采起步晚,但近几年发展迅速,诸多专家和煤炭企业把握技术发展新趋势并提出了一系列的理论、技术和成套装备等研究成果,为我国智能化采矿提供了重要机遇。与此同时,在生产地质条件较好的采煤工作面也积极进行了智能化开采实践探索,截至 2019 年 7 月,全国已建成智能化采煤工作面 150 多个,先后在神东、宁煤、中煤、陕煤、同煤、阳煤、平煤、晋煤、峰峰、新集口孜东等矿区进行了探索及应用,为全面推进煤矿智能化发展积累了宝贵的经验。

总之,我国在智能矿山建设上整体处于前进上升的趋势,也有了领先发展的企业。可以说,我国矿山的智能化建设已经在稳步推进中。

7.1.6 智能采矿的建设构想

作为传统的资源开发与加工型企业,矿山长久以来被视为高消耗、高投资、高危险、高污染、劳动密集的生产型企业。矿山企业在完成传统企业的现代化转变过程中,由于其自身的生产流程、加工工艺、作业对象、市场与原料等方面存在着诸多特殊性、不可知性和不可控性,使得矿山企业的智能化建设在定位和目标上尤其难以把握,这主要取决于我国矿山的信息化建设现状。

　　一方面，我国的矿山企业信息化建设起步较晚，在地质资源的数字化、生产过程的自动化以及生产经营与决策的智能化等方面，与矿业发达国家的矿山企业具有较大的差距；另一方面，由于信息技术的迅猛发展，使得矿山企业，尤其是现代矿山企业直接面对了信息技术发展的前沿技术和最新的管理理念，但这些先进的技术和理念与我国矿山企业的融合却成为最大的瓶颈。

　　两化融合则为解决这一问题提供了一个新的思路。两化融合是指以信息化带动工业化、以工业化促进信息化，是信息化和工业化的高层次的深度结合。两化融合与智能矿山息息相关，可以说，将信息化与工业化深度融合、用信息技术改造传统矿业，是打造智能矿山的智力支持；而智能矿山是矿山企业技术变革、技术创新的一种必然，是两化融合战略在矿业的具体体现。

　　"中国制造2025"、德国"工业4.0"以及美国的"工业互联网"实际上是异曲同工，都是以信息技术和先进制造业的结合，或者说互联网+先进制造业的结合，来带动整个新一轮制造业发展，发展的最大动力还在于信息化和工业化的深度融合。

　　我国矿山企业正处于全面转型的关键时期，无论是矿业自身的发展，还是更好地融入"中国制造2025"，智能矿山建设都是大势所趋。制造业智能化是全球工业化的发展趋势，也是重塑国家间产业竞争力的关键因素。

7.1.7　智能采矿的发展展望

7.1.7.1　矿业大数据与云计算

　　大数据是用传统方法或工具很难处理或分析的数据信息。目前，人们对大数据的理解还不够全面和深入，关于大数据的含义也没有一个统一的定义。在维基百科中，关于大数据的定义为：大数据是指利用常用软件工具来获取、管理和处理数据所耗时间超过可容忍时间的数据集。互联网数据中心（Internet Data Center，IDC）对大数据做出的定义为：大数据一般会涉及两种或两种以上数据形式，它要收集超过100TB的数据，并且是高速、实时数据流；或者是从小数据开始，但数据每年会增长60%以上。研究机构Gartner给出了这样的定义：大数据是需要新处理模式才能具有更强的决策力、洞察发现力和流程优化能力的海量、高增长率和多样化的信息资产。

　　目前，企业界和学术界都一致认为，大数据具有四个"V"特征，即：容量（Volume）、种类（Variety）、速度（Velocity）和至关重要的价值（Value）。

　　（1）容量（Volume）巨大：海量的数据集从TB级别提升到PB级别。

　　（2）种类（Variety）繁多：大数据的数据源有多种，数据格式和种类不同于以前所规定的结构化数据范畴。

　　（3）价值（Value）密度低：如视频的例子，在不间断连续监控的过程中，可能有意义的数据仅有$1\sim2s$。

　　（4）速度（Velocity）快：包含大量实时、在线数据处理分析的需求1s定律。

　　大数据技术使人们能够更好地利用之前不能使用的各个数据类型，找出被忽略的信息，促进企业组织更加高效、智能。但随着对大数据研究的不断深入，人们也更加意识到当大数据技术向人们敞开"方便之门"的同时，也带来了众多的挑战：

　　（1）大数据需要更为专业化的管理技术人才；

（2）大数据的合理利用需要解决容量大、类别多和时效性高的数据处理问题；

（3）大数据的利用对信息安全提出了更高要求；

（4）大数据的集成与管理问题。

这些挑战已成为关系到未来大数据发展的重要因素，同时也成为未来引领大数据发展的推动力。

7.1.7.2　云计算的产生和发展

云计算（cloud computing）是网格计算（grid computing）、分布式计算（distributed computing）、并行计算（parallel computing）、效用计算（utility computing）、网络存储（network storage technologies）、虚拟化（virtualization）、负载均衡（load balance）等传统计算机技术和网络技术发展融合的产物。

由于高速网络的连接出现，芯片的磁盘驱动的功能变得更加强大且价格越加便宜，拥有了快速处理大量复杂问题的能力。在技术方面，分布式计算、并行计算和网格计算快速发展且已经趋于成熟，可以不用再受地理资源的限制，充分利用世界各地的计算资源，将各地的软件、硬件和其他的信息资源通过网络连接在一起，从而实现大量的数据存储功能和完成复杂的数据处理和计算任务；以及包括计算机存储技术的发展、Web 2.0 的实现、多核技术的广泛应用，使得人们迫切需要产生一种更加强大的计算能力和服务，可提高计算能力和资源利用率，于是云计算应运而生。

云计算的核心思想，是将大量用网络连接的计算资源统一管理和调度，构成一个计算资源池向用户按需服务。通俗来说，云计算其实就是让计算、存储、网络、数据、算法、应用等软硬件资源像电一样，随时随地、即插即用。

目前，云计算的服务形式主要有：SaaS（Software as a Service），PaaS（Platfor mas a Service），IaaS（Infrastructure as a Service）。

SaaS 服务提供商将应用软件统一部署在自己的服务器上，用户根据需求通过互联网厂商订购应用软件服务。服务提供商根据客户所定软件的数量、时间的长短等因素收费，并且通过浏览器向客户提供软件的模式。

PaaS 把开发环境作为一种服务来提供。这是一种分布式平台服务，厂商提供开发环境、服务器平台、硬件资源等服务给客户，用户在其平台基础上定制开发自己的应用程序并通过其服务器和互联网传递给其他客户。

IaaS 把厂商的由多台服务器组成的"云端"基础设施，作为计量服务提供给客户。它将内存、I/O 设备、存储和计算能力整合成一个虚拟的资源池为整个业界提供所需要的存储资源和虚拟化服务器等服务。

7.1.7.3　云计算和大数据技术的异同

由表 7-1 可知，大数据着眼于"数据"，关注实际业务，包括数据采集、分析与挖掘服务，看重的是信息积淀，即数据存储能力；云计算着眼于"计算"，关注 IT 解决方案，提供 IT 基础架构，看重的是计算能力，即数据处理能力。

综合煤矿智能化开采的特点与大数据的数据特征，可将煤炭智能化开采大数据的数据特征归纳如图 7-1 所示。

表 7-1 云计算和大数据技术的异同

技术	大 数 据	云 计 算
总体关系	云计算为大数据提供了有力的工具和途径，大数据为云计算提供了有价值的用武之地	
相同点	都是为数据存储和处理服务。都需要占用大量的存储和计算资源，因而都要用到海量数据存储技术、海量数据管理技术、MapReduce 等并行处理技术	
背景	现有的数据处理不能胜任社交网络和物联网产生的大量异构数据，但这些数据存在很大价值	基于互联网的相关服务日益丰富和频繁
目的	充分挖掘海量数据中的信息	通过互联网更好地调用、扩展和管理计算及存储方面的资源和能力
对象	数据	IT 资源、能力和应用
推动力量	从事数据存储与处理的软件厂商拥有大量数据的企业	生产计算及存储设备的厂商拥有计算及存储资源的企业
价值	发现数据中的价值	节省 IT 部署成本

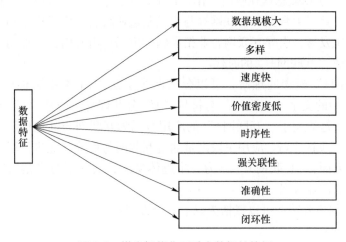

图 7-1 煤炭智能化开采大数据的特征

　　煤矿智能化开采大数据技术是在传统商务大数据技术的基础上在矿山的应用，但是在数据采集、存储、处理、分析挖掘、可视化等方面与商务大数据又有所区别。

　　作为大数据技术在煤矿领域的重要应用，煤矿智能化开采大数据技术的研究内容也主要集中在数据获取、数据结构、数据集成、数据分析、数据展示，而在应用领域主要是研究上述大数据技术与煤矿具体业务的融合实践。从目前煤矿智能开采大数据技术面临的主要问题来看，数据获取技术、数据集成技术以及数据分析应用技术将是当前智能矿山大数据的关键技术，见表 7-2。

表 7-2 煤矿智能化开采大数据与商务大数据的区别

环节与应用	商务大数据	煤矿智能化开采大数据
采集	通过交互方式采集商务数据，对时效性要求不高	通过各种传感器、智能装置、业务信息系统以及其他数据采集技术完成数据收集，对实时性要求很高

续表 7-2

环节与应用	商务大数据	煤矿智能化开采大数据
存储	关联性较弱，可自由存储	关联性强，存储比较复杂
处理	数据清洗、归约，需剔除大量无关紧要的数据	数据大多来自传感器、信息化系统，数据信噪比低，要求数据具有真实性、完整性和可靠性，处理时更关注数据格式的转化以及质量
分析挖掘	利用常规的分析算法，更关注相关性分析，要求分析结果不是绝对精确	分析难度较高，算法专业，需要分别对数据和业务建模，要求结果的精度和置信度高
可视化	对分析结果进行展示可视化	除对分析结果展示可视化外，还需 3D 矿山场景可视化，要求预警和趋势可视化实时性强
闭环性	一般无须闭环	须闭环反馈，实现动态调整、优化以及自动控制等

7.1.7.4　互联网+矿业的理论概述

2015 年 3 月，李克强总理在政府工作报告中提出：制订"互联网+"行动计划，推动移动互联网、云计算、大数据、物联网等与现代制造业融合，促进电子商务、工业互联网和互联网金融健康发展，引导互联网企业拓展国际市场。由此引发产业与互联网结合的热议，开始了各行业"互联网+"的时代。

对于"互联网+"概念的理解，可以分为两个层次的内容来表述：一方面，可以将"互联网+"概念中的文字"互联网"与符号"+"分开理解。符号"+"意为加号，即代表着添加与联合。这表明了"互联网+"的应用范围为互联网与其他传统产业，它是针对不同产业发展的一项新计划，应用手段则是通过互联网与传统产业进行联合和深入融合的方式进行。另一方面，"互联网+"作为一个整体概念，其深层意义是通过传统产业的互联网化，从而完成产业升级。

"互联网+"的主要特征可以概括为以下六个方面：

（1）跨界融合；

（2）创新驱动；

（3）重塑结构；

（4）尊重人性；

（5）开放生态；

（6）连接一切。

7.1.7.5　"互联网+矿业"的核心体系

参照"互联网+"理念，结合我国矿山工业特点及发展现状，按照"互联网+矿业"的内涵与具体表现，其核心体系框架主要包含四个方面内容，如图 7-2 所示。

（1）以矿山工业安全、高效、绿色、可持续发展目标为指引，"互联网+矿业"是利用创新的思维和先进的技术推动行业变革和发展，其核心仍是"以人为本、全面协调可持续"的科学发展观，矿山工业安全、高效、绿色、可持续发展这一最终目标要始终贯穿"互联网+矿业"发展全过程。

（2）明确"高度网络化、大数据化、协同工作、分布式服务"的战略主题，具体表

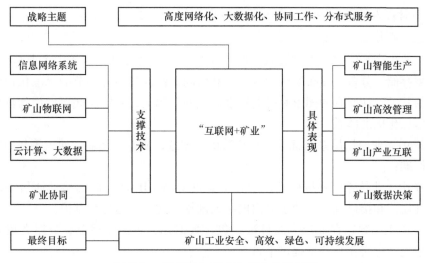

图 7-2 "互联网+矿业"核心体系框架

现在：

1）高度网络化使矿山工业设备与设备、设备与人、人与人之间高效互联，信息广泛共享。

2）大数据化利用大数据技术挖掘分析海量矿山数据，给矿山工业从安全生产到产业布局决策提供数据支撑。

3）协同工作使矿山企业采矿、掘进、机电、运输、通风、安全等部门，瓦斯、水文、矿压等监控监测系统，设备管理、危险源预测预警、生产调度等安全生产技术管理系统协同配合工作，充分利用互联网优势，达到"1+1>2"的效果。

4）分布式服务突破时间和空间的限制，打破传统"矿山"的界限，通过建立统一的行业设备、技术和工程服务平台，实现资源的优化配置；基于统一平台，提供分布式的专家技术服务，节省了时间和经济成本。

（3）支撑技术为底层基础，充分发展利用物联网技术，统一网络传输标准，实现信息共享；利用大数据和云计算技术，对矿山海量数据进行挖掘分析并及时响应，为矿山各管理层面决策提供数据支持；建立统一的矿业协同平台，使矿山采矿、掘进、机电、运输、通风、地测水文等部门协同工作，使矿业领域内专家远程实时介入企业生产，打破信息孤岛，实现矿山工业的协同工作和分布式技术服务，提高企业效率。

（4）"互联网+矿业"是从生产技术、企业管理到产业协作、行业决策的顶层设计，具体表现特征包括：

1）矿山工业生产智能化；

2）矿山工业管理高效化；

3）矿山产业互联化；

4）矿山行业决策数据化。

7.1.7.6 "互联网+矿业"的关键技术

A 创新与转变管理模式

（1）根据"互联网+矿业"新的特点对传统的矿山管理模式要进行创新，转变原有的管理观念。

（2）对管理人员进行培训，应用互联网技术进行矿山企业管理。

B　建立矿山工业信息化标准

矿山工业生产智能化、管理高效、产业互联、数据化决策要求矿山企业从数据采集、传输到数据存储、分析、发布实现信息共享和协同工作，其中各环节的标准化建设是实现上述设计的基础。在既有的国家和行业标准规范的基础上，制定从底层应用到行业顶层设计的矿山信息化标准体系。

（1）矿山工业应用层系统标准，包含采矿、掘进、机电、运输、通风等基础应用层系统信息化标准；

（2）矿山工业传输层系统标准，包含工业以太网、IP 网、矿山移动通信等，实现各系统的标准规范和接口统一，便于矿山网络的规划、建设、运行和维护；

（3）矿山工业数据存储层系统标准，包含数据元、数据库规范、数据类型分类等标准，为各系统信息交互和共享提供平台；

（4）矿山工业信息安全标准，包含应用层、传输层及存储层的系统安全标准，确保整体矿山信息系统的安全、稳定、可靠运行；

（5）矿山工业信息化建设总体规范标准，包含信息化建设各类基本概念定义、总体规范指南等，指导矿山信息化建设工作。

C　"互联网+矿业"的支撑技术

"互联网+矿业"战略构想最终要依靠先进的矿山信息化技术的推动和发展。利用物联网技术研发智能化、自动化的矿山装备，实现井下的少人、无人工作模式；利用先进的地球物理技术结合大数据分析，实现对矿区地层环境的整体感知和诊断；利用高精度传感器结合信息网络技术，实现对重大危险源的预测预警；利用协同管理平台结合现代化管理制度，实现矿山的高效管理调度。

7.2　智能采矿的基本概念

随着煤炭产业技术的发展和创新，采煤工艺经历了人力、炮采、机采（普采和综采），并向自动化、智能化方向发展，这是现代工业发展的必然规律。

长壁综合机械化开采是目前我国主要采煤技术，综采技术经历了机械化→自动化→智能化的发展阶段，最终的目标是无人化开采，如图 7-3 所示。

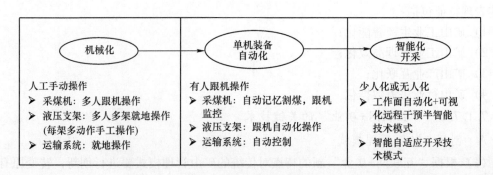

图 7-3　综采技术发展阶段

智能化开采是在自动化系统中加入自主决策功能，使其能够实时感知围岩条件及外部环境的变化并自动调整开采参数，智能感知、智能决策和智能控制是智能化开采的三要素。智能化开采的特点是设备具有自主学习和自主决策功能，具备自感知、自控制、自修正能力，进而实现自适应开采。

综采装备系统从功能层面来看，包括工作面围岩控制、煤岩截割和煤流运输三部分；从设备群层面来看，主要包括工作面液压支架和超前液压支架，采煤机、刮板输送机、转载机和乳化液泵站等，以实现上述三大功能，如图7-4所示。

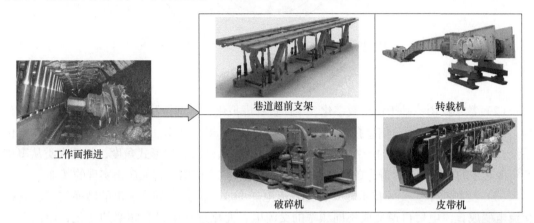

图 7-4　智能化综采系统装备群

智能化开采模式：可视化远程干预、智能自适应开采技术，如图7-5所示。

（1）智慧矿山：基于现代智慧理念，将物联网、云计算、大数据、人工智能、自动控制、移动互联网、机器人化装备等与现代矿山开发技术融合，形成矿山感知、互联、分析、自学习、预测、决策、控制的完整智能系统，实现矿井开拓、采掘、运通、洗选、安全保障、生态保护、生产管理等全过程智能化运行。

扫一扫
查看彩图

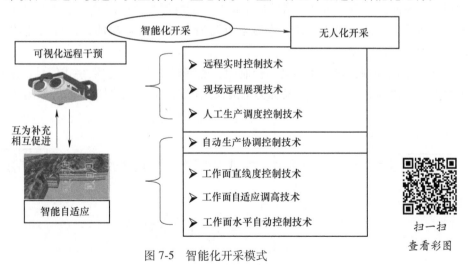

图 7-5　智能化开采模式

扫一扫
查看彩图

智慧矿山的技术内涵是将现代信息、控制技术与采矿技术融合，增效减员，在纷繁复杂的资源开采信息背后找出最高效、最安全、最环保的生产路径，对矿井系统进行最佳的协同运行控制，并根据地质环境及生产要求的变化自动创造全新的控制流程，如图 7-6 所示。

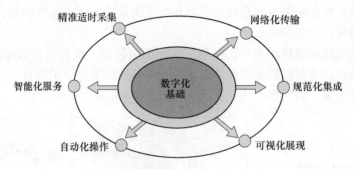

图 7-6 智慧矿山的技术构架

（2）数字矿山：基于信息数字化、生产过程虚拟化、管理控制一体化、决策处理集成化为一体，是将采矿技术、信息技术、计算机技术、3S（遥感技术、地理信息系统、全球定位系统）技术发展高度结合的产物。数字化矿山主要是从信息表现形式角度，强调人类从事矿产资源开采的各种动态、静态的信息都能够数字化。数字矿山是智能矿山实现的基础。

（3）变频技术：变频技术是一种把直流电逆变成不同频率的交流电的转换技术。它把交流电变成直流电后再逆变成不同频率的交流电，变化过程中只有频率的变化，而没有电能的变化。变频器就是基于上述原理采用交-直-交电源变换技术，将电力电子、微电脑控制等技术集于一身的综合性电气产品。

（4）变频调速技术：根据电动机转速与工作电源输入频率成正比的关系，通过改变电动机工作电源频率达到改变电动机转速的目的。

（5）软启动：传统的软启动是降压启动，即电压由零慢慢提升到额定电压，电动机在启动过程中的启动电流变为可控，并可根据需要调节启动电流的大小。电动机启动的全过程不存在冲击转矩，而是平滑的启动运行。变频器则是同时改变电压和频率，在不降低转矩的情况下，连续调节转速。变频器具备所有软启动器功能，但价格比软启动器贵得多，结构也复杂得多。

（6）电液控制：在液压传动与控制中，能够接受模拟式或数字式信号，使输出流量或压力连续成比例地受到控制，又称为电液比例控制。电液比例控制原理如图 7-7 所示。

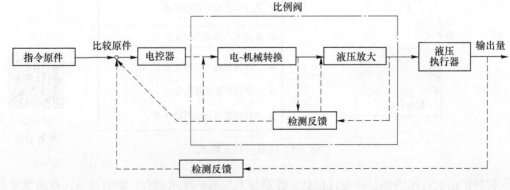

图 7-7 电液比例控制原理

7.3 智能综采控制技术简介

7.3.1 智能开采新技术

7.3.1.1 工作面直线度控制技术

（1）采用惯导级的航空激光陀螺仪，采煤机安装高精度惯性导航系统，如图7-8所示。

扫一扫
查看彩图

图7-8 惯性导航系统

（2）高精度磁致伸缩行程传感器和双速控制阀实现液压支架自动精确推溜拉架，解决了工作面直线度控制难题。

（3）采煤工作面"三直、两平"。三直：煤壁、刮板机、支架；两平：顶、底板平。

（4）引进澳大利亚联邦科学院 LASC lite 技术，利用惯导算法描绘采煤机行走轨迹，成功应用于工作面直线度控制系统，如图7-9所示。

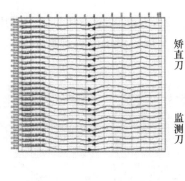

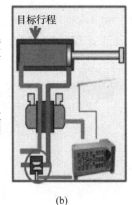

扫一扫
查看彩图

图7-9 LASC lite 技术

（a）采煤机运行轨迹；（b）双速推移阀；（c）LASC lite 系统

7.3.1.2 工作面高清可视化技术

（1）本安型自除尘高清云台摄像仪，实现高清视频。

（2）矿用红外热成像装置：透视煤尘，采煤机诊断（温度）。

（3）综采工作面实现了全景视频拼接，拼接延时为 1.5s。

7.3.1.3　工作面三维精准地质模型

（1）在常规地质勘探基础上，以地质雷达、电磁波 CT 等精细工程物探和巷道激光扫描数据构建初始地质模型，以煤岩识别等数据实时修正形成动态地质模型，融合设备位置姿态和环境状态等实时数据形成动态透明工作面。

（2）工作面、巷道三维扫描及三维模型技术，如图 7-10 所示。

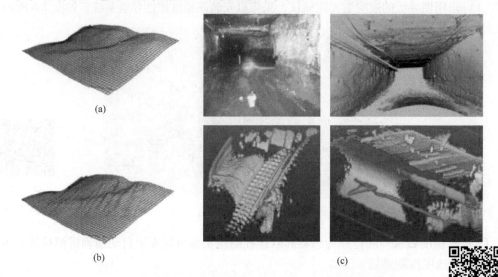

图 7-10　工作面、巷道三维扫描及三维模型技术
（a）初始地质模型；（b）修正后地质模型；（c）同步定位与地图构建技术

扫一扫
查看彩图

7.3.1.4　数字化割煤：采煤机滚筒智能调高

基于动态透明工作面地质模型，由 LASC lite 系统获取采煤机的姿态和位置，采用多传感器精确调高滚筒，辅以红外和高清远程监控和干预，实现采煤机的远程数字化割煤，如图 7-11 所示。

图 7-11　采煤机的远程数字化割煤
（a）UWB 雷达；（b）LASC lite 系统；（c）煤机高度；（d）红外监控

扫一扫
查看彩图

7.3.1.5 工作面巡检机构

在工作面巡检机构上设置高清摄像头、红外热成像摄像仪，跟随采煤机行走并实时传输视频图像到顺槽监控主机，操作人员在顺槽实现割煤过程的实时监控和远程干预，如图 7-12 所示。

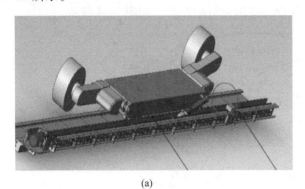
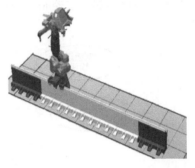

(a)　　　　　　　　　　　　　　(b)

图 7-12　工作面巡检机构

(a) 工作面巡检机构设计图；(b) 工作面巡检机器人设计图

扫一扫
查看彩图

7.3.1.6 井下多用途机器人（无人机）

(1) 自主导航、自主避障实现智能化。

(2) 对工作面、巷道巡视检查实现减人增效，提高安全水平。

(3) 矿难灾后环境的超前侦测，如图 7-13 所示。

(a)　　　　　　　　　　　　　　(b)

图 7-13　井下多用途机器人

(a) 矿用探测机器人；(b) 井下无人机

扫一扫
查看彩图

7.3.2 智能综采控制系统的架构

7.3.2.1 智能化开采的两种模式

(1) 可视化远程干预式（半智能化）：操作人员在顺槽监控中心远程遥控干预设备智能运行，工作面落煤区域无人操作。

(2) 智能自适应：采煤机、液压支架等设备自适应智能运行，就像飞机进入自动驾驶状态一样。利用网络、自动化控制、通信、计算机、视频等技术，通过智能化监控系统实现采煤作业的自动化控制及远程遥控。采用拟人手法，把人的视觉、听觉延伸到工作面，将工人从工作面解放到监控中心，实现在监控中心对设备的远程操控，达到工作面无人化开采的目的。

综采工作面设备主要由采煤机、液压支架、刮板输送机、转载机、破碎机、泵站、带式输送机及电气开关等组成，因此实现智能化控制的核心就是实现对以上设备的统一控制、管理，最终达到自主控制、相互配合、协调运行的目的，如图 7-14 所示。

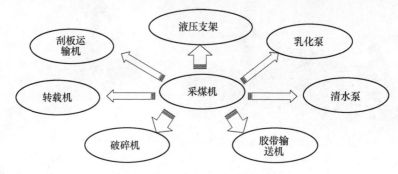

图 7-14　智能综采控制设备分布图

7.3.2.2　智能综采控制平台

（1）监控平台采用三层设计：综采单机设备、顺槽监控中心、地面指挥控制中心。

（2）控制模式：采煤机以记忆割煤为主，人工远程干预为辅；液压支架以跟随采煤机自支序列动作为主，人工远程干预为辅；综采运输设备实现集中自动化控制。

7.3.2.3　搭建高速传输网络

工作面网络构建主要利用综合接入器、光电转换器、交换机、稳压电源和铠装缆线等，建立一个统一开放的工作面 1000M 工业以太网。每台接入器可接入以太网信息，包括视频信息与数据信息，还可进行模拟量与数字量的采集，图 7-15 为综采高速传输网络设备。

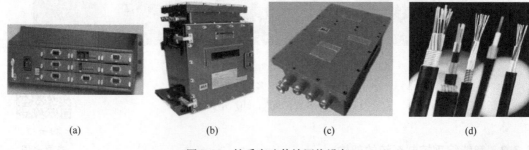

|(a)|(b)|(c)|(d)|

图 7-15　综采高速传输网络设备
（a）综采综合接入器；（b）矿用本安型交换机；
（c）矿用本安型稳压电源；（d）矿用缆线

扫一扫
查看彩图

7.3.2.4　采煤机控制系统

通过网络平台对采煤机进行采高、位置、记忆截割等数据实时监测和远程控制，如图 7-16 所示。

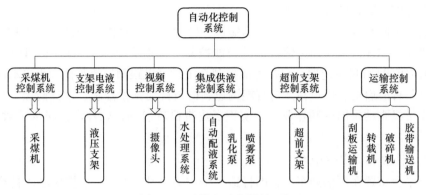

图 7-16 采煤自动化控制系统

（1）采高定位：通过调高油缸行程传感器，实时计算出摇臂的高度。

（2）位置定位：采煤机牵引部安装位置传感器，实现采煤机的精准定位和方向识别。

（3）记忆截割：人工操作采煤机进行示范刀的学习，实现在下个循环自动割煤。

（4）远程控制：通过控制台向监控中心计算机发布控制指令，来控制采煤机各种动作；利用视频及数据监控信息随时远程控制工作面采煤机运行。

7.3.2.5 支架控制系统

利用网络平台传输控制命令，通过电液控制元件驱动液压支架油缸动作，完成液压支架的动作控制。

（1）液压支架自动跟机：在采煤机上安装红外线发送器，每台支架上安装 1 个红外线接收器，来监测采煤机的位置和运行方向，实现工作面液压支架跟随采煤机作业的自动化控制功能。该功能包括跟机自动收放护帮板、自动移架、自动推溜、跟机喷雾等控制，液压支架控制系统如图 7-17 所示。

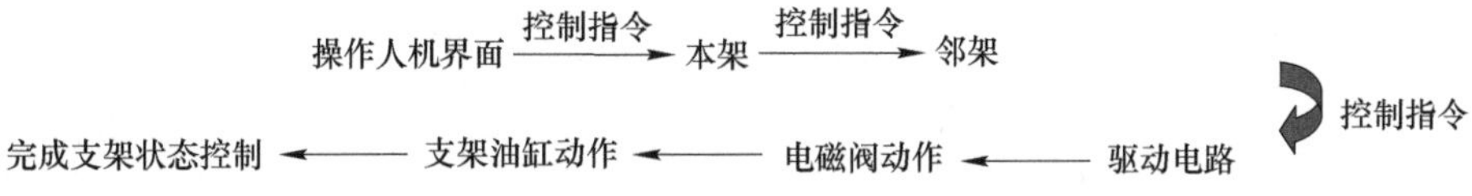

图 7-17 液压支架控制系统

（2）远程控制：通过远程控制台来控制液压支架的升柱、降柱、抬底、推溜等动作；利用视频及数据监控信息随时远程控制工作面液压支架。

7.3.2.6 视频控制系统

视频控制系统中，视频监控传送工作面图像，操作人员根据煤层变化情况、滚筒截割情况、支架状态等信息，必要时对采煤机、支架、刮板进行远程干预。视频图像自动跟机实时切换，操作司机通过视频画面随时了解现场情况，及时进行远程干预。

7.3.2.7 超前支架控制系统

超前支架控制系统中，以电液控制驱动和视频实时监控方式为主，实现超前支架的遥控控制、远程控制和自动化控制；在支架顶梁上设计多个伸缩单元，减少移动次数，避免了反复支撑对顶板完整性的破坏，降低了劳动强度，提高了工作效率。

7.3.2.8　运输及泵站控制系统

运输及泵站控制系统中，通过将刮板运输机、转载机、破碎机、胶带运输机和泵站控制系统进行集成，实现对工作面运输设备的智能控制。运输机驱动采用高压变频器+高压电动机+摩擦限矩器+行星减速器，自带智能控制系统，可以跟随煤流负荷大小自动调节运输机速度，具备智能启动、煤量检测与智能调速、链条自动张紧控制、远程监控、功率协调等功能。皮带机驱动采用变频器驱动，实现了皮带机软启动、软停车，减少了对电网、机械的冲击。

7.3.2.9　顺槽控制中心平台

监控中心平台布置在顺槽列车上，即打造一个"井下中控室"。监控中心支持全自动控制模式、分机控制模式、分机集中控制模式。

全自动控制模式：即"一键启停"，一键启动顺序：泵站启动→胶带输送机启动→破碎机启动→转载机启动→刮板输送机启动→采煤机启动→采煤机记忆割煤启动→液压支架跟机自动化控制程序启动。一键停机顺序：液压支架动作停止→采煤机停止→刮板输送机停机→转载机停机→破碎机停机→胶带输送机停机→泵站停止。

分机自动控制模式：工作面顶板发生变化或液压支架未能移架到位，影响工作。

思　考　题

7-1　试述智能开采的研究意义。

7-2　分析我国智能开采的建设构想。

7-3　分析互联网+矿业技术的关键。

8 煤矿绿色开采技术

8.1 煤矿开采对环境的影响

煤炭开采在为社会建设和消费提供能源的同时，也对生态环境造成巨大的破坏。煤炭开采过程中产生有毒有害气体以及对水资源、土壤和空气造成不同程度的污染和破坏，其主要表现形式有以下几个方面。

8.1.1 煤矿开采对水资源的破坏

煤矿开采对水资源的破坏主要表现在两个方面：一方面，煤炭开采过程中进行的人为疏干排水和采动形成的导水裂隙对煤系含水层的自然疏干，导致地下水位的大面积、大幅度下降，矿区主要供水水源枯竭，地表植被干枯，自然景观破坏，农作物产量下降，严重时可引起地表土壤沙化，如图 8-1 所示。另一方面，开采造成地表及地下水污染。矿井水、矸石堆淋溶水、选煤废水等普遍含有煤粉、岩粉悬浮物及可溶性的无机盐类。在我国西部、黄淮地区，矿井水矿化度较高，而南方矿井含硫高，矿井水多呈酸性。据统计，2000 年全国煤矿的废污水排放量达到 $2.75 \times 10^9 t$，其中，矿井水 $2.3 \times 10^9 t$、工业废水 $3.5 \times 10^8 t$、洗煤废水 5000 万吨、其他废水 4500 万吨。这些废水的排放对地表河流、海洋、水库等水资源污染较严重，并会使矿区土地贫化，污染植被，严重影响农业可持续发展。

图 8-1　煤矿采空区沉陷引起严重的水土流失

8.1.2 煤矿开采造成土地资源的破坏

煤炭开采对土地资源的破坏损害，井工开采以地表塌陷和矸石山压占为主，而露天开采则以直接挖损和外排土场压占为主，如图 8-2 所示。

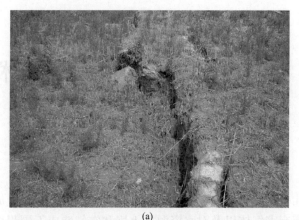

(a)

(b)

图 8-2　煤矿开采对土地资源的破坏

(a) 采空区沉陷引起地表破坏；(b) 露天排土场

据估算，全国平均采出万吨煤开采沉陷面积在 0.2hm² 以上，全国已有开采沉陷地 0.45Mhm² 以上，分布于华东、华北、西北、西南、华中等省区。山西省 1949~1998 年共生产原煤 56 亿多吨，地面塌陷破坏面积达 66600hm²，其中 40% 是耕地。

煤炭生产过程中，矸石排放量一般为原煤产量的 8%~20%，平均约为 12%。以 2006 年为例，生产原煤 23 亿吨，煤矿排放矸石约 2.76 亿吨。2010 年，生产原煤 32.4 亿吨，煤矿排放矸石约 5.93 亿吨。目前，全国大中型煤矿有矸石山 2000 多座（不包括近 8 万个乡镇及个体小煤矿堆积的矸石山），矸石堆放量达 45 亿吨以上，占地面积约 2.6 万公顷，预计到 2023 年，年排矸量为 7.29 亿吨，这会进一步加剧我国可耕地资源短缺的局面。例如，平顶山矿区在过去开发的 40 年中，排放矸石积存量 3900 万吨，形成 31 座矸石山，占地 98hm²，其中 77.5% 为可耕地，按当地平均种植水平，每年减产粮食 626 万吨。

另外，据统计，全国正在自燃的矸石山约 600 座，占总数的 1/3，自燃过程排出大量有害气体，如 SO_2、CO_2、H_2S 及氮氧化合物、烟尘等污染空气，形成酸雨，污染水源和土地，抑制植物生长，危及人类健康。

8.1.3　煤矿开采产生大量有毒有害气体

地下矿层中赋存的大量有毒有害气体，如 CH_4、CO、CO_2、SO、SO_2、H_2S 等，由于

开采，经矿井通风风流携带大量粉尘排至大气。我国煤矿每年排放至大气中的 CH_4 约 100 亿立方米，排放粉尘约 40 万吨，这不仅对矿区环境造成了严重污染，而且由此引发尘肺病患者达几十万人，如图 8-3 所示。

图 8-3　煤炭开采对空气造成的污染

8.1.4　煤矿开采产生大量矸石对环境的影响

矸石对环境的影响主要体现在：

（1）侵占土地。煤矸石随开采或洗选出来后多堆于井口附近，就形成矸石山，可侵占大量的生活用地和建筑用地，以及大量的林地和耕地。

（2）污染大气。煤矸石自燃所释放出的 SO_2、CO_2 等大量有害气体可对矿区环境造成严重污染。同时，煤矸石在堆放、运输、处理和加工过程中产生的大量粉尘，使空气质量下降。

（3）污染水和土壤。煤矸石经风吹、日晒、雨淋等作用，析出的 Hg、Pb、Ga、Ti、Sn、V、CO 等有毒重金属随地表径流转入江、河、湖和地下水中，造成水体的污染。

8.1.5　传统的开采方法所造成的生态与环境破坏问题

（1）煤炭开采造成岩层移动破坏，引起岩层中水与瓦斯的流动，导致煤矿瓦斯事故与井下突水事故。同时，瓦斯排放到大气中引起环境污染。煤炭开采又直接影响到地下水的流失，甚至引起土地沙漠化。据测算，全国煤炭开采平均吨煤水代价是 2t，华北地区 10t、最高达 47t，煤矿排水量已占北方地区岩溶水资源的 19%，利用率仅有 30%。

（2）煤炭开采引起岩层移动，进而造成地表沉陷，导致农田、建筑设施的损坏。据统计资料，全国因煤炭开采引起的破坏和占压土地 43 万公顷，平均每采万吨煤塌陷土地 $0.2hm^2$，每年新增塌陷地约 2 万公顷，积压在建筑物、水体及铁路下的煤炭资源达上百亿吨而无法开采，致使矿井提前报废。

（3）煤炭开采形成大量堆积在地面的矸石，既占用良田，又造成环境污染。

（4）随着我国矿井开采深度的不断增加，矿山压力显现及冲击地压等动力灾害发生的频次增加，强度增大，危及矿井的安全生产。

上述问题若得不到有效解决，在未来几十年内，随着能源总需求和煤炭产量的不断增长，煤炭资源开采所带来的矿区安全和生态环境问题会更为严重，人类的生存和社会发展环境受到严重威胁。

8.2　煤矿绿色开采理念的提出、发展与技术体系

8.2.1　煤矿绿色开采理念的提出

党的十六大报告明确提出"走出一条科技含量高、经济效益好、资源消耗低、环境污染少、人力资源优势得到充分发挥的新型工业化路子"，因此，必须充分考虑我国资源相对短缺、环境比较脆弱的基本特点，建立起适合我国国情的资源节约、环境友好的新型工业化发展道路。

循环经济是指遵循自然生态系统的物质循环和能量流动规律重构经济系统，把经济活动高效有序地组织成一个"资源利用-绿色工业-资源再生"的封闭型物质能量循环的反馈式流程，保持经济生产的低消耗、高质量、低废弃，从而将经济活动对自然环境的影响和破坏减少到最低限度。它不同于传统经济的"高开采、低利用、高排放"，而是要达到"低开采、高利用、低排放"的可持续发展目标。显然，此处的"绿色工业"是广义的概念，应由各个工业部门去实现。对矿业来说，就是要实现"绿色矿业"的核心内容之一的"绿色开采"。"绿色开采"的内涵是努力遵循循环经济中绿色工业的原则，形成一种与环境协调一致的，努力实现"低开采、高利用、低排放"的开采技术。

矿区在开发建设之前与周围环境是协调一致的，而进行开发建设后，强烈的人为活动便使环境发生巨大变化，由此形成矿区独特的生态环境问题，如造成农田及建筑物破坏、村庄迁徙、矸石堆积、使河川径流量减少，以及地下水供水水源干枯，在地面导致土地沙漠化，由于开采而使矿物内的有害物质流入地下水等。提出并形成绿色开采技术是为了正视开采对环境造成的影响和破坏，以便提出必要的对策并对政府提出必要的政策建议。煤炭开采形成的环境问题主要有：

（1）对土地资源的破坏和占用。煤炭开采对土地资源的破坏损害，井工开采以地表塌陷和矸石山压占为主，而露天开采则以直接挖损和外排土场压占为主。

（2）对水资源的破坏和污染。煤炭开采过程中进行的人为疏干排水和采动形成的导水裂隙对煤系含水层的自然疏干，破坏了地下水资源。同时，开采还可能污染地下水资源。

（3）对大气环境的污染，主要来自矿井排出的煤层瓦斯和煤矿矸石山的自燃。

以山西省为例，1949～1998 年共生产原煤 56 亿多吨，地面塌陷破坏面积达 66600hm²，其中 40% 是耕地，矸石山占地 2000hm²。至 1998 年煤炭地下采空面积达 1300km²（占全省面积的 1%）。采煤破坏地下水 4.2 亿立方米/a，地表水径流减少，导致井水位下降或断流共 3218 个，影响水利工程 433 处、水库 40 座、输水管道 793.89km，造成 1678 个村庄，812715 人，108241 头牲畜饮水困难；使本来缺水的山西环境受到进一步破坏，平均每采万吨原煤造成塌陷土地 0.2hm²，每年新增塌陷地约 2 万公顷。

矿井瓦斯即煤层气，是比 CO_2 还严重的温室气体，也是导致煤矿重大安全事故的根

源。据初步估计，我国2km以浅范围内具有30万亿~35万亿立方米煤层气资源，居世界前列。但由于我国煤层透气性小，难以在开采前抽出。新中国成立以来，我国煤矿发生煤与瓦斯突出事故15000余次，仅2007~2010年就发生瓦斯事故214起，死亡人数即达1688人，为煤矿总死亡人数的30%。煤矿每年排放瓦斯70亿~190亿立方米。同时，瓦斯又是最好的清洁能源，因此必须加以利用、变害为宝。

基于矿业可持续发展被逐步重视，煤炭开采与环境协调发展要求越来越高，绿色开采在此背景下产生了。2003年中国工程院钱鸣高院士首次提出了煤矿绿色开采的概念和技术体系，分析了关键层理论对绿色开采研究的指导作用，阐述了保水开采、建筑物下采煤与离层注浆减沉、条带与充填开采、煤与瓦斯共采、煤巷支护与部分矸石的井下处理、煤炭地下气化等绿色开采技术的主要内容，明确了实现资源开采和环境协调发展的绿色开采研究目标，为绿色开采的研究指明了方向。

发展煤炭绿色开采理论和技术，不是对现有采煤理论、方法和技术的否定，而是在此基础上的发展与创新，并且具有更加丰富的技术内涵和经济原则。

8.2.1.1 煤矿绿色开采的内涵

从广义资源的角度论，在矿区范围内的煤炭、地下水、煤层气（瓦斯）、土地、煤矸石以及在煤层附近的其他矿床，都应该是经营这个矿区的开发和保护对象。煤矿绿色开采以及相应的绿色开采技术，在基本概念上是要从广义资源的角度来认识和对待煤、瓦斯、水等一切可以利用的各种资源。基本出发点是防止或尽可能减轻开采煤炭对环境和其他资源的不良影响，目标是取得最佳的经济效益和社会效益。根据煤矿中土地、地下水、瓦斯以及矸石排放等，绿色开采技术主要包括以下内容：水资源保护形成"保水开采"技术；土地与建筑物保护形成"充填开采"技术；瓦斯抽采形成"煤与瓦斯共采"技术等。

开采引起的安全与环境问题都与开采后造成的岩层运动有关，如果岩体不破坏上述问题都不会发生。因此，绿色开采的重大基础理论为：采矿后岩层内的"节理裂隙场"分布以及离层规律，开采对岩层与地表移动的影响规律，水与瓦斯在裂隙岩体中的渗流规律，岩体应力场分布规律及岩层控制技术等。

8.2.1.2 煤矿绿色开采的经济原则

针对经济的发展和国家对环境的要求，绿色开采技术必然受到充分的重视。随着科技的发展，绿色开采的部分技术可以成为产业，甚至可以利用变废为宝以进一步降低开采成本。另外，若处理不好很容易增加煤矿企业的成本，尤其使一些本来开采成本较高的煤炭企业难以接受。

资源开发必须与环境协调，这是采矿者的责任。但首先必须解决煤炭开发的经济问题，在市场经济条件下矿业开发具有其本身的发展规律，如煤炭的价值是由整个产业链系统表现出来，而具体的煤炭作为商品很难体现其在开采时的难度及技术含量。煤炭开采成本与售价不仅与技术有关，还与赋存状况及区位等条件有关，这显然与加工类型企业有本质的区别。

因此，为了满足国家经济发展对能源的要求，同时要实现资源开发与环境的协调，必须从煤炭开采到利用的整个系统来考虑加以宏观调控，政府应根据各类情况在政策与税收等方面加以支持，以使煤炭企业得到健康发展。各个矿区开采对环境影响是不同的，加上开采成本也不一样，因此必须分类做出成本核算，以便提出希望政府给予的政策支持。

8.2.2　煤矿绿色开采研究进展

8.2.2.1　关键层理论

煤层开采后上覆岩层会形成结构，该结构形态及稳定性直接影响采场支架的受力大小、参数和性能的选择，同时也影响开采后上覆岩体内节理裂隙和离层区的分布以及地表塌陷。1996 年，在采场基本顶岩层"砌体梁"理论基础上，钱鸣高院士及其课题组提出了岩层控制的关键层理论，关键层是指对岩体活动全部或局部起控制作用的岩层。关键层理论的基本观点：在煤层上方存在多层厚度不等、强度不同的岩层，其中一层至数层硬岩层在采场上覆岩层活动中起主要的控制作用，把对采场上覆岩层局部或至地表的全部岩层活动起控制作用的岩层称为关键层。前者称为亚关键层，后者称为主关键层。

将关键层理论及其有关采动裂隙分布规律的研究成果应用于我国卸压瓦斯抽采的研究与工程实践，取得了显著性成果。理论与试验研究揭示，当关键层破断后，位于采空区中部的采动裂隙趋于压实，而在采空区四周存在采动裂隙"O"形圈，采动裂隙"O"形圈能长期保持，周围煤岩体中的瓦斯解析后通过渗流不断地汇集于"O"形圈，卸压瓦斯抽采钻孔应打到采动裂隙"O"形圈内，以保证钻孔有较长的抽采时间、较大的抽采范围、较高的瓦斯抽采率。"O"形圈理论已在淮北、淮南、阳泉等矿区的卸压瓦斯抽采中得到成功试验与应用，"O"形圈理论对注浆充填的钻孔布置同样具有重要的指导意义。

关键层理论为"三下一上"采煤的深入研究提供了理论基础。将关键层理论应用于"三下一上"采煤研究与工程实践，取得了显著的经济效益和社会效益。关键层理论为进一步完善建筑物下开采设计提供了理论指导，其基本原则是保证上覆岩层中的主关键层破断并保持长期稳定，通过条带开采、覆岩离层注浆等技术手段来保证覆岩主关键层的稳定。

岩层控制的关键层理论的原理可以用于采场底板突水治理研究中，即在采场底板隔水层中，找出起主要控制作用的岩层——隔水关键层，由此展开相应的力学分析。在采场底板突水事故统计分析的基础上，对无断层底板关键层的破断与突水机理及有断层底板关键层的破断与突水机理进行了研究，据此提出了底板突水预测预报的原理与方法，在淮北朱庄矿 6313 工作面底板突水危险性的预测预报中得到了应用与验证。

关键层理论研究表明，相邻硬岩层的复合效应增大了关键层的破断距，当其位置靠近采场时，会引起工作面来压步距的增大和变化。此时，不仅第一层硬岩层对采场矿压显现造成影响，与之产生复合效应的邻近硬岩层也对矿压显现产生影响。其影响主要体现在两方面：其一，当产生复合效应的相邻硬岩层破断距相同时，一方面关键层破断距增大，另一方面一次破断岩层厚度增大，增大了工作面的来压步距和矿压显现强度。其二，当产生复合效应的相邻硬岩层破断距不等时，工作面来压步距呈一大一小的周期性变化。神府浅埋煤层等多个矿井的实测资料都证实了关键层复合效应对采场矿压显现的上述影响。当覆岩中存在典型的主关键层时，由于其一次破断运动的岩层范围大，往往会对采场来压造成影响，尤其当主关键层初次破断时，会引起采场较强烈的来压显现。

关键层理论把整个覆岩作为统一对象，研究岩层中节理裂隙的分布、瓦斯抽采、突水防治以及开采沉陷等采动损害问题，对层状矿体开采过程中的矿山压力控制、开采沉陷控制、瓦斯抽采以及突水防治等具有重要意义。

8.2.2.2 水资源保护形成"保水开采"技术

A "保水开采"的提出与内涵

"保水开采"是由陕西煤田地质局高级工程师范立民首次在对"陕北煤炭开采过程中的地下水保护"进行叙述时提出的观点。1995~1998年，由煤田地质总局牵头，陕西煤田地质局185队、中煤水文地质局和中国矿业大学等单位联合承担开展了"中国西部侏罗纪煤田（榆神府矿区）保水开采与地质环境综合研究"项目，在这一研究中，首次明确使用"保水开采"一词。

2006~2007年，中国矿业大学张东升教授在对神东矿区"亿吨级矿区生态环境综合防治技术"研究中，对保水开采的内涵进行了概括：保水开采就是通过选择合理的采煤方法和工艺，使采动影响对含水层的含水结构不造成破坏；或虽受到一定的损坏，造成部分水流失，但在一定时间以后含水层水位仍可恢复，流失量应保证最低含水位不影响地表植物的生长，并保证水质没有污染。

B "保水开采"的理论基础

我国水资源分布很不均衡，大概有70%的矿区缺水，尤其西部矿区缺水更为严重，对于西部矿区保水开采则是绿色开采的主要内容。水体下采煤的理论依据有"三带"理论和隔水层理论。

（1）"三带"理论。对于地面水体，松散层底部和基岩中的强、中含水层水体，要求保护的水源等水体，不容许导水断裂带波及；对于松散层底部的弱含水层水体，允许导水断裂带波及；对于厚松散层底部为极弱含水层或可以疏干的含水层，允许导水断裂带进入，同时允许垮落带波及。

（2）隔水层理论。隔水层理论是指水体底面与煤层之间应有相应厚度的隔水层，才能实现水体下安全采煤。因此，研究采动基岩和隔水层的移动规律，揭示导水裂隙形成规律和采动隔水层的稳定性是实现保水开采的基础，而具体的采煤方法需要综合参考隔水层的厚度、隔水层的性能、水体至煤层的距离、采厚、水量大小以及水源等因素。

8.2.2.3 土地与建筑物保护形成离层注浆、充填与条带减沉开采技术

我国是一个产煤大国，开采所引起的地表沉陷及其环境灾害问题日益突出。而这些矿区的地表多属建（构）筑物、水体、铁路、农田、公路、桥涵等设施的分布区。例如，我国村庄下压煤量超过亿吨的省份就有9个，河北省村庄下压煤最多为9.5亿吨、其次为山西省7.8亿吨、山东省为7.6亿吨、河南省为6.5亿吨，见表8-1。全国"三下"压煤量达140亿吨，仅全国建筑物下压煤量就87.6亿吨，占"三下"压煤总量的63.5%，居"三下"压煤量之首。建筑物下压煤开采已成为矿区面临的主要问题。建筑物下采煤问题的关键是控制地表沉陷，控制地表沉陷的方法主要有充填开采、条带开采、离层注浆等。

表 8-1　九省村庄下压煤量　　　　　　　　　　　　　（万吨）

省名	压煤量	省名	压煤量	省名	压煤量
河北省	95111.3	河南省	65404.8	辽宁省	37817.2
山西省	78029.2	陕西省	49961.3	安徽省	30808.1
山东省	75688.6	黑龙江省	48248.8	江苏省	20907.5

A 离层注浆技术

范学理、齐东洪等于20世纪80年代首次在抚顺矿区把覆岩离层注浆减缓地表沉降技术应用于工程实践。我国已经先后在抚顺、大屯、新汶、兖州、开滦、淮南和南桐等矿区进行了 T_{10} 多个工作面注浆减沉试验,积累了丰富的经验,特别是为认识和评价该项技术提供了宝贵的实测依据。通过覆岩注浆减沉试验,可以看出在地质和采矿条件允许的情况下,减沉率达到36%~65%,证明覆岩离层注浆减沉是一项有效的地层控制措施。

特别是近几年来,覆岩离层注浆减沉技术得到了广泛的应用。兖州矿业集团公司济宁二号煤矿采用覆岩离层注浆控制地表沉陷技术,成功地进行了4302工作面高压线下采煤,通过针对地质和开采条件设计注浆系统和注浆工艺,地表减沉率达59%,不但地表减沉效果明显,高压线杆偏斜均未超过其允许限差,高压线路正常运行。淮南矿业集团李一矿进行了煤层群开采的覆岩离层注浆减沉试验,表明覆岩离层注浆减沉在该地质条件下可行,减沉率达到45%。开滦集团唐山煤矿1997年至今已经进行了8个面的注浆减沉工程,其中包括5个综放面,成功解放了铁路下压煤资源。

B 矸石充填开采技术

充填开采按充填方式可分为风力充填、水力充填、机械充填、自溜充填等,按充填材料可分为水砂充填、尾矿胶结充填、混凝土充填、膏体充填、高水充填和矸石充填等。综合比较上述几种充填方法,矸石机械化充填在经济效益、环保和可大规模推广方面,具有明显的优势。早期的充填开采主要用于金属矿,煤矿最早有计划矸石充填开采的是澳大利亚北莱尔矿和塔斯马尼亚芒特莱尔矿于1915年首次应用废石充填采空区进行开采。美国也有矸石充填开采煤炭资源的记载,他们主要用在长壁工作面和近距离煤层开采中,但总的来说国外对煤矿进行矸石充填开采研究较少。

我国在20世纪60~70年代曾进行过矸石充填采空区试验研究,但由于当时矸石充填基础理论水平不够成熟、充填工艺落后、充填设备简陋,导致充填效率低、充填效果差,使得矸石充填减沉效果仅在0.4~0.5,没有取得预期经济效益,造成矸石充填开采一度没有得到推广和发展。近年来,随着国民经济的高速发展,对煤炭资源的需求量不断增加,急需解放"三下"压覆的煤炭资源,另外煤炭资源开采过程中排放的矸石对土地形成压占,对环境造成的污染越来越严重,科技工作者再一次研究矸石充填开采这一绿色开采技术。

目前,国内的矸石充填技术主要在我国的邢台、新汶、兖州、淮北等矿区先后开展了工业性试验研究。中国矿业大学课题组吸取了以往矸石充填减沉效果差的原因,专门设计了巷采、普采、综采固体充填开采工艺,研发了与之相适应的固体充填设备,比如六柱支撑式采煤充填液压支架、固体直接投料系统、旋转托盘式垂直连续投料系统、固体转载机等关键设备。伴随着这些关键设备的成功研发和充填工艺日趋成熟,固体充填的工业性试验已经取得了圆满成功。根据目前的固体充填工艺和综合机械化水平,综采固体密实充填开采,充填欠接顶距为零,固体充填体的初始压实度约为90%,地表下沉系数控制在0.2左右。

C 条带减沉开采技术

条带开采由于能有效地控制地表沉陷,保护地面建(构)筑物和生态环境,一般不增加或较少增加吨煤生产成本，而且有利于安全生产，生产管理也不复杂，在"三下"压煤开采中具有广阔的推广应用前景。鉴于条带开采在解放"三下"压煤中的重要作用，国内外学者对条带开采技术进行了大量的研究。

国外如波兰、苏联、英国等欧洲主要采煤国家在20世纪50年代就开始应用条带法开采建筑物尤其是村镇、城市下压煤，取得了较为丰富的实践经验。国外条带开采的采深一般小于500m，有些采深较大；开采煤层厚度多为2m左右，少数为4m以上，个别达到16m；采出率一般为40%~60%；除个别因采留宽度太小（小于10m）使下沉系数偏大以外，地表下沉系数一般小于0.1，个别采深较大的条带开采下沉系数达到0.16；顶板控制方法一般为全部垮落法，仅波兰在开采厚度为5.9m以上的煤层时采用了水砂充填。采用全部垮落法控制顶板时条带煤柱的宽高比为2.5~83.7不等，采用水砂充填法控制顶板时条带煤柱的宽高比为1.2~5.1。这些国家在实践方面做了不少工作，在条带煤柱设计理论研究方面也有大量研究，但对条带开采的地表移动机理、条带开采优化设计及地表移动和变形预计等方面的研究尚不充分。

我国在条带开采生产实践方面，自1967年首次采用充填条带法开采"三下"压煤以来，先后在全国10多个省、100多个条带工作面进行了条带开采，取得了丰富研究成果和实际观测资料。我国条带开采多采用垮落法控制顶板，采深一般小于400m，开采厚度在6m以下，采出率一般在40%~78.6%。除少数由于重复采动、煤体强度低、采出率偏大等特殊原因影响使下沉系数偏大之外，我国条带开采地表下沉系数一般小于0.2。另外，我国已对包括急倾斜煤层在内的各种倾角的煤层大采深煤层进行了条带开采试验研究。在理论研究方面，我国学者对条带开采进行了大量的研究。其研究内容涉及条带开采理论中的一系列基本问题，主要包括条带开采地表移动机理和规律、条带开采地表移动和变形预计方法和预计参数、条带煤柱稳定性、条带开采优化设计等。

8.2.2.4 瓦斯抽采形成"煤与瓦斯共采"技术

我国工业抽放瓦斯始于1938年，在抚顺龙凤煤矿进行了工业抽放瓦斯试验。1951~1954年，龙凤煤矿又试验成功了利用煤层巷道和钻孔预抽煤层瓦斯的抽放技术，这为大规模的预抽煤层瓦斯提供了新的方法。紧随其后，阳泉矿务局四矿应用穿层钻孔抽放上邻近层卸压瓦斯也取得了成功。自此以后，全国煤矿抽放瓦斯工作取得了较大的发展。经过几十年的发展，几代人的不懈努力，我国无论是在抽采方法，还是抽采装备方面都取得了较大的发展。在抽采技术方面独自研究成功并推广了本煤层抽采、邻近层抽采、采空区抽采、低透气性煤层强化抽采等抽采技术。近年来，在煤矿现场应用较广、效果较好的抽采方法有：以北票矿业集团公司为首试验成功的穿层网格式布孔大面积抽采突出煤层中瓦斯的方法；松藻集团公司打通二矿采用向冒落拱上方施工钻孔抽采上邻近层和采空区瓦斯的方法；鸡西集团公司的钻孔法多区段集中抽采上邻近层和采空区瓦斯的方法；铁法集团公司晓南矿的水平岩石长钻孔抽采上邻近层瓦斯方法；淮南矿业集团公司采用走向长钻孔向断裂带上方施工钻孔抽采邻近层和采空区瓦斯的方法、掘进工作面采用巷帮钻场长钻孔抽采本煤层卸压瓦斯的边抽边掘方法、高抽巷抽采邻近层和采空区瓦斯的方法、开采保护层穿层钻孔预抽本煤层瓦斯的方法；平顶山矿业集团公司采用的交叉钻孔抽采本煤层瓦斯的方法。

8.2.2.5　煤炭地下气化技术

煤炭地下气化是指不用把煤炭采出地面，而直接在煤层赋存地点获得可燃气体的过程，即在地下将煤通过热化学过程变为气态燃料，然后经由钻孔排至地面收集利用。煤炭地下气化技术可以消除煤炭开采对环境的污染和煤炭燃烧对生态环境的破坏，是一种整体绿色开采技术。煤炭地下气化技术 1912 年开始于英国，美国始于 1946 年，苏联始于 1932 年，其他如德国、法国、荷兰、西班牙都进行过试验，但由于热值低、成本高而未得到发展。我国于 1958~1960 年曾在 16 个矿区进行试验，于 1962 年停止，1984 年又开始新的试验，1994 年达到连续生产 295d，产气量为 200m³/h，热值 13816.44~17584.56kJ/m³，采用的是有井式、长通道、大断面的煤炭地下气化方法。2005 年宁煤引进 5 台 GSP 气化装置，2010 年 11 月投运至今，取得良好的效果。

8.2.2.6　洁净煤技术

在几十年的研究和实践中，我国依靠发展技术力量和学习国外技术等途径来推动洁净煤技术的发展，在该技术的开发、示范和推广方面取得了较大进步，大大缩短了与发达国家之间的差距。主要的技术有：

A　洗煤、选煤和煤炭加工方面

随着我国整体经济实力的提高，选煤技术能力有了很大进步，选煤量逐年增加。洗选、重介质旋流器、细粒煤分选等选煤技术有突出进步，近几年又提出并发展了建立井下选煤厂实现煤矸井下分离技术。在煤炭加工方面，水煤浆制浆年生产量超过 1200 万吨，已经建成年生产能力达到 5000 万吨的大规模动力配煤生产线，依靠自主技术建成了锅炉型煤、气化型煤、型焦及配型煤炼焦和生物质型煤生产线。

B　煤炭转化方面

在煤炭转化方面的最大进步是引进和研发了加压粉煤流化床气化炉、灰熔聚常压流化床气化炉等新型煤炭气化技术，降低了工业用煤的单位能耗。同时，煤炭液化技术进步明显，2012 年我国煤制油的产量就突破了 106.08 万吨，而且产能还在迅速提升。多家煤炭企业发展了煤制油项目，根据当前的发展情况，我国的煤制油可在 2022 年产量达 5500 万吨。

C　洁净煤的利用方面

洁净煤在工业上的使用主要是燃烧和发电。西安热工研究院率先在国内发展了以干煤粉加压气化技术为核心的"绿色煤电"技术，2009 年已经建成 IGCC 发电示范工程（250MW）。同时，国家在大力推动 IGCC 技术应用，2007 年在东莞市、杭州市和天津市建成三个 IGCC 示范电站，煤气化被列入国家"十一五"计划和"863"计划。增压流化床联合循环发电技术也得到了发展，如东南大学热能工程研究所建成了完整的 PFBC-CC 系统，该系统可以生产热值超过 4.2MJ/m³ 的煤气（标态）。

D　煤炭污染的治理和综合利用方面

在煤炭的清洁利用方面，我国发展了烟气脱硫、除尘新技术，在电站推广烟气脱硫工程，煤矸石和煤泥等废物的利用已经形成产业化，建成了 110 多座煤矸石电站，装机容量超过 1300MW。同时，煤炭开采中的污染治理技术也取得了进步，矿井水外排达标率达到 85% 以上，煤泥回收率不断提高，基本实现了洗水闭路循环。

8.2.2.7 矿区废弃地生态修复技术

我国矿山废弃地复垦工作始于 20 世纪 50 年代末至 60 年代初，国民经济的发展对于土地资源的巨大需求使得在那一时期出现了自发的矿山废弃地复垦。1988 年 10 月我国《土地复垦规定》的出台，使我国矿山废弃地的生态恢复工作步入了法制轨道，矿山废弃地恢复的速度和质量都有了较大的提高。1989~1991 年，国家土地部门先后在河北、江苏、安徽、湖南、辽宁等省开展了 23 个土地恢复试验点，1994 年国家又在江苏铜山、安徽淮北、河北唐山创建了三个生态恢复综合示范工程，至 1996 年底生态恢复的土地达 $8.23 \times 10^6 m^2$。

8.2.3 绿色开采的技术体系

煤矿绿色开采以及相应的绿色开采技术，在基本概念是从广义资源的角度来认识和对待煤、瓦斯、水等一切可以利用的资源，基本出发点是防止或尽可能减轻开采煤炭对环境和其他资源的不良影响，目标是取得最佳的经济效益和社会效益。绿色开采技术体系简要表达如图 8-4 所示。

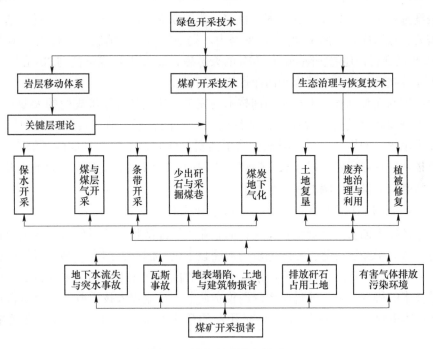

图 8-4 绿色开采技术体系

8.2.4 实现绿色开采的途径

8.2.4.1 积极推行煤炭绿色开采

根据我国煤炭资源的赋存情况与发展现状，煤炭绿色开采技术主要包括以下内容：资源的合理开发与保护；矿井采煤方法的优化设计与改进；煤层巷道支护技术与减少矸石排放技术的创新；煤与瓦斯共采技术及煤炭地下气化技术的探索与实践；采空塌陷区生态治理及环境恢复工程的研究与应用。

8.2.4.2　加强煤炭及伴生资源的综合利用

加强煤层气的综合利用，在全国高瓦斯矿区，已建有燃气往复式内燃机发电站 100 多座，部分矿区已建成民用煤层气储气站，并敷设管网向附近居民供应燃气，瓦斯以用促抽、以抽保采、以抽保安的良性循环之路是解决煤矿安全生产及环境污染治理的根本之路。

今后煤层气综合开发，一要加强低浓度瓦斯、煤矸石的综合利用。目前，煤矸石综合利用主要是：建设煤矸石电厂，用煤矸石发电；用煤矸石制作建筑材料；煤矸石复垦及回填矿井采空区；回收有益组分及制取化工产品，包括利用煤矸石生产硫酸铝、制取聚合氯化铝和白炭黑等化工产品，利用煤矸石生产铝系列、铁系列超细粉体等；用煤矸石生产新型工业填料。以上工艺在资源转化的同时，伴随产生一些废水、废气造成二次污染。二要加强瓦斯制造工业炭黑、CDM（清洁发展机制）项目等的研究，拓展瓦斯综合利用新领域。

8.2.4.3　大力发展清洁燃烧和产品深加工转化技术

发展洗选技术，提高煤炭洗选率。目前，我国原煤入洗率只有 24%，远不适应可持续发展的需要，今后应逐步向 100% 入洗率努力。据估算，正常情况下，每入洗 1t 煤可去除 0.15~0.20t 煤矸石，还能去除 50%~70% 的天然硫，每入洗 1t 煤可盈利 20 元左右。因此，要发展水煤浆技术，大力推行煤炭洁净燃烧。

随着我国水煤浆制备技术和添加剂技术的完善，建设具有经济规模的大型专门燃用水煤浆电厂和开发新型的燃用设施，是节约资源、降低成本、形成资源良性利用的主要途径。为促进水煤浆的推广应用，国家应给予消费导向和政策扶持方面的足够重视。此外，型煤燃烧技术的日臻成熟，以及煤炭燃烧过程脱硫、脱磷、添加剂技术的迅速发展，也为煤炭的清洁燃烧提供了广阔的市场空间。

8.2.4.4　加快科技进步，积极倡导绿色开采技术创新

由于绿色技术创新需要资金投入大，而企业直接经济收入相对偏低，导致项目社会效益、环境效益大于经济效益，技术创新动力明显不足。因此，国家应加大对煤炭科技进步的资金扶持力度，尽可能多地推广应用或引进吸收国内外先进适用的采煤方法，加大煤炭绿色开采技术的科技含量。通过矿产资源税费调节、企业重大技术改造项目所得税减免等手段，对在环境保护方面进行技术研究开发的矿山企业，给予一定的税收优惠和费用支持。

8.3　煤炭绿色开采的意义

在矿产资源日趋紧张、资源利用成本日趋升高、环境污染不断加剧的今天，实施煤炭的绿色开采技术对煤炭资源及其伴生资源的综合利用、提高煤炭回采率、保护矿区生态环境具有重要的经济、社会和环境效益，对我国经济发展和环境保护具有重要意义。

（1）煤炭绿色开采有助于减少对环境和生态的影响。保水开采技术可避免由于煤炭开采引起的水土流失、土地沙漠化，有利于水资源的保护；矸石充填技术既可以减少煤炭开

采带来的地表破坏，有效保护地表建筑物，又可以避免矸石占地以及由其引起的土地、空气污染；洁净开采技术可减少传统的煤炭开采过程中产生的矸石污染等，并将其充分利用；煤与瓦斯共采技术可避免瓦斯大量直接排放造成大气污染，有利于改善地方环境质量和全球大气环境。

（2）煤炭绿色开采有助于提高煤炭资源的综合利用率。煤与瓦斯开采技术可极大地提高矿井瓦斯的利用率，无煤柱护巷技术可提高煤炭资源的回收率，洁净煤技术把矿井生产过程中产生的废气、废水、废矸石等综合利用，变害为利，可为新能源的开发作出重要贡献。

（3）煤炭绿色开采对煤炭资源可持续利用具有重要意义。煤炭绿色开采可保证煤矿安全生产，提高煤炭的回收率，减少煤炭开采对环境的污染，促进煤炭工业的安全、节约发展，完善煤炭资源的保护，对煤炭资源可持续利用具有十分重要的意义。

8.4 我国煤炭资源分布特点及绿色开采模式分析

8.4.1 中国主要煤炭资源分布省（市、自治区）

中国除上海等少数地区外，其他各地区的煤炭资源都较丰富，在全国的 2100 多个县中，预测 1200 多个县有煤炭储量，目前已进行开采的有约 1100 个县的煤矿。截至 2013 年年底，中国煤炭总资源量 1.42 万亿吨，从煤炭资源的分布区域看，华北地区最多，占全国保有储量的 49.25%；其次为西北地区，占全国的 30.39%；再次为西南地区保有储量 8.64%，华东地区保有储量 5.69%，中南地区保有储量 3.06%，东北地区保有储量 2.97%。保有储量最多的分别是山西、内蒙古、陕西、新疆、贵州和宁夏等六省（自治区），约占全国保有储量的 82.0%。

（1）山西。山西煤炭探明储量约占全国的 1/4，探明储量居全国第 1 位，预测储量居全国第 3 位。山西是黄河流域石炭二叠纪聚煤区的中心，除晋北有少量侏罗纪煤外，其他皆为石炭二叠纪煤。煤种齐全，其炼焦煤和无烟煤优势突出，炼焦煤探明储量约占全国的 50%，无烟煤探明储量约占全国的 40.0%，对中国经济发展具有举足轻重的地位。

（2）内蒙古。全国煤炭探明储量和预测储量排名第 2 的是内蒙古，其煤炭资源分为两大类：鄂尔多斯市的低变质烟煤和东部地区的褐煤。鄂尔多斯市拥有神府东胜煤田的北半部和准格尔煤田。其中，神府东胜煤田的煤种为不黏煤，准格尔煤田的煤种是长焰煤。在内蒙古的煤炭探明储量中，低变质烟煤占 53.0%、褐煤占 45.0%、炼焦煤占 2.0%。

（3）新疆。新疆是我国找煤潜力最大的省份，探明储量居全国第 4 位，预测储量居全国第 1 位，新疆的煤炭资源主要集中在北部，其中以吐鲁番-哈密盆地、准格尔盆地、伊犁河谷资源最为密集。新疆 99.9% 的煤炭资源为侏罗纪煤，也是我国侏罗纪煤最集中的省份。在煤种方面，新疆的煤炭资源以低变质烟煤和气煤为主，已探明的煤炭储量中，低变质烟煤占 91.0%、气煤占 8.0%、其他占 1.0%。

（4）陕西。陕西煤炭探明储量居全国第 3 位，预测储量居全国第 4 位，陕西拥有神府东胜煤田的南半部和黄陇煤田两大侏罗纪煤基地，两者占陕西煤炭探明储量的 91.0%。陕西的煤种主要是低变质烟煤，低硫低灰煤属优质的动力煤，其炼焦煤资源主要来自陕北石炭二叠纪煤田和渭北石炭二叠纪煤田。

（5）贵州。贵州煤炭探明储量和预测储量均居全国第5位，贵州是我国南方晚二叠纪聚煤区的主体，煤炭探明储量和预测储量均超过其他南方省份的总和，其煤炭资源以无烟煤居多。在探明储量中，无烟煤占67.0%、贫煤占12.0%、炼焦煤占21.0%。

（6）宁夏。宁夏煤炭探明储量和预测储量均居全国第6位，宁夏的煤炭资源集中于东部，以侏罗纪煤为主，其煤炭探明储量中，低变质烟煤占81.0%。

（7）甘肃。甘肃的煤炭探明储量较少，居全国第13位，预测储量居全国第7位，找煤潜力较大。甘肃煤炭资源的95.0%为侏罗纪煤，集中于陇东地区，已发现的主要是华亭煤田。在尚未探明的预测储量中，庆阳占了全省的94.0%，但由于埋藏较深，目前仍停留在预测阶段。

（8）河南。河南的煤炭探明储量居全国第9位，预测储量居全国第8位。河南煤炭资源在成煤年代及煤种结构方面与山西类似，除义马有少量侏罗纪长焰煤，其他皆为石炭二叠纪煤。河南是一个传统产煤大省，且仍有较大的找煤潜力。

（9）安徽。安徽地处黄河流域石炭二叠纪聚煤区的东南端，煤炭探明储量的99.0%为石炭二叠纪煤，高度集中于皖北地区的淮南和淮北两大煤田。安徽的煤炭资源规模与河南接近，但开发程度要低得多，今后仍有较大的增产潜力。

8.4.2 中国煤炭资源分布特征

8.4.2.1 成煤时期多，但主要成煤时期集中

我国在地质历史上，从远古代到第四纪几乎各个地质时期均有不同数量和不同质量的煤（泥）炭堆积，但主要成煤时期集中在石炭二叠纪、侏罗纪和白垩纪等，见表8-2。我国各主要聚煤期同全球性聚煤期基本是一致的。

表 8-2   我国已发现煤炭资源（按聚煤期）统计表   （亿吨）

聚煤区	石炭二叠纪	三叠纪	侏罗纪	白垩纪	古近纪、新近纪	合计
东北地区	14.64	—	24.81	1226.34	45.90	1311.69
华北地区	3831.30	8.51	2793.94	8.32	14.08	6656.16
华南地区	775.76	35.92	1.55	—	165.16	978.0
西北地区	13.74	0.14	1207.61	2.08	—	1223.57
滇藏地区	0.66	0.19		0.04	5.74	6.63
全国合计	4316.10	44.77	4027.90	1236.79	230.89	10176.45

8.4.2.2 煤炭资源丰富，但空间分布不平衡

既广泛又集中是我国煤炭资源分布的重要特征。除上海市外，其余30个省（市、自治区）均有数量不等的煤炭资源赋存。据第三次全国煤田预测，昆仑山-秦岭-大别山一线以北的我国北方地区已发现资源占全国的90.29%，其中的65%又主要集中在太行山-贺兰山之间地区，形成了包括山西、陕西、宁夏、河南及内蒙古中南部的富煤区。新疆占北方地区已发现资源的12.35%，为我国又一个重要的富煤区。秦岭-大别山一线以南的我国南方地区，已发现资源只占全国的9.65%，而其中的90.60%又集中在川、贵、滇三省，

形成了以贵州西部、四川南部和云南东部为主的富煤地区。在大兴安岭-太行山-雪峰山一线以西地区，已发现资源占全国的89%；而该线以东是我国经济最发达地区，是能源的主要消耗地区，也是煤炭资源贫缺的地区，已发现资源仅占全国的11%。因此，北煤南运、西煤东送，是我国的客观实际，并将长期存在下去。

8.4.2.3　煤种齐全，但数量分布不均衡

我国煤种齐全，能为冶金、化工、气化、动力等工业部门提供多种用途的煤源，但数量分布极不平衡。除褐煤占已发现资源总量的12.68%以外，在硬煤中，低变质烟煤所占比例很大，为总量的42.45%，贫煤和无烟煤占17.28%；而中变质烟煤，即传统上称之为"炼焦用煤"的数量却较少，只占27.58%，而且多为气煤，占中变质烟煤的46.92%，肥煤、焦煤、瘦煤则较少，分别占中变质烟煤的13.64%、24.32%和1.512%。

8.4.2.4　适于露天开采的煤炭储量少、煤质差

露天开采是人类最早从地层中获取有用矿产的方式，露天采煤同井工采煤相比具有生产规模大、建设速度快、基建投资省、生产成本低、资源回收率高、安全好以及效率高等优点，是许多国家煤炭工业发展的重点。到1995年，露天采煤产量超过井工采煤产量的主要产煤国有德国、澳大利亚、印度、美国、俄罗斯和南非等6个国家，其中，德国是露天采煤比例最高的国家，露天采煤比例为78.2%，而美国则是露天采煤产量最大的国家，为57713万吨。

我国是世界第一产煤大国，但露天开采比重一直很小，约占全国煤炭总产量的5%。我国露天采煤产量低与适于露天开采的资源/储量有直接关系，适于露天开采的储量约占全国保有储量的4%，而且高阶烟煤储量更少，如内蒙古的霍林河、宝日希勒、伊敏、胜利和云南的昭通等，煤种均属褐煤。

8.4.2.5　煤炭资源丰富，但人均占有量低

中国煤炭资源虽丰富，但勘察程度较低，经济可采储量较少。所谓经济可采储量，是指经过勘察可供建井，并且扣除回采损失及经济上无利和难以开采出来的储量后，实际上能开采并加以利用的储量。在目前经勘察证实的储量中，精查储量仅占30%，而且大部分已经开发利用，煤炭后备储量相当紧张。中国人口众多，煤炭资源的人均占有量约为234.4t，而世界人均煤炭资源占有量为312.7t，美国人均占有量更高达1045t，远高于中国的人均水平。

8.4.3　我国煤炭绿色开采模式分析

（1）东部（含东北）地区。人口稠密、土地资源稀缺，大多数煤矿位于平原地区，主要环境影响是地表沉陷，将减沉开采技术作为矿区绿色开采技术研究和发展的重点。

（2）中部地区。山西煤炭开发强度大，生态环境较脆弱，主要环境影响是地下水径流破坏、潜水位下降和地表水减少，煤矸石和煤矿瓦斯产生量大；安徽、江西、河南、湖北、湖南5省主要环境影响是地表沉陷和瓦斯排放，将保水开采技术和煤与瓦斯共采作为矿区绿色开采研究和发展的重点。

（3）西部地区。除广西和西南地区外，均处于干旱半干旱地区，水资源缺乏，植被稀少，生态环境脆弱，主要环境影响是地下水径流破坏、地下潜水位下降和地表水减少，引起地表干旱、荒漠化和植被枯萎，将保水开采技术作为矿区绿色开采研究和发展的重点。

8.5　绿色开采发展前景及展望

8.5.1　能源结构与可持续发展战略

我国能源工业经过 60 多年的发展，已基本形成以煤炭为主、多种能源互补的能源生产体系。20 世纪 50 年代，我国的能源生产和消费结构基本是单一的煤炭型结构，煤炭约占能源生产总量的 78.6%，占消费量的 72.8%。随着我国石油天然气工业的迅速发展和水能及其他能源的发展，从 20 世纪 60 年代开始，我国的能源结构有了较大的改善，初步形成了以煤为主、多种能源互补的生产和消费结构。2013 年我国的能源消费构成中煤炭占 67.5%，石油占 17.8%，天然气占 5.1%，核能占 0.9%，水力发电占 7.2%，再生能源占 1.5%。中国能源结构调整的目标是：到 2023 年，煤炭在一次能源消费中的比重下降到 55%左右，天然气、水电与核能以及其他非化石能源（主要是风能、太阳能和生物质能）在能源消费中的比重上升到 8.3%、9%、2.6%和 17.1%。

中国与印度在主要能源消费上很类似，这两个国家煤炭在能源构成中均占一半以上，而其他能源占很小比例。日本、澳大利亚、美国和俄罗斯等国家不同于中国，它们大量依靠石油和天然气，两者约占能源需求量的一半。由于生物燃料缺乏，日本依靠大量核能、进口石油和水电。

中国的现代化建设面临能源问题的严重挑战。由于中国人口、资源、环境以及经济、科技等因素的制约，能源供应长期以来不能满足经济迅速增长的需要。要解决中国现代化建设所面临的能源问题，必须改变依靠大量消费资源、增加能源供应来维持经济增长的状况，采取一条新的非传统的发展模式和发展战略，即保证持续发展的能源战略。这一新的发展战略与发达国家迥然不同，也有别于其他发展中国家，下面介绍其基本思路和主要内容。

8.5.1.1　节能优先

我国是能源资源比较丰富的国家，且已成为世界上第一能源生产大国。但能源生产量是否足够是相对的，需要和能源的需求量进行对比之后来判定。离开能源的需要而言够与不够，是没有意义的。因为如果不注意能源的节约，即使生产量很大，也可能不足；反之，如果注意节约，即使在一定生产水平之下，也可能够用。因此，"节能优先"是能源科学发展之首，解决中国能源紧张不仅是解决供应问题，更重要的是解决节能优先问题。节约能源，并不意味着影响社会活力，降低生产和生活水平，而是用同样数量的能源，获得更多可供消费的产品，以达到发展生产和提高人民生活水平的目的，或者是生产同样数量的产品，使能源消耗量最少，获得最大的经济效益。世界各国纷纷制定节能法规政策鼓励或强制产业节能，并通过倡导改变生活方式等手段实现全社会节能。

历史经验告诉我们，在能源领域有两个"凡是"；凡是进入工业化的国家，都会快速增加能源的消费，成为能源消费大国；凡是能源消费大国和能源进口大国，都会承受国际能源价格上涨的压力，面对国际能源危机。中国在工业化的同时也在城市化，目前城市化的比率已经超过 50%。城市化比率越高，意味着民用能源和运输能源消费增长越快，这两大领域的节能紧迫感越强。中国甚至没有时间在治理好工业节能问题后，再回过头来治理民用能源的节能和运输系统的节能。

工业化带来的一系列能源问题使人类认识到，节能就是生命线，节能就是生命力。一直以来，中国都十分重视节能工作，在能源发展战略中将节能放在优先位置，作为促进科学发展的重要抓手。能源是人类社会生存发展的重要物质基础，攸关国计民生和国家战略竞争力。当前，世界能源格局深刻调整，供求关系总体缓和，应对气候变化进入新阶段，新一轮能源革命蓬勃兴起。我国经济发展步入新常态，能源消费增速趋缓，发展质量和效率问题突出，供给侧结构性改革刻不容缓，能源转型变革任重道远。"十三五"时期是全面建成小康社会的决胜阶段，也是推动能源革命的蓄力加速期，牢固树立和贯彻落实创新、协调、绿色、开放、共享的发展理念，遵循能源发展"四个革命、一个合作"战略思想，深入推进能源革命，着力推动能源生产利用方式变革，建设清洁低碳、安全高效的现代能源体系，是能源发展改革的重大历史使命。

能源的稳定和安全是一个国家的命脉。正因为如此，国家提出节能优先战略，强调各行各业要把节能放到发展之首，在做任何事、任何决定之前首先要考虑是否节能，其他因素一律要为节能让步。"十二五"时期是我国加快发展方式转变的攻坚时期，国家发展的主旋律依然是建设资源节约型、环境友好型社会，这对进一步强化节能约束目标的"指挥棒"作用提出了更高要求。我国要用有限的能源资源投入来实现国民收入的快速持续增长，必须转变主要依靠增加供应满足需求扩张的能源发展政策，切实做到节能优先。

"节能优先"是多个方面的融合，需要政府切实采取多种措施来实现，做到节能减排发展目标优先、投资投入优先、政策优先以及公众意识优先等；需要在全社会树立并强化资源忧患意识，树立广义节能观（结构节能、布局节能、技术节能、管理节能）；要设定全社会的能源管理目标，不能仅仅将节能作为一句口号喊一喊，只是将节能当成卖点，虚张声势，使之成为"概念陷阱"。从本质而言，"节能优先"是不亚于改革开放的一场深刻社会变革，是涵盖能源生产、加工转换、输配、消费各个环节，涉及经济社会各个领域的一项复杂系统工程。不能把节能仅作为缓解能源紧缺的权宜之计，而是要建立全社会节能、人人节能的长效机制。节能不仅是当前一个热门话题，而且是我国相当长时期的一项十分艰巨的战略任务。因此，长期坚持"节能优先"必须成为中国可持续发展能源战略的一个重要基本点。

8.5.1.2 改善能源结构

我国常规能源资源（包括煤炭、石油、天然气和水能）探明（技术可开发）总储量约 8 450 亿吨标准煤，探明剩余可采（经济可开发）总储量为 1590 亿吨标准煤，分别约占世界总量的 2.6% 和 11.5%。能源探明总储量的构成为：原煤 85.1%、水能 11.9%、原油 2.7%、天然气 0.3%，能源剩余可采总储量的构成为：原煤 51.4%、水能 44.6%、原油 2.9%、天然气 1.1%。当前中国能源结构存在的主要问题是：煤炭比重过大，水电和天然气与其潜在的资源量极不相称；一次能源转换成电能比例和电力占终端能源消费比例太低；工业用能源比例偏高，交通运输和民用能源比例过低；农村生活用能的 70% 依靠生物质能源；煤、电、运发展不协调；能源产业结构不合理，小煤矿、小火电过多，石油开采与下游工业分割；能源供需的地区分布极不平衡。

我国常规能源资源以煤炭和水能为主，水力资源仅次于煤炭，居十分重要的地位。如果世界一些国家水力资源按 200 年计算其资源/储量，我国水能剩余可开采总量在常规能源构成中则超过 60%。因此，优先发展水电，能够有效减少对煤炭、石油、天然气等资源的消耗，不仅可节约宝贵的化石能源资源，还可减少环境污染。

天然气在世界一次能源生产构成中占 25%、消费构成中占 22%，而中国在能源消费与生产构成中，天然气不到 3.5%，这是极不相称的。因此，必须提高对发展天然气的重要性的认识，在价格、税收和投资等方面采取一系列政策，以促进天然气工业的发展。另外，煤层气是一种有发展远景的新能源，我国煤层气储量丰富，开发煤层气可增加新能源。

调整能源消费结构的目的是为了降低碳排放、实现低碳发展。按单位热当量燃料燃烧后排放的二氧化碳计算，煤炭是石油的 1.3 倍，是天然气的 1.7 倍，核电、水电和其他可再生能源低排放或者零排放。调整能源消费结构，可明显降低二氧化碳排放。

按照"十三五"规划《纲要》总体要求，综合考虑安全、资源、环境、技术、经济等因素，2022 年能源发展主要目标是：

能源消费总量控制在 50 亿吨标准煤以内，煤炭消费总量控制在 41 亿吨以内。全社会用电量预期为 6.8 万亿~7.2 万亿千瓦时；能源安全保障，能源自给率保持在 80% 以上，增强能源安全战略保障能力，提升能源利用效率，提高能源清洁替代水平。

保持能源供应稳步增长，国内一次能源生产量约 40 亿吨标准煤，其中煤炭 39 亿吨，原油 2 亿吨，天然气 2200 亿立方米，非化石能源 7.5 亿吨标准煤，发电装机 20 亿千瓦左右。

非化石能源消费比重提高到 15% 以上，天然气消费比重力争达到 10%，煤炭消费比重降低到 58% 以下。发电用煤占煤炭消费比重提高到 55% 以上。

单位国内生产总值能耗比 2015 年下降 15%，煤电平均供电煤耗下降到每千瓦时 310 克标准煤以下，电网线损率控制在 6.5% 以内。

能源公共服务水平显著提高，实现基本用能服务便利化，城乡居民人均生活用电水平差距显著缩小。

8.5.1.3　我国与发达国家天然气利用结构的差异

A　发达国家天然气利用模式

世界各国天然气消费主要用于城市燃气、工业和发电，天然气消费结构取决于各国的资源可得性、经济结构以及与可替代能源的竞争水平等因素。美国天然气消费结构较均衡且结构稳定，韩国天然气主要用于工业和城市用气，英国以城市用气为主，日本则以发电为主。目前，世界上有三种典型的天然气消费结构模式，分别是以美国为代表的均衡结构模式，以英国、荷兰为代表的城市燃气为主的模式，以日本、韩国为代表的发电为主的模式。

B　我国天然气利用结构及其变化

我国天然气在一次能源中的比例大大低于世界平均水平。近年来，随着能源结构低碳化的发展，我国天然气利用的步伐不断加快，天然气在能源结构中的比例不断上升。2003年我国天然气在一次能源结构中占比还只有 2.5%，到 2012 年已经上升到 5.2%。石油占比大大降低，煤炭占比悄然回升，可再生能源比例有较大提高。到 2015 年，天然气在我国一次能源中的比例将达到 7.5%。到 2020 年，天然气在我国一次能源中的比例达到

12.5%，但与世界平均水平相比，我国还有很大差距。在世界一次能源消费结构中，天然气平均占比24%，10多年来都保持了相对稳定。石油与核电呈现不断下降趋势，煤炭由于资源巨大，清洁化利用技术的进步呈现上升趋势。

8.5.1.4　环境保护与能源同步发展

目前，燃煤引起的环境问题已经成为严重制约中国社会经济发展的一个因素，在一些重点城市和使用高硫煤的地区尤为突出。中国的一些周边国家对大量燃煤排放的 SO_2 和 NO 已表示深切关注，至于燃煤排放的 CO_2 可能导致全球气候变暖问题更是国际社会关注的一个焦点。对于中国这样一个燃煤大国来说，唯一可行的就是大力发展绿色开采技术，如煤与瓦斯协调开采技术、洁净开采技术、煤炭地下气化技术、保水开采技术和保护土地和建筑物开采技术等，减少污染物排放，提高煤炭、煤层气的利用效率。中国必须发展适合国情的绿色开采技术，这是一项重大的中长期能源战略。

8.5.1.5　能源的可持续发展

A　可持续发展的提出

自20世纪50年代以来，人类面临着人口猛增、粮食短缺、能源紧张、资源破坏和环境污染等严重问题，导致生态危机加剧，经济增速下降，局部地区社会动荡，这就迫使人类不得不重新审视自己在生态系统中的位置，去努力寻求新的发展道路。经过人类持续的探索，提出了具有重大意义的可持续发展问题。

可持续发展的含义丰富，涉及面很广。侧重于生态的可持续发展，其含义强调的是资源的开发利用不能超过生态系统的承受能力，保持生态系统的可持续性；侧重于经济的可持续发展，其含义则包含政治、经济、社会的各个方面，是广义的可持续发展含义。尽管其定义不同，表达各异，但其理念得到全球范围的共识，其内涵包括一些共同的基本原则，即：公平性原则、持续性原则、和谐性原则、需求性原则、高效性原则、阶跃性原则。

B　可持续发展的诠释

世界环境与发展委员会于1987年发表了《我们共同的未来》（Our Common Future）重要报告。该报告提出"从一个地球走向一个世界"的新思维，并根据这一个思维，从人口、资源、环境、物种、生态系统、工业、能源、机制、城市化、食品安全，以及法律、和平、安全与发展等各个方面，比较系统地分析和研究可持续发展问题，特别是在该报告中第一次明确给出可持续发展的定义，即：可持续发展就是既满足当代人的需求，又不对后代人满足其需求的能力构成危害的发展。

该报告认为可持续发展涉及两个重要的概念：一个是"需求"的概念，可持续发展应当优先考虑世界贫困人民的基本需求；另一个是"限制"的概念，可持续发展应在技术状况和社会组织层面对人类在满足当前和将来需求的能力施加限制。

可持续发展理念的核心，在于正确规范两大基本关系，即人与自然之间的关系和人与人之间的关系。人与自然之间的相互适应和协同进化是人类文明得以可持续发展的"外部条件"；而人与人之间的相互尊重、平等互利、互助互信、自律互律、共建共享以及当代发展不危及后代的生存和发展等，是人类得以延续的"内在根据条件"。唯有这种必要与充分条件的完整组合，才能真正地构建出可持续发展的理想框架，完成对传统思维定式的突破，可持续发展战略才有可能真正成为世界上不同社会制度、不同意识形态、不同文化背景的人们的共同发展战略。

C 可持续发展的目标

自 1992 年联合国环境与发展大会以来，世界各国和国际组织普遍认识到可持续发展对于本国、本地区和全球发展的重要性，纷纷依据环境与发展大会达成的共识和自身特点，制定各自的 21 世纪议程，以推动全球可持续发展战略的实施。作为全球的共同发展战略，它的最终目标追求，可作如下表述：

（1）不断满足当代和后代人生产、生活的发展对物质、能量、信息、文化的需求，这里强调的是"发展"。

（2）代与代之间按照公平性原则去使用和管理属于人类的资源和环境，每代人都要以公正原则担负起各自的责任，当代人的发展不能以牺牲后代人的发展为代价，这里强调的是"公平"。

（3）国际和区际之间应体现均富、合作、互补、平等的原则，去缩小同代之间的差距，不应造成物质上、能量上、信息上乃至心理上的鸿沟，以此去实现"资源—生产—市场"之间的内部协调和统一，这里强调的是"合作"。

（4）创造与"自然—社会经济"支持系统相适宜的外部条件，使得人类生活在一种更严格、更有序、更健康、更愉悦的环境之中，因此应当使系统的组织结构和运行机制不断地优化，这里强调的是"协调"。

事实上，只有当人类向自然的索取被人类给予自然的回馈所补偿，创造一个"人与人"之间的和谐世界时，可持续发展才能真正被实现。

8.5.2 煤炭洁净开采技术的发展前景

由于煤炭资源开发利用强度越来越大，矿区环境保护的压力越来越大，因而如何洁净高效开采煤炭成为我国煤炭产业实现可持续发展的新议题。

煤炭洁净开采技术的内涵及其意义：煤炭是一种重要的能源和原料。在煤炭开采、加工和利用过程中排放大量污染物，会极大地污染人类赖以生存的环境。煤矿地下开采造成地表塌陷，不仅引起土地资源劣化，而且破坏土地原有水循环系统。煤矸石是煤炭生产的主要固体废弃物，排放到地面，侵占大量农田，煤层气和污气流对大气环境也产生严重的影响。煤炭开采在给社会带来经济效益的同时，也导致矿区的环境污染和生态破坏，如煤炭开采引起地表塌陷、煤炭开采过程中产生的矸石、矿井通风系统排放的污风等废弃物破坏环境等。为保护好生态环境，煤炭必须走绿色开采的道路，采用清洁开采技术，保持能源生产、消费和生态之间的平衡，将生态环境承载容量放在重要的位置，对于生态环境脆弱地区限制其开采规模。

8.5.2.1 洁净开采发展现状

生态建设和环境保护已列入实现国民经济可持续发展的重要战略目标，针对煤炭行业环境污染、生态破坏等问题，应积极推行清洁生产。清洁生产是保护人类生活环境、防止污染的重要途径，它以提高资源的开发和利用率，减少污染物的产生量和排放量为宗旨，是促进煤炭生产和环境保护共同发展的重要决策。因此，必须采取有效的煤炭清洁开采技术措施，以保护生活环境。

目前，国内大部分生产矿井为了减少矸石产生量，推行煤巷布置等减矸措施。

8.5.2.2 存在的主要问题

清洁开采技术中，全煤巷开拓、减矸采掘工艺、井下选煤厂等技术通常存在工序较复杂、生产成本相对较高等问题。

目前，煤矿企业不愿采用或者采用洁净煤技术不积极，原因之一是国家相关产业激励机制尚缺乏，没有明显的鼓励政策和金融、税收优惠政策。对于企业来说，费力而没有利润的事情是不愿意去做的。

8.5.2.3 洁净开采技术发展前景

A 减少井下出矸量的措施

（1）全煤巷开拓方式。发展建设安全高效矿井，向一矿一井一面或两面发展，采用大功率、高强度、大能力现代化采掘设备。采掘速度加快，生产高度集中，矿井或水平的服务年限相应缩短；所需同时维护和使用的巷道长度和时间缩短；巷道支护技术的提高、支护材料的改进以及强力胶带的使用和单轨吊车、卡轨车、齿轨车等辅助设备的推广应用，可使开拓巷道掘在煤层中，而不必掘在岩层中。国外如德国、英国近年来已逐渐向全煤巷开拓发展，一些煤矿已取消排矸系统，地面基本消除矸石山。

（2）采区巷道全煤化。对于煤层群联合布置的采区巷道，如采区上山和区段集中巷等应尽量布置在煤层中。因采用一矿一井一面或两面（两面时各在一个采区），一个采区内同时生产的工作面只有一个，所以不用设区段集中巷，使巷道布置和生产系统简单化。

（3）减少煤炭回采过程中混入矸石量。对开采大于 5m 的厚及特厚缓倾斜煤层可采用一次采全厚放顶煤开采。为提高放顶煤质量和顶煤回收率，要选用多轮顺序放煤工艺及低位插板式放煤支架。

（4）薄煤层开采掘出的巷道为半煤岩巷，为使岩石不出井，掘巷时可将巷道掘宽些，使掘出的矿石充填到巷道的一侧或两侧。为使充填工作方便，在掘巷时要选择合理的爆破参数，使崩落的矿石块度便于充填工作。

B 减少井下废气、粉尘污染的措施

经风井排至地面的废气中含有大量的有害气体，其中主要成分是瓦斯。煤层采掘前预抽瓦斯可以大幅度减少生产中瓦斯涌出量，这不仅是保证安全生产的重要技术措施，也是减轻矿井排放废气的重要途径。排入大气中的有害气体量虽然远小于煤层瓦斯含量，但也不可忽视，应采取相应的措施进行治理，如采用煤层注水、高压喷雾、声波雾化、巷道风流水幕净水、集尘风机等灭尘措施，防止瓦斯与煤尘爆炸时产生有害气体；向采空区灌浆、注氮、喷洒阻化剂、及时打密闭等措施防止煤炭自燃产生有害气体；发展使用岩巷与煤巷掘进机和研究制造适合地方小煤矿使用的小型采煤机，防止爆破掘巷和爆破采煤产生有害气体；使用柴油动力机械应配置废气净化器，把井下各作业环节产生的有害气体降到最低限度。

C 井下污水处理技术

目前，推广的经济型水泵工艺或区域化水泵工艺所采用的煤泥水处理系统都是按闭路循环设计的。在井下中央硐室采用斜管沉淀仓对采区分级脱水后的煤泥水进一步净化处理，大部分煤泥水净化后在井下供采掘用水循环使用，只有少部分经过浓缩后的高浓度煤泥水用小流量高扬程煤泥泵排至地面入选煤厂或脱水厂处理。对于小型煤矿地面无洗煤厂，所产生的煤泥水都在井下中央硐室处理，中央硐室采用浓缩旋流器和高频振动筛对煤泥水进一步处理，可以做到煤泥水不上井。

8.5.2.4 社会、环境、经济效益方面

清洁开采技术的发展方向包含：减少环境污染的开采技术（优化巷道布置技术、井下矸石粉碎充填利用技术等），减少矸石、瓦斯、粉尘等废弃物（污染物）的排放量。

煤炭的清洁开采技术内涵是在生产高质量煤炭的同时，采取综合措施，使煤炭生产过程中伴生的废弃物对环境的污染减轻到最低限度。清洁开采技术作为控制污染和保护生态环境的重要措施，必将得到更加广泛的重视和应用。应按照煤炭清洁开采的要求，在煤炭生产过程中，遵守国家和部门的有关环境保护的法律法规，防止污染，保护环境。已经颁布的《煤炭法》《煤炭工业"九五"环境保护计划》和《煤炭工业环境保护设计规范》（GB 50821—2012）等，都明确提出煤炭生产和利用过程中对环境保护的要求和目标，任何时候都不能以牺牲环境为代价换取煤炭资源，更不能走先污染后治理的老路。在构建和谐社会的呼声下，加大洁净煤技术的科研力度和大力宣传、推广洁净煤技术显得尤为重要。

8.5.3 煤炭地下气化发展前景

与地面气化煤气相比，地下气化煤气具有成本低、质量优等优点；而合理利用地下气化煤气，是进一步提高煤炭地下气化经济效益的重要途径。根据煤气成分和应用条件，地下气化煤气可用于联合循环发电、提取纯 H_2 以及用作化工原料气、工业燃料气、城市民用煤气等。

8.5.3.1 技术方面

煤炭地下气化技术涉及多种学科，应开展多方面的研究工作，如应用声学、地质学、化学、热力学和电子学等。研究地下气化机理；煤炭地下气化计算机模型，模拟气化过程，测算煤气产量和质量、生产成本；待气化煤层的精细勘查、二维勘测技术；气化过程自动监测和控制技术；耐高温、抗腐蚀特种合金钢管和特种泥浆研制；适于煤炭地下气化的先进燃气—蒸汽联合循环发电技术；煤炭地下气化环境监测和防治技术等。对于煤炭气化技术，目前应集中研究气化基础和气化过程的数学模型，并开发自动控制软件包、研究液态排渣理论、气化过程污染物如硫化物、氮化物及碱金属等气化过程迁移规律等，研究煤气高温除尘脱硫技术，应加强不同煤层赋存条件下稳定气化工艺参数及控制技术的研究、煤炭地下气比燃空区动态监测可视化及控制技术的研究、煤炭地下气化污染物控制及资源化技术的研究、煤炭地下气化煤气综合利用技术的研究。

煤炭地下气化技术，虽已被证实技术和工程可行性，但技术尚不成熟，存在一系列有待解决的问题，主要是气化过程很难控制；冒顶可能严重干扰气化过程，地下水进入气化带；烟煤加热膨胀产生塑性变形，会阻塞气化通道，煤气中的固体颗粒和焦炭会堵塞和腐蚀管道。目前，没有发展新一代煤炭地下气化技术开发活动。煤炭地下气化对环境的损害也是尚待解决的一个重大问题，美国能源部把解决环境问题作为煤炭地下气化商业化的前

提条件。首先，气化残留物中的有害有机物和金属污染地下水；其次，气化区会产生地面塌陷，需采取复田等措施；第三，粗煤气净化系统的排放物会对环境产生影响，必须加以处理。

8.5.3.2 社会、环境、经济效益方面

煤炭地下气化可从根本上杜绝矿井伤亡事故以及减少煤炭开采对环境的损害。地下气化开采工艺能够实现对高硫、高灰煤和各类废弃矿井的开采，具有极大的社会效益和经济效益。

煤炭地下气化是将煤炭转化为煤气的技术，是洁净、高效利用煤炭的先导技术和主要途径之一，是燃料电池、煤气联合循环发电技术等许多能源高新技术的关键技术和重要环节。煤气的应用领域非常广泛，包括燃料气（工业燃气或民用燃气）、化工原料气、煤气联合循环发电、燃料电池和液体燃料等。Gary 在《气化技术 21 世纪的洁净、低成本能源之路》一文中指出：煤气化技术具有原料和产品灵活、近零污染物排放、热效率高、二氧化碳容易捕集、原料和操作维护费用低的特点，预计在 21 世纪会成为新一代能源工厂的核心。

我国煤炭地下气化具有很大的资源潜力，目前 1500m 以浅适合地下气化的煤炭资源量达 6244.6 亿吨。美国专家指出，煤炭地下气化与地面气化生产相同下游产品相比，生产合成气成本可下降 43%，生产天然气代用品成本可下降 10%~18%，发电成本可下降 27%。苏联列宁格勒火力发电设计院公布的资料表明，地下气化热力电厂与燃煤电厂相比，厂房空间可减少 50%，锅炉金属耗量可降低 30%，运行人数可减少 37%。可以看出，煤炭地下气化具有投资少、见效快和成本低、经济效益显著等优点。此外，随着我国煤层气产业的发展，煤层气与煤炭地下气化的综合开发和利用也必将进一步降低成本、提高煤炭地下气化的经济效益。需要指出的是，发展煤炭地下气化技术不仅在于经济效益，而且可改善能源结构，增强煤矿生产的安全性，相对井工矿开采对环境的污染和破坏小。此技术可大大提高资源回收率，使传统工艺难以开采的边角煤、深部煤、"三下"压煤和已经或即将报废矿井遗留的保护性煤柱得到开采，深部开采条件极其恶劣的煤炭资源也可得到很好的利用。

8.5.3.3 发展建议

（1）目前，我国的地下气化技术仍处于工业试验阶段，有很多问题需要去研究和探索。因此，国家和有关部门应给予大力支持，制定相应的政策，提供一定的措施和资金，推动这方面的研究工作；并应组织协调，做好攻关工作，以期在较短的时间内使地下气化技术真正用于生产和应用。

（2）进一步开展研究提高热值和生产适合于用户的气体组分是气化关键技术。目前，地下气化生产的空气煤气热值偏低，应用范围受到限制。为了提高煤气热值和稳定气体组分，在过去的试验中采用生产半水煤气、水煤气和富氧煤气等工艺，但目前这些工艺在技术装备上尚需要进一步开展研究。

（3）有效地控制地下气化炉燃烧和运行，尽量保证煤炭地下气化稳定产气和得到相对稳定的气体组分。目前，控制系统仍然比较简单，研究单位应进一步开展攻关，为地下气化炉建立起一套行之有效的测控系统。

（4）保障地下气化炉和地面设施的安全，要采取充分和必要的措施，防止泄漏；还应做好防爆和防火工作，并制定严格的规程，确保安全产气。

（5）建立煤炭地下气化试验研究基地，选择 1~2 个有代表性的煤种（烟煤、无烟煤等）、煤层（厚度、倾角等）和用户（民用燃料、发电、化工原料）作为试验基地，开展多项技术攻关与研究，在成功的基础上进行推广应用。

思 考 题

8-1 煤矿开采对环境造成的影响有哪些?

8-2 试述煤矿绿色开采的内涵。

8-3 试述煤矿绿色开采的技术体系。

8-4 试述煤炭绿色开采的意义。

8-5 试述我国煤矿绿色开采模式。

9 矿山环境保护

9.1 矿山环保概述

矿山环境是指采矿活动影响到的岩石圈、水圈、生物圈和大气圈的深度和范围内的客观实体的集合。因此，矿山环境问题是矿业活动与环境之间相互作用和影响产生的环境演变、破坏和污染等问题。

目前我国矿产资源的开发，存在不合理地开发、利用的情形，有的已对矿山及其周围环境造成严重的污染，并诱发多种地质灾害，破坏了环境，使矿山成为人与环境矛盾最为尖锐的区域，不仅威胁到人类生命安全，而且严重地制约了国民经济的发展。各矿山环保工作差距较大，更为严重的是私营矿山的环保工作几乎是空白。

9.1.1 环境破坏种类

煤炭采掘活动产生的环境问题和破坏的种类很多。例如，开采活动对土地的直接破坏，如露天开采直接破坏地表土层和植被，矿山开采过程中的废弃物（如尾矿、矸石等）需要大面积的堆置场地，从而导致对土地的过量占用和对堆置场原有生态系统的破坏；矿石、废渣等固体废物中含酸性、碱性、毒性、放射性或重金属物质和成分，通过地表水体径流、大气飘尘，污染周围的土地、水域和大气，其影响面将远远超过废弃物堆置场的地域和空间。对污染破坏的治理、恢复要花很长时间，消耗大量人力、物力、财力，而且很难恢复到原有的水平。

9.1.1.1 固体废弃物

矿山固体废弃物主要包括煤矸石、废石、尾矿等。煤矿的固体废弃物主要有矸石、露天矿剥离物、煤泥、粉煤灰和生活垃圾等。其中，对环境影响最大、最普遍的是矸石。矸石长期露天堆放，占用大量土地，破坏地表景观和植被，造成水土流失，物种减少，严重破坏地表生态；排入河道，抬高河床，影响地下水补给。大量废石露天堆放又会在外力地质作用下发生氧化、风化和自燃，产生大量有害气体和粉尘，对周围土壤、水体和环境造成严重污染，直接影响矿山及周围居民的生活质量和身心健康。

9.1.1.2 废气

废气、粉尘及废渣的排放引起大气污染和酸雨。煤矿废气主要包括采矿废气、燃煤废气，以及煤和煤矸石自燃废气；煤炭行业（采矿）工业废气的排放量达 3954.3 亿立方米/a，其中有害物排放量为 73.13 万吨/a，多为烟尘、二氧化硫、氮氧化物和一氧化碳，矿山地区大气环境受到不同程度污染。此外，废渣、尾矿对大气的污染也相当严重。

9.1.1.3 废水

我国矿业活动产生的废水主要包括矿坑水，选矿、冶炼废水，尾矿池水以及其他附属工业废水和生活废水。煤矿废水以酸性为主，并多含大量重金属及有毒、有害元素（如铜、铅、锌、砷、镉、六价铬、汞、氰化物）以及 COD 化学需氧量等，这些废水未经达标处理就任意排放，甚至直接排入地表水体中，会使土壤或地表水体受到污染。此外，由于排出的废水入渗，也会使地下水受到污染。

9.1.1.4 水土流失及土地沙化

矿业活动，特别是露天开采，破坏了大量植被和土壤，产生的废石、废渣等松散物质易促使矿山地区水土流失。如位于鄂尔多斯高原的神府东胜矿区，由于气候及人为因素的影响，已使该区生态环境非常脆弱，土地沙化、荒漠化的面积已超过 4.17 万公顷，占全区面积的 86% 以上；据对全国 1173 家大中型矿山调查，产生水土流失及土地沙化所破坏的面积达 $1706.7hm^2$（$1hm^2 = 10000m^2$）及 $743.5hm^2$。

9.1.1.5 侵占土地和污染土壤

矿山开发占用和破坏了大量土地，占用土地是指生产、生活设施及开发破坏影响的土地。破坏的土地是指露天采矿场、排土场、尾矿场、塌陷区及其他矿山地质灾害破坏的土地。由于"三废"排放使矿区周围土壤受到不同程度污染。

9.1.1.6 破坏水均衡系统，并引起水体污染

由于疏干排水及废水的排放，使水环境发生变异甚至恶化，如破坏了地表水、地下水均衡系统，造成大面积疏干漏斗、泉水干枯、水资源逐步枯竭、河水断流、地表水渗入或经塌陷灌入地下，影响了矿区的环境。沿海地区的一些矿山因疏干漏斗不断发展，当其边界达到海水面时，易引起海水入侵现象。矿山附近地表水体，常作为废水、废渣的纳污水体而遭受污染。地下水的污染一般局限于矿山附近，为废水及废渣、尾矿堆经淋滤下渗或被污染的地表水下渗所致。

9.1.1.7 诱发地质灾害

诱发地质灾害主要是指发生崩塌、滑坡、泥石流、尾矿库溃坝和矿震等。采矿活动及堆放的废渣因受地形、气候条件及人为因素的影响，发生崩塌、滑坡、泥石流等。如矿山排放的废渣常堆积在山坡或沟谷内，这些松散物质在暴雨诱发下极易发生泥石流。采矿所诱发的地震，出现在我国许多矿山，成为矿山主要环境问题之一。

9.1.1.8 粉尘

矿产的采掘、运输、选矿等生产过程都会产生粉尘，如煤炭采掘过程和煤炭洗选加工是煤矿产生粉尘的主要因素。煤矿粉尘以煤尘为主，也有岩粉和其他物质粉尘。

9.1.1.9 噪声

矿业在开发建设中会产生许多噪声，如工业噪声、交通运输噪声、建设施工噪声和社会生活噪声等。如煤矿生产所用设备多属高噪声，采掘爆破噪声也是高噪声，已经对矿山环境造成了不同程度的噪声污染。

9.1.2 矿区环境影响评价

矿区环境影响评价实际上是对矿区环境优与劣的评定过程，而且是一种有方向性的评定过程。这个过程包含许多个层次，如环境评价因子的确定、环境监测、评价标准、评价模型等，最终的方向是评定人类生存发展活动与环境质量之间的价值关系。

虽然国内外环境影响评价理论研究已经相当成熟，但关于矿区环境影响评价的研究仍较少，特别是一个完整的具有层次性、结构性的矿区环境影响评价指标体系的研究有待进一步深入。国内有几位学者进行了相关方面的研究：

（1）通过建立矿区生态与环境质量评价指标及评价、预警模型，为宏观评价矿区生态与环境质量状况，动态掌握矿区生态环境质量状况，进行环境决策提供量化依据。

（2）为了综合评价各污染因子对矿区空气质量的综合作用，运用模糊综合评判技术，采用赋权综合评价法对矿区空气质量进行评价，克服了空气污染指数法突出单一因子的作用，而忽视区域内其他污染因子的作用的缺陷。这在评价多因子、多区域生态环境质量时，更易进行不同区域间的横向比较。

（3）在进行生态与环境质量评价的基础上，进行了综合性研究分析，选用灰色模型来进行矿区生态环境质量的预测，并结合生态环境质量分级设立预警指标。

9.1.3　矿山环境保护治理

我国在矿山废料利用技术研究方面，粉煤灰、煤矸石等被广泛用于发电及采空区回填和塌陷土地的复垦。对于尾矿，通过再选或湿法冶金从中回收有用组分或有用矿物、综合利用（先通过再选回收尾矿中的有用组分，再将余下的尾矿直接利用）、直接利用（如某些尾矿的组分与建材、陶瓷、玻璃等原料的成分十分接近，稍加调配即可用于筑路、制作免烧砖等）、采空区充填或塌陷区土地复垦四种途径进行利用，利用水平不断提高。

在矿山土地复垦方面，我国起步较晚。1989 年国务院颁布的《土地复垦规定》标志着我国土地复垦走上了法制化的轨道。目前，我国矿山废弃土地复垦的比例还比较低，只有10%左右。近年来，我国研究了一套比较适用的土地复垦技术，摸索出了不同类型废弃土地复垦利用模式，制定了土地复垦标准，一批科研成果得到推广应用。

从 20 世纪 70 年代开始，矿区农民进行了小规模的塌陷水面的养殖、种植和以煤矸石充填作为基建用地的试验，直到国务院颁布《土地复垦规定》，使我国土地复垦工作步入了规范化阶段。

目前，土地复垦工作开展较好的主要集中在人地矛盾突出的淮北、徐州和平顶山等地。淮北市采煤塌陷地的复垦率居全国第一，复垦工作经历了 20 世纪 70 年代的自发、零星复垦阶段，80 年代前半期的试验复垦阶段，到 80 年代末至 90 年代，在淮海平原治理工程的推动下，进入了大规模整体规划、有序复垦阶段。目前，淮北市的采煤塌陷地总面积已达 1.22 万公顷，每年新增塌陷地 $700hm^2$ 左右。1995 年 10 月，淮北市土地管理局组织制定了淮北市采煤塌陷地复垦利用规划；中期规划（1995—2000 年），计划复垦土地 $2260.5hm^2$；远期规划（2001—2010 年），计划复垦土地 $4164.2hm^2$。2018 年，安徽省国土资源厅关于进一步推进历史遗留土矿废弃地复垦利用试点工作。截至 2020 年，淮北市已完成复垦土地 $5143.1hm^2$。

同时，国土资源部门选择不同类型、不同矿种、不同地区的国有老矿山，开展矿山环境恢复治理示范工程，为我国矿山环境保护和恢复治理提供了好的经验和典型。

9.1.4　矿区环境保护与治理中的难点

随着采矿业的不断发展，矿区资源环境信息系统、环境保护等方面的技术有了很大的提高，矿区环境与治理方面也取得了一定的成绩，但是矿区环境保护与治理中也有不少难点。经过广大环境保护人士和科技工作者多年的实践和总结，目前国内的矿区环境保护与治理工作的薄弱环节主要体现在以下几个方面：

（1）部分领导环保意识较弱，公众参与不够；

（2）环保历史欠账多，资金渠道不畅，投入不足；

（3）矿山环境影响评价缺乏专题理论研究；

（4）矿区塌陷土地复垦工作盲点多；

（5）矿山环境保护法律法规不完善，执法力度不够。

9.1.5　矿山环境保护措施

矿山环境综合治理方案，是对矿山建设及生产活动造成的环境破坏进行环境影响评估，制定保护措施，采用工程和生物措施，使环境得以恢复，达到新的环境平衡的技术方案的总称。

国内外专家学者研究矿山环境治理的技术方法措施很多，有些较为成熟并被普遍采用，如工程恢复技术、土地复垦技术等，有些在实践中逐渐完善。

9.1.5.1　绿色技术

绿色技术的发展和应用，在提高生产效率的同时，能够提高资源的利用率，减轻污染负荷，改善环境质量，走绿色矿业的道路，促进矿业可持续发展。

减轻矿产开发对环境影响的绿色技术有以下内容：

（1）加固地下采空区综合利用技术；

（2）充填采空区技术；

（3）空层注浆技术；

（4）条带开采技术；

（5）煤层地下气化技术；

（6）钻孔溶解开采技术；

（7）原位浸出开采技术；

（8）无尾矿选矿技术；

（9）固体废弃物的处理处置技术；

（10）矿山土地复垦和生态重建技术。

9.1.5.2　清洁生产

清洁生产是将综合预防的环保策略持续应用于生产过程中。对于生产过程，清洁生产包括节约原材料和能源，淘汰有毒原材料并在全部排放物和废物离开生产过程以前减少它们的数量和毒性；对产品而言，清洁生产策略在于产品的整个生命周期，从原料的生产到最终处置。矿业开发时，应采用清洁生产技术工艺，减少污染物的排放，最大限度减轻对环境的破坏。

矿产资源的综合利用，可以减少废料和污染物的排放，变废为宝，并可获得比较可观的经济效益。例如，煤矿开采时产生的煤矸石，对煤矿资源来说，它是废弃物，但生产空心砖，它却是一种很好的原材料，而且可减少大量黏土的使用，减少农田的损失，同时减少因矸石堆放占用的大量土地，杜绝了煤矸石长时间堆放产生的复杂问题，保护和改善了大气环境。

矿山开采时排放的废水，因其水质不同可采用不同的方法进行处理和回收，如混凝过滤法、中和法、离子交换法、电解法、吸附法和膜分离法等。

9.1.5.3 工程治理措施

工程治理措施是针对不同的矿山环境问题，用不同种类工程对其进行治理。多年的实践表明，工程治理措施具有针对性强、见效快、环境和经济效益显著等特点，但资金投入较大。

工程治理措施主要针对矿山开采造成的地面塌陷、崩塌滑坡、泥石流、边坡失稳、耕地毁坏等环境问题，主要工程包括护坡工程、排水工程、土地复垦工程、人造水面养殖工程及井下填充工程。

对于某些矿山因削坡、挖掘和尾矿堆放等造成的崩塌、滑坡和泥石流等矿山环境问题，一般采用护坡、排水、拦挡等工程措施，具体工程与地质灾害治理工程相似。

采空区塌陷是较普遍且危害较大的矿山环境问题。规模较大的地面塌陷，由于采用工程措施投资较大，而多采取搬迁避让的方式；规模较小的地面塌陷问题，可通过工程措施，利用塌陷区域制造人工水面，用于养殖或水上公园等开发项目。

9.1.5.4 生物恢复技术

生物恢复技术是针对被破坏地表的生态环境、地貌景观等环境条件所采取的植树、种草等恢复和改善矿山生态环境的措施。这种方法的显著特点是成本低、易操作、效果好，也是国内外治理矿山环境普遍采用措施。

生物恢复技术主要针对露天开采的非金属、建材类矿山所产生的植被破坏、水土流失、耕地减少和地貌景观破坏等环境问题，所选择的树种和草种应根据当地的气候特点，选用涵盖能力强、生长周期短的物种。

生物恢复技术普遍用于正在生产的矿山和闭坑矿山的治理活动。生产矿山应在开采过程中，及时对所破坏的植被、草地和耕地等进行恢复，以减少破坏面积的积累，缩短恢复治理的周期。而对已闭坑矿山来说，在采取生物恢复技术的同时，应结合所产生的其他环境问题，采用多种措施进行综合治理。

9.1.5.5 采煤塌陷地的恢复治理技术

（1）充填复垦法。充填复垦法是利用矿区附近的煤矸石、粉煤灰、露天矿剥离物等可供利用的充填材料充填采煤塌陷地，从而达到复垦土地的目的。这种方法多用于有足够的充填材料且充填材料无污染、可经济有效防护治理的地区。因其既解决了塌陷地复垦问题，又解决了矿山固体废弃物的处理问题，所以经济效益最佳。

（2）挖深垫浅法。挖深垫浅法就是用挖掘机械（如推土机、水力挖塘机组）将塌陷深的区域再挖深，形成水库、鱼塘，用取出的土方充填塌陷浅的区域形成耕地，达到水产养殖和农业种植并举的目标。它主要用于塌陷较深，积水达中、浅水位地区。因其操作简单、适用面广、经济效益高、生态效益显著，被广泛用于采煤塌陷地的复垦。

（3）疏干法。采用合理的排水措施，使采煤塌陷地积水排干，再加以必要的整修工程，使采煤塌陷地不再积水并得以恢复利用，这种工程措施称为疏干法。它往往用于水位不太高、地表下沉不大，且正常的排水措施和地表整修工程就能保证土地恢复利用的塌陷区。其优点是投资少，见效快，且不改变土地原有用途。

（4）直接利用法。对于大面积的塌陷地，特别是大面积积水或积水很深的水域以及未确定塌陷或暂难复垦的塌陷地，常根据塌陷地现状因地制宜地直接加以利用，如网箱养鱼、养鸭、种植浅水藕或耐湿作物等。

（5）修整法。浅水位塌陷地、地表无积水，可采用平整土地、改造成梯田等修整法复垦利用。

（6）生态工程复垦。生态工程复垦就是将土地复垦工程技术与生态工程技术结合起来，综合运用生物学、生态经济学、环境科学、农业技术以及系统工程学等理论，运用生态系统的物种共生和物质循环再生等原理，结合系统工程方法，对被破坏土地所设计的多层次利用工艺技术。其目的是促进各生产要素的优化配置，实现物质、能量的多级分层利用，不断提高其转化效率和生产力，以获得较高的经济、生态和社会综合效益。这种方法目前正在试验推广，具有很大的发展前景。

9.1.5.6　土地复垦的主要模式

塌陷区复垦技术可分为充填复垦与非充填复垦两大类。充填复垦主要用矿区固体废渣作充填物料，主要充填物料为煤矸石、坑口电厂粉煤灰，还有较少的生活垃圾可供利用；在有条件的矿区还可以用露天矿剥离废石和河泥、湖泥充填复垦。其复垦模式主要有以下几种：

（1）浅层塌陷区挖塘造地模式。这种复垦模式主要采用"挖浅垫深"的方法，将造地与挖塘相结合，常用的工程措施是泥浆泵抽取法或推土机搬运法。据调查，一般挖 $0.4hm^2$ 塘可造 $0.6hm^2$ 地，但深浅不同的塌陷区，塘、地比有所不同。

（2）煤矸石充填塌陷区营造基建用地模式。这种模式是将煤矸石的堆放与塌陷区的治理进行统筹安排，利用发热量较低的煤矸石作填料，直接填充塌陷区造地，以用作煤矿基建用地和压煤村庄搬迁的新村址。

（3）粉煤灰充填覆土造林模式。煤矿区一般都配套建有大型坑口电厂，电厂产生大量的粉煤灰等固体废弃物。粉煤灰的堆放占用大量耕地，而且粉煤灰经风吹扬，形成粉尘污染。在粉煤灰上覆盖一层黄土，然后植树造林，不仅可以改善环境，而且可以取得良好的经济效益。

（4）深浅交错尚未稳定的塌陷区的鱼、鸭混养模式。对于地下正在采煤的塌陷区，由于塌陷仍在进行，深浅不一，宜采取鱼、鸭混养短期粗放式的复垦模式。

（5）利用大水面、深水体、优水质的塌陷区发展旅游业。这是一种新型的开发模式，将传统的生产型开发转变为服务型开发。利用面积大、水体深、水质好的水域，兴建游乐设施，发展旅游业。这不仅可以改善矿区的环境质量，改变矿区脏、乱、黑的形象，而且可以为职工提供良好的休闲场所。

（6）利用煤矸石、粉煤灰生产建材。这是一种针对煤炭生产过程中的固体废弃物而采取的较为特殊的复垦模式。煤矸石除了可用作填料充填塌陷区外，还可用作制砖和生产水泥的原料。粉煤灰具有多种用途，可用作水泥活化剂，以15%的比例直接掺入水泥，可提高水泥的质量。粉煤灰制砖技术也已成熟，不仅可以减少堆放占地，而且可以节约制砖所用黏土，保护耕地。

9.2　矿山固体废弃物处理

9.2.1　矿山固体废弃物处理概述

9.2.1.1　矿山固体废弃物的概念和特性

矿山固体废弃物主要是指矿山开采、加工过程中产生的废石、尾矿和煤炭等燃料燃烧过程中产生的粉煤灰等。

矿山固体废弃物一般具有如下特性：

（1）危害性：占用土地、污染环境（水质、土壤、大气、放射性物质）、产生塌方。

（2）错位性：一方面是先进利用率较低，但随着人类认识逐步提高和科学技术的不断发展，可能成为明天的资源；另一方面是这些废物在矿山是废物，但在其他行业可能就是资源。

9.2.1.2　矿山固体废弃物的处理方法

矿山固体废弃物的处理方法有物理处理、化学处理、热处理、固化处理等。

（1）物理处理：物理处理方法包括压实、破碎、增稠、吸附、萃取等。

（2）化学处理：化学处理方法包括气化、还原、化学沉淀和化学溶出等。

（3）热处理：热处理方法包括焚化、热解、湿式气化以及焙烧、烧结等。

（4）固化处理：固化处理对象主要是有害的重金属、放射性废物和其他有害废物。

9.2.1.3　控制固体废弃物污染的技术政策

固体废弃物的处理原则主要是"三化"，即减量化、无害化、资源化，并在相当长的时间内以无害化为主。我国技术政策的发展趋势是：从无害化走向资源化，资源化是以无害化为前提的，无害化和减量化则应以资源化为条件。

9.2.2　粉煤灰的综合利用

9.2.2.1　粉煤灰的定义和分类

粉煤灰是一种火山灰质矿物外加剂，是火力发电厂燃煤锅炉排除的烟道灰。粉煤灰是由结晶体、玻璃体以及少量未燃尽的碳粒所组成。国外把 CaO 含量超过 10% 的粉煤灰称为 C 类灰，而低于 10%的粉煤灰称为 F 类灰。

F 类灰：由无烟煤或烟煤煅烧收集的粉煤灰。

C 类灰：由褐煤或次烟煤煅烧收集的粉煤灰，其 CaO 含量一般大于 10%。

9.2.2.2　粉煤灰基本性能

A　外观特性

（1）粉煤灰外观（见图 9-1）类似水泥，颜色在乳白色到灰黑色之间变化。

（2）粉煤灰的颜色是一项重要的质量指标，可以反映含碳量的多少和差异。

（3）在一定程度上也可以反映粉煤灰的细度，颜色越深，粉煤灰粒度越细，含碳量越高。

（4）粉煤灰有低钙粉煤灰和高钙粉煤灰之分。通常高钙粉煤灰的颜色偏黄，低钙粉煤灰的颜色偏灰。

（5）粉煤灰颗粒呈多孔型蜂窝状组织，比表面积较大，具有较高的吸附活性，颗粒的粒径范围为 0.5~300μm；并且珠璧具有多孔结构，孔隙率高达 50%~80%，有很强的吸水性。

图 9-1　某电厂粉煤灰的颗粒形貌

（a）放大 500 倍；（b）放大 5000 倍

B　粉煤灰的化学成分

粉煤灰的化学成分以二氧化硅和三氧化二铝为主，其他为三氧化二铁、氧化钙、氧化镁、氧化钾、氧化钠、三氧化硫及未燃尽有机质（烧失量）。

C　水化活性

粉煤灰最主要的三大效应如下：

（1）形态效应。在显微镜下显示，粉煤灰中含有 70% 以上的玻璃微珠，粒形完整，表面光滑，质地致密。这种形态对混凝土而言，无疑能起到减水作用、致密作用和匀质作用，促进初期水泥水化的解絮作用，改变拌和物的流变性质、初始结构以及硬化后的多种功能，尤其对泵送混凝土，能起到良好的润滑作用。

（2）活性效应。粉煤灰的活性效应因粉煤灰系人工火山灰质材料，所以又称之为火山灰效应。这一效应能对混凝土起到增强作用和堵塞混凝土中的毛细组织，提高混凝土的抗腐蚀能力。

（3）微集料效应。粉煤灰中粒径很小的微珠和碎屑，在水泥中可以相当于未水化的水泥颗粒，极细小的微珠相当于活泼的纳米材料，能明显地改善和增强混凝土及制品的结构强度，提高匀质性和致密性。

粉煤灰的这三种效应相互关联，互为补充，粉煤灰的品质越高效应越大。

9.2.2.3 粉煤灰的综合利用途径

粉煤灰生产的建材（水泥、砖瓦、砌块、陶粒等）用于：

（1）建筑工程，混凝土、砂浆等；

（2）筑路，路堤、路面基层、路面等；

（3）回填，结构回填、建筑回填、填低洼地和荒地、充填矿井、煤矿塌陷区、建材厂取土坑、海涂等；

（4）农业，改良土壤、生产复合肥料、造地等；

（5）从粉煤灰中回收原材料，漂珠、三氧化二铝、三氧化二铁、二氧化硅、碳粒等。

9.2.2.4 粉煤灰综合利用发展趋势

目前，国家发展改革委委托粉煤灰专业委员会对 1994 年制定的《粉煤灰管理办法》进行了重新修订，相信正式颁布实施后，将对粉煤灰综合利用工作起到重要推动作用。以创新的意识和技术来促进粉煤灰的综合利用工作，重视新产品的开发和转化，加大科研投入，研制出附加值大、技术含量高、市场前景好的产品。提倡粉煤灰梯级利用概念，即根据粉煤灰的化学、物理性质，利用成熟技术和工艺，在每个利用阶段最大限度地提取附加值，最终将粉煤灰全部有效利用，如图 9-2 所示。

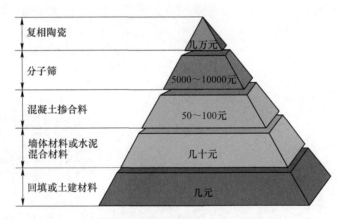

图 9-2 粉煤灰综合利用效益比较

9.2.3 煤矸石的综合利用

9.2.3.1 认识煤矸石

（1）煤矸石是采煤过程和洗煤过程中排放的固体废物，是一种在成煤过程中与煤层伴生的一种含碳量较低、比煤坚硬的黑灰色岩石，图 9-3 为矿山堆放的煤矸石。

（2）煤矸石包括巷道掘进过程中的掘进矸石、采掘过程中从顶板、底板及夹层里采出的矸石以及洗煤过程中挑出的洗矸石。

（3）煤矸石的主要成分是 Al_2O_3、SiO_2，另外还含有数量不等的 Fe_2O_3、CaO、MgO、Na_2O、K_2O、P_2O_5、SO_3 和微量稀有元素（镓、钒、钛、钴）。

扫一扫
查看彩图

图 9-3　矿山堆放的煤矸石

9.2.3.2　煤矸石综合利用途径

A　煤矸石发电和供热

发电和供热是我国目前利用煤矸石的一条重要途径。煤矸石电厂必须以燃用煤矸石为主，其燃料的应用基低位发热量应不大于 1255kJ/kg，新建煤矸石电厂应采用循环流化床锅炉，图 9-4 为煤矸石热电厂。

扫一扫
查看彩图

图 9-4　煤矸石热电厂

B　建材原料

由于煤矸石生产的建材产品具有重量轻、强度高、化学稳定性好、隔音和吸水率小及保温性能好的特点，用煤矸石做原料无疑是最好的建筑材料，这也是对煤矸石综合利用的最主要的途径。

（1）煤矸石制砖。利用煤矸石与黏土成分相近的煤矸石制砖，可以做到烧砖不用土、不用煤或少用煤，既节地又节能。

（2）煤矸石代替黏土生产水泥。以煤矸石为原料，利用其 SiO_2、Al_2O_3 含量高的特点来部分或全部代替黏土配料，生产各种水泥。

（3）制取化工产品。利用煤矸石中含有的大量煤系高岭岩，可制取氯化铝、聚合氯化铝、氢氧化铝及硫酸铝，同时获得副产品自炭黑、水玻璃等。

（4）煤矸石生产高岭土。煤矸石中所含的元素种类较多，其中 SiO_2 和 Al_2O_3 含量最高。特别是我国北方石炭二叠系煤田、煤层顶、底板或夹矸中赋存有丰富的高岭岩（土）资源，这部分优质高岭岩（土）资源的开发、回收利用，可广泛应用于油漆涂料、造纸、橡胶、塑料、电缆、陶瓷等领域。

C 制肥料

煤矸石主要用于生产微生物和有机肥料。通过化学方法，将有机质含量较高的煤矸石磨成粉末与过磷酸钙按照比例混合后，加入活化添加剂搅拌，加入适量水，从而形成有机肥。

D 充填

充填是煤矸石处理的最直接、速度最快、成本最低的一种综合利用方法，同时也是煤矸石处理最为传统的方法。煤矸石充填主要是指填充采煤沉陷区，当然还可以用于充填沉陷的公路、铁路路基和堤坝等。

E 制轻骨料等

轻骨料是一种轻质和具有良好保温性能的新型建筑材料，用碳质量分数不高（低于13%）的碳质页岩和选煤矸烧制轻骨料，前景非常广阔。除此以外，煤矸石还有许多其他用途。

煤矸石与煤一样是一种矿产资源，具有燃烧、提炼和制造建材等多种功能，应因地制宜、因质制宜，加工利用，变废为宝、变害为利。如利用煤矸石制砖、水泥，作土壤改良剂和磁化复合肥，作采空区填充料，煤矸石热电厂的燃料，以高硫煤矸石为原料提取硫黄或制取硫酸的技术等。

国外煤矿大多在设计生产阶段就制定出不生产或尽量少生产矸石的生产工艺，对少量出井矸石进行综合利用。但是他们的利用率相当高，可以达到 50%～80%，远远超过国内矸石的综合利用水平，逐渐走向工业固体废弃物集约化、产业化、资源化，这与政府的有效倾斜政策是有关的。

山东新汶、兖矿等大型矿业集团积极进行固废加工利用技术研究。对于地面堆积的煤矸石、粉煤灰和共伴生矿采用深加工技术提高产品附加值。采用煤矸石烧结技术，在兴隆庄煤矿、鲍店煤矿等三家煤矸石制砖项目，每年可消耗煤矸石 70 万吨以上。新汶矿业集团生产的煤矸石水泥、粉煤灰深加工生产保温棉、FA 板材也取得显著效益。

思 考 题

9-1 矿山环境质量评价的类型有哪些？

9-2 环境质量评价内容包括哪些？

9-3 矿山固体废弃物的处理方法有哪些？

9-4 粉煤灰的综合利用途径有哪些？

9-5 煤矸石综合利用途径有哪些？

10 矿井通风与矿山灾害防治

10.1 矿井通风的任务与矿井空气

10.1.1 矿井通风的基本任务

煤矿生产是地下作业，自然条件比较复杂。因此，矿井通风是保证矿井安全的最主要的技术手段之一，在矿井建设和生产过程中，必须源源不断地将地面空气输送到井下各个用风地点，其主要任务包括：

（1）为井下提供足够的新鲜空气，以供井下工作人员呼吸；

（2）稀释和排除井下有毒、有害气体和矿尘；

（3）创造良好的矿井工作环境，保证井下有适合的气候条件（适宜的温度、湿度与风速），以利于工人劳动和机器运转。

利用机械或自然压差通风为动力，使地面新鲜空气定量进入井下，并在井巷中沿既定的通风线路流动，最后将污浊空气排出矿井的全过程称为矿井通风。

10.1.2 矿井空气

10.1.2.1 矿井空气中的主要成分

地面空气进入矿井以后即称为矿井空气。地面空气进入井下后受到井下各种自然因素和生产过程的影响，与地面空气在成分和质量上有不同程度的区别。

一般地说，地面空气的成分是固定的，主要由氧气、氮气、二氧化碳三种气体组成，其中，氧气占 20.96%、氮气占 79%、二氧化碳占 0.04%。此外，还有少量水蒸气和灰尘等。

地面空气进入井下后，由于受到污染，氧气浓度降低，二氧化碳浓度增加；混入各种有毒有害气体和矿尘；空气的温度、湿度、压力等状态发生改变。一般将井巷中经过用风地点以前受污染程度较轻的（如进风侧的井底车场、进风石门等）进风巷道内的风流，称为新鲜风流；而经过采掘工作面等用风地点后受污染程度较重的回风巷道内的风流，称为污浊风流。尽管矿井空气受到不同程度的污染，但在新鲜风流中的主要成分仍然是氧气、氮气和二氧化碳。

为了保证煤矿安全生产和职工健康，对矿井空气有一定的要求。

（1）氧气（O_2）。氧气是维持人员呼吸不可缺少的气体，氧含量低至 17% 时，人在工作时能引起喘息、呼吸困难和心跳加快；若降低到 10%~12% 时，人将失去意识，时间稍长便有死亡危险。因此，《煤矿安全规程》规定采掘工作面的进风流中，氧气浓度不得低于 20%。

（2）二氧化碳（CO_2）。二氧化碳是无色、无味、无臭气体，不助燃，也不能供人呼吸，它的密度约比空气重一倍，所以，它往往聚集在巷道的下部及下山掘进工作面；巷道中风速较大时，能与空气均匀混合，在巷道空间内均匀分布。

（3）氮气（N_2）。氮气是一种惰性气体，是新鲜空气的主要成分，它本身不助燃、无毒，也不供呼吸。但矿井空气中氮气的含量增加，相对减少了氧气的含量，从而也可能导致人员的窒息性伤害，所以对人体是有害的。

10.1.2.2 矿井空气中的有害气体

（1）一氧化碳（CO）。一氧化碳是一种无色、无味、无臭，有很强毒性的气体，对空气的相对密度为0.97，微溶于水，能燃烧，当空气中一氧化碳的浓度达到13%～75%时，具有爆炸性。《煤矿安全规程》规定，矿井空气中一氧化碳浓度（按体积计算）不得超过0.0024%。

矿井空气中一氧化碳的主要来源：井下火灾、瓦斯、煤尘爆炸及爆破工作等。

（2）硫化氢（HS）。硫化氢是一种无色、微甜、有臭鸡蛋味、很强毒性的气体，对空气的相对密度为1.19，易溶于水，能燃烧，当空气中硫化氢的浓度达到4.3%～46%时，遇火能爆炸。《煤矿安全规程》规定，矿井空气中硫化氢浓度（按体积计算）不得超过0.00066%。

矿井空气中硫化氢的主要来源：有机物质腐烂、含硫矿物质水解、含硫矿物质氧化或燃烧生成、从煤岩体内放出、从老空区和旧巷积水中放出等。

（3）二氧化氮（NO_2）。二氧化氮是一种褐红色气体，对空气的相对密度为1.57，极易溶于水。《煤矿安全规程》规定，矿井空气中二氧化氮浓度（按体积计算）不得超过0.00025%。

矿井空气中二氧化氮的主要来源：爆破工作。

（4）二氧化硫（SO_2）。二氧化硫是一种无色、有强烈硫黄味的气体，对空气的相对密度为2.2，易溶于水。《煤矿安全规程》规定，矿井空气中二氧化硫浓度（按体积计算）不得超过0.0005%。

矿井空气中二氧化硫的主要来源：含硫矿物质氧化或自燃生成、从煤岩体内放出、在硫矿物质中爆破生成。

（5）氨气（NH_3）。氨气是一种无色、有浓烈臭味的气体，相对密度为0.59，易溶于水，空气中浓度达30%时有爆炸危险。

矿井空气中氨气的主要来源：爆破工作、用水灭火等，部分岩层中也有氨气涌出。

（6）氢气（H_2）。氢气是一种无色、无味、无毒的气体，对空气的相对密度为0.07，能燃烧，当空气中氢气浓度达到4%～74%时有爆炸危险。

矿井空气中氢气的主要来源：井下蓄电池充电时放出。

（7）瓦斯（CH_4）。瓦斯是一种无色、无味、无臭的气体，有时由于伴生有碳氢化合物，会有芳香的特殊气味。空气中瓦斯浓度达到5%～16%时具有爆炸性，井下各处的允许瓦斯浓度参见《煤矿安全规程》。

矿井空气中瓦斯的主要来源：在生产过程中从煤岩体中放出。

10.2　矿井通风阻力和通风动力

10.2.1　矿井通风阻力

空气在井巷中流动时，由于空气的黏滞性和惯性以及井巷壁对风流的阻滞、扰动作用，产生的风流能量损失，称为矿井通风阻力。矿井通风阻力包括摩擦阻力（即沿程阻力）和局部阻力两大类，其中摩擦阻力是矿井通风总阻力中的主要部分。

10.2.1.1　摩擦阻力

空气沿井巷流动时，造成空气与井巷壁之间、空气分子与分子之间的内外摩擦而产生的阻力，称为摩擦阻力。它与巷道断面的大小、巷道壁的粗糙程度、巷道长度、巷道支护形式及风速有关，其值可按下式计算：

$$h_{\mathrm{m}} = a\frac{LUQ^2}{S^3} \tag{10-1}$$

式中　h_{m}——井巷摩擦阻力，Pa；

　　　a——井巷摩擦阻力系数，$\mathrm{N \cdot s^2/m^4}$或$\mathrm{kg/m^3}$；

　　　L——井巷长度，m；

　　　U——井巷周边长度，m；

　　　Q——井巷中流过的风量，$\mathrm{m^3/s}$；

　　　S——井巷断面面积，$\mathrm{m^2}$。

对于给定的井巷，L、U、S 均为已知数。通常令 $R_{\mathrm{m}} = \alpha\dfrac{LU}{S^3}$，称 R_{m} 为摩擦风阻，单位为 $\mathrm{kg/m^7}$ 或 $\mathrm{N \cdot s^2/m^8}$。

则式（10-1）可写成：

$$h_{\mathrm{m}} = R_{\mathrm{m}}Q^2 \tag{10-2}$$

10.2.1.2　局部阻力

在风流运动过程中，由于井巷断面、方向变化及分岔或交会等局部突变，导致风流速度的大小和方向发生变化，产生冲击、分离等，从而造成风流的能量损失，这种阻力称为局部阻力，用 h_{j} 表示。

$$h_{\mathrm{j}} = R_{\mathrm{j}}Q^2 \tag{10-3}$$

式中　h_{j}——井巷局部阻力，Pa；

　　　R_{j}——产生局部阻力地点的局部风阻，$\mathrm{kg/m^7}$ 或 $\mathrm{N \cdot s^2/m^8}$。

10.2.1.3　通风阻力定律

对于一条实际井巷，其通风阻力既有摩擦阻力也有局部阻力，即：

$$h_{\mathrm{q}} = h_{\mathrm{m}} + h_{\mathrm{j}} = R_{\mathrm{m}}Q^2 + R_{\mathrm{j}}Q^2 = (R_{\mathrm{m}} + R_{\mathrm{j}})Q^2 \tag{10-4}$$

令 $R = R_{\mathrm{m}} + R_{\mathrm{j}}$，则：

$$h_{\mathrm{q}} = RQ^2 \tag{10-5}$$

式中　R——巷道风阻，包括摩擦风阻和局部风阻，$\mathrm{kg/m^7}$ 或 $\mathrm{N \cdot s^2/m^8}$；

　　　h_{q}——巷道通风阻力，其值为巷道的摩擦阻力和局部阻力之和，Pa。

10.2.1.4 降低通风阻力的措施

井巷通风阻力越大，需要的通风压力也就越大，从而使矿井通风机的电能消耗加大。为了保证矿井安全生产和提高经济效益，在矿井生产过程中要尽量降低通风阻力。根据式（10-4）可知，降低通风阻力应从降低摩擦阻力和局部阻力两个方面着手，主要措施如下：

（1）减小井巷摩擦阻力系数。对于服务年限长的主要井巷，应尽量采用巷道周壁表面光滑的支护方式；对于棚式支护，应尽量架设整齐，必要时背好帮顶等。

（2）合理选择井巷断面形状，减少周界长度。保证有足够大的井巷断面，特别是主要进、回风流巷道断面扩大对降低风阻效果明显。

（3）缩短井巷长度，尽可能保持主要通风路线流程较短。

（4）尽量避免主要巷道内风量过于集中的现象。由通风阻力定律可知，巷道摩擦阻力与风量的平方成正比，若巷道内风量过于集中，摩擦阻力会大大增加。因此，应尽可能使矿井的总进风早分开，使矿井的总回风晚汇合。

（5）降低局部阻力。应尽量避免井巷断面的突然变化，在转弯处的内侧和外侧要有一定的曲率半径，减小产生局部阻力地点的风速及巷道的粗糙度，主要通风巷道内不得随意停放车辆、堆放设备和材料等，对冒顶、片帮和积水处等风流受阻地点要及时处理。在主通风机的进风口安装集风器，在出风口安装扩散器，以使风速均匀变化，并减少出口通风能量的损失。

10.2.2 矿井通风动力

为了达到矿井通风的目的，井巷中的空气必须不断地流动。空气在井巷流动过程中会遇到矿井通风阻力，克服矿井通风阻力的能量或压力称为矿井通风动力。矿井通风动力可以由机械设备和自然条件产生，由通风机产生的风压称为机械风压，由机械风压克服矿井阻力进行通风称为机械通风；由矿井自然条件产生的风压称为自然风压，由自然风压克服矿井阻力进行通风称为自然通风。

10.2.2.1 自然通风

自然风压是由于空气热湿状态的变化在矿井中产生的一种自然通风动力，其数值为以矿井风流系统的最低、最高标高点为界，两侧空气柱作用在地面单位面积上的重力之差。在此重力差的驱动下，较重的一侧的空气向下流动，较轻的一侧的空气向上流动，即可形成空气的自然流动。

如图 10-1 所示，冬季矿井外部温度低于井内温度，矿井内的空气柱 3—2 比井外同样高度的空气柱 1—1′要轻，由于空气柱重量不同，井口 1 点的空气压

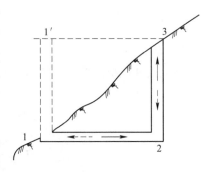

图 10-1 自然通风

力大于 2 点的空气压力，空气必然要从井口 1 进入矿井内并向 2 点流动，最后从井口 3 排出，从而形成自然风流。到了夏季，矿井内温度低于矿井外温度，这时空气柱 3—2 的重量比矿井外空气柱 1—1′的重量要重，2 点空气压力比井口 1 点空气压力大，空气必然就从井口 3 进入矿井内，从井口 1 排除。因此，夏季矿井自然风流向与冬季自然风流向相反。在春秋季节，矿井内外的气温大致一样，这时，矿井内的自然风流很弱，且不稳定，甚至无风。《煤

矿安全规程》规定，矿井必须采用机械通风，但自然风压会在机械通风中起作用。

10.2.2.2　机械通风

机械通风是矿井通风的主要动力。机械通风所用的机械称为通风机，按其服务范围可以分为主要通风机（服务于全矿井或矿井的一翼）、辅助通风机（主要服务于矿井网络的某一分支，以帮助主要通风机供风，保证该分支的风量）、局部通风机（服务于掘进工作面或局部通风地点，是矿井掘进通风的主要设备）。

煤矿用通风机按其构造和工作原理可分为离心式通风机和轴流式通风机，轴流式通风机又分为普通轴流式通风机和对旋式通风机两种。

A　离心式通风机

离心式通风机主要由螺旋形外壳、进风道和扩散器等部件组成，如图 10-2 所示。离心式通风机的优点是结构简单、维护方便、噪声小、工作稳定性好；缺点是体积大，风机的风量调节不方便，必须有反风道才能反风。

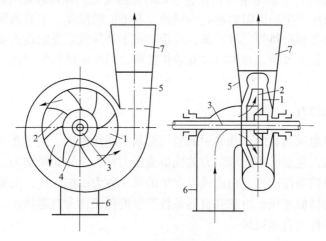

图 10-2　离心式通风机结构

1—动轮；2—叶片；3—主轴；4—轮毂；5—螺旋形机壳；6—吸风管；7—锥形扩散器

B　轴流式通风机

轴流式通风机主要由集风口、叶轮、整流器、风筒、扩散器和传动部件等部分组成，如图 10-3 所示。

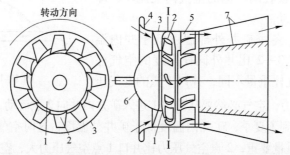

图 10-3　轴流式通风机结构

1—动轮；2—叶片；3—圆筒形外壳；4—集风口；5—整流器；6—前流线体；7—环形扩散器

10.3 矿井通风系统和风量计算

10.3.1 矿井通风系统

矿井通风系统是矿井主要通风机的工作方式、通风方式和通风网路的总称。它对整个矿井的通风和生产安全有着极其重要的作用，是矿井生产中极其重要的内容。无论对于新建矿井还是生产矿井，都必须保证矿井通风系统的合理性。

10.3.1.1 矿井通风方法

矿井通风方法分为抽出式、压入式、压抽混合式三种。

A 抽出式通风

抽出式通风是把通风机安设在回风井口附近，并用风硐把通风机和回风井筒相连，同时把回风井口封闭，如图10-4（a）所示。当风机运转时，在主要通风机的作用下，整个矿井通风系统处在低于大气压力的负压状态，迫使空气从进风口进入井下，再由回风井排出。

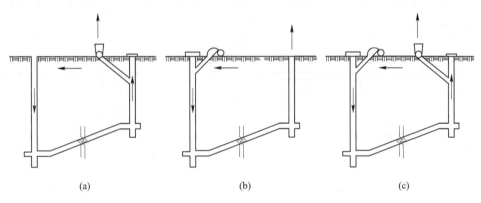

图 10-4 矿井主要通风机的工作方式
（a）抽出式通风；（b）压入式通风；（c）压抽混合式通风

在抽出式通风的矿井中，井下任何一点的空气压力，都小于井口的大气压力，因此把这种通风机的工作方式称为负压通风。

B 压入式通风

压入式通风是把通风机安设在进风口附近，并用风硐把它和进风筒相连，如图10-4（b）所示。当主要通风机运转时，在主要通风机的作用下，整个矿井通风系统处在高于大气压力的正压状态，迫使空气从进风井进入，回风井排出。进风口密闭一般采用密闭式井口房，把井口与地面大气隔开。

在压入式通风的矿井中，井下任何一点的空气压力都大于井口的大气压力，因此把这种通风机的工作方式称为正压通风。

抽出式通风的矿井中，井下风流处于负压状态，一旦主要通风机因故停止运转，井下空气的压力将会提高，空气压力提高可抑制采空区和巷道顶部冒落处聚集的有害气体向巷道涌出，这对保证矿井安全有重要意义。压入式通风和抽出式通风相反，如果主要通风机一旦停转，井下空气的压力会降低，这时采空区有害气体将大量涌出，使安全受到威胁。因此，矿井一般都采用抽出式通风。只有在瓦斯少、地面小、窑塌陷区分布较广的矿井，为了避免采用抽出式通风把上部小窑积存的有害气体抽入井内，影响安全，才在开采第一水平时采用压入式通风。

C　压抽混合式通风

压抽混合式通风方法是上述两种方法的综合，如图 10-4（c）所示。它主要应用于矿井通风距离远、通风阻力大的矿井。该通风方式在管理上比较复杂，所以应用较少。

10.3.1.2　矿井通风方式

矿井通风系统至少应有一个进风井和一个回风井。根据矿井进、回风井在井田内位置的不同，矿井通风方式可分为中央式、对角式、区域式、混合式等类型。

A　中央式通风

中央式通风是指矿井的进风井位于井田走向的中央，回风井位于井田走向中央或井田沿边界走向中部的通风方式。根据进、回风井沿煤层倾斜方向相对位置的不同，又分为中央并列式和中央分列式（中央边界式）。

（1）中央并列式通风。中央并列式通风方式如图 10-5 所示，进风井和回风井并列位于井田走向中央。

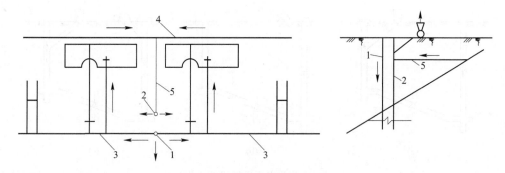

图 10-5　中央并列式通风

1—进风井；2—出风井；3—总进风巷；4—总回风巷；5—总回风石门

中央并列式通风的主要优点：建井工期较短，初期投资少、出煤快；两井底便于贯通，可以开掘到第一水平，也可将回风井只掘至回风水平。其主要缺点：风流在井下的流动路线是折返式的，风流路线相对较长、阻力大；井底车场附近压差大、漏风难以控制；回风井排出的乏风风流容易污染附近建筑与大气。

中央并列式通风一般适用于煤层倾角大、埋藏深、井田走向长度较小、瓦斯与煤层自燃发火都不严重的矿井。

（2）中央分列式（中央边界式）通风。中央分列式通风方式如图 10-6 所示，进风井位于井田走向的中央，回风井位于井田沿边界走向的中部。在倾斜方向上两井相隔一段距离，一般回风井的井底高于进风井的井底。

中央分列式通风的主要优点：矿井通风阻力较小，内部漏风较小；工业广场不受主要通风机噪声的影响及回风井乏风风流的污染。其主要缺点：风流在井下的流动路线是折返式的，风流路线长、阻力较大。

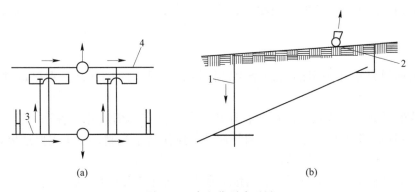

图 10-6 中央分列式通风
1—进风井；2—出风井；3—总进风巷；4—总回风巷

中央分列式通风一般适用于煤层倾角较小、埋藏较浅、井田走向长度不大、瓦斯与煤层自燃发火都比较严重的矿井。

B 对角式通风

对角式通风方式分为两翼对角式和分区对角式两种类型。

（1）两翼对角式通风。两翼对角式通风是指进风井位于井田中央、回风井位于两翼，或回风井位于井田中央、进风井位于两翼的通风方式，如图 10-7 所示。

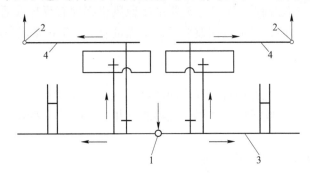

图 10-7 对角式通风
1—进风井；2—出风井；3—总进风巷；4—总回风巷

两翼对角式通风的优点：风流在井下的流动路线为直向式，风流线路短、阻力小，内部漏风少；安全出口多、抗灾能力强；便于进行矿井风量调节，矿井风压比较稳定；工业广场不受回风污染和主要通风机噪声的危害。其缺点：主要是井筒安全煤柱压煤较多，初期投资大，投产较晚。

两翼对角式通风适用于煤层走向长度较大、井型较大、瓦斯与煤层自燃发火严重的矿井，或煤层走向较长、产量较大的低瓦斯矿井。

（2）分区对角式通风。分区对角式通风是进风井位于井田走向中央，在各采区开掘一个回风井，无总回风巷。分区对角式通风的主要优点：每个采区均有独立的通风系统，互不影响，便于风量调节；安全出口多、抗灾能力强；建井工期短，初期投资少、出煤快。其主要缺点：占用设备多、管理分散、矿井反风困难。

分区对角式通风适用于煤层埋藏浅，或因地表高低起伏较大、无法开掘总回风巷的矿井。

C　区域式通风

区域式通风是指在井田的每一个生产区域开掘进、回风井，分别构成独立的通风系统。

区域式通风的主要优点：既可改善通风条件，又能利用风井准备采区，缩短建井工期，风流线路短、阻力小、漏风少、网络简单，风流易于控制，便于主要通风机的选择。其主要缺点：通风设备多、管理分散。

区域式通风适用于井田面积大、储量丰富或瓦斯含量大的大型矿井。

D　混合式通风

混合式通风是指井田中央和两翼边界均有进、回风井的通风方式。

混合式通风的主要优点：回风井数量较多，通风能力大，布置较灵活，适应性强；主要缺点：通风设备较多。

混合式通风适用于井田范围大、地质和地面地形复杂，或产量大、瓦斯涌出量大的矿井。

10.3.1.3　矿井反风

矿井进风口、井筒、井底车场附近一旦发生火灾，为减小灾情，有时需要反风，即改变风流方向。《煤矿安全规程》规定，矿井主要通风机必须有反风装置，必须能在 10min 内改变巷道中的风流方向；风流方向改变后，供风量应不小于正常风量的 40%。

10.3.2　矿井总风量的计算

在煤矿生产中，为了把各种有害气体冲淡到《煤矿安全规程》规定的安全浓度以下，为井下创造一个良好的气候条件，并提供足够的供井下人员呼吸的氧气，都要求为井下提供所需的风量。

10.3.2.1　矿井配风原则和方法

一般生产矿井的实际做法是按照《煤矿安全规程》的规定，根据实际需要，"由里向外"配风，即首先确定井下各用风地点（如采掘工作面、硐室、火药库等）所需的风量，然后逆风流方向加上各风路中允许的漏风量，求得各风路上的风量和矿井的总进风量。

10.3.2.2　生产矿井总进风量的计算

生产矿井总进风量是指井下各工作地点的需风量和各条风路中损失风量的总和。根据《煤矿安全规程》规定，矿井需要的风量应按下列要求分别计算，并选取其中的最大值。

（1）按井下同时工作的最多人数计算：

$$Q_{kj} = 4NK_{kt} \tag{10-6}$$

式中　Q_{kj}——矿井进风量，m^3/min；

　　　N——井下同时工作的最多人数；

　　　K_{kt}——矿井通风系数，抽出式取 1.15~1.2，压入式取 1.25~1.3；

　　　4——维持正常工作每人所需的风量，m^3/min。

（2）按采煤、掘进、硐室及其他地点实际需要风量的总和计算：

$$Q_{kj} = (\sum Q_c + \sum Q_j + \sum Q_d + \sum Q_b + \sum Q_{jlc} + \sum Q_{qt}) K_{kt} \qquad (10\text{-}7)$$

式中　$\sum Q_c$——采煤工作面实际需要风量的总和，m^3/min；

　　　$\sum Q_j$——掘进工作面实际需要风量的总和，m^3/min；

　　　$\sum Q_d$——硐室实际需要风量的总和，m^3/min；

　　　$\sum Q_b$——备用工作面实际需要风量的总和，m^3/min；

　　　$\sum Q_{jlc}$——井下采用胶轮车运输的矿井，尾气排放稀释需要的风量，m^3/min；

　　　$\sum Q_{qt}$——矿井除了采煤、掘进和硐室地点外的其他巷道需要进行通风的风量总和，m^3/min。

10.3.2.3　新设计矿井风量的计算

设计矿井的风量，可参照邻近生产矿井的通风资料，按生产矿井的风量计算方法进行计算。对新矿区、无邻近生产矿井参照时，可参照省内气候、矿山地质、开采技术条件相类似的生产矿井的风量计算方法进行计算。

10.4　矿井主要灾害及防治

10.4.1　瓦斯爆炸事故及预防

10.4.1.1　瓦斯爆炸事故及预防措施

瓦斯爆炸是一定浓度的甲烷和空气中的氧气在高温热源的作用下发生剧烈氧化反应的过程，瓦斯爆炸后产生高温、冲击波和大量有毒有害气体。瓦斯爆炸能造成大量的人员伤亡，井下设备、设施的严重摧毁等，有时还会引起煤尘爆炸和井下火灾，从而使灾害加重。

A　瓦斯爆炸的条件及其影响因素

瓦斯爆炸的三个充分必要条件为瓦斯浓度、引火温度和氧的浓度。

（1）瓦斯浓度。瓦斯只在一定浓度范围内爆炸，该浓度范围称为瓦斯爆炸界限，其最低浓度界限称为爆炸下限，最高浓度界限称为爆炸上限，瓦斯在空气中的爆炸下限为 5%~6%，上限为 14%~16%。

当瓦斯浓度低于爆炸下限时，遇高温火源并不爆炸，但能在火焰外围形成稳定的燃烧层。当瓦斯浓度高于爆炸上限时，失去其爆炸性，但在空气中遇火仍会燃烧。在正常空气中瓦斯浓度为 9.5% 时，其爆炸威力最大；当瓦斯浓度为 7%~8% 时最容易爆炸。

但必须注意的是，瓦斯的爆炸界限并不是固定不变的，当瓦斯混合气体的温度、压力发生变化，或混入煤尘及其他可燃性气体时，瓦斯爆炸的界限也会相应变化。

（2）引火温度。瓦斯的引火温度受瓦斯浓度、火源性质及混合气体的压力等因素的变化而变化。一般认为，瓦斯的引火温度为 650~750℃，最低点燃能量为 0.28MJ。当混合气体压力增高时，引燃温度会降低。在引火温度相同时，火源面积越大、点火时间越长，越易引燃瓦斯。

煤矿井下的明火、煤炭自燃、电弧、电火花、炽热的金属表面以及撞击和摩擦火花都能点燃瓦斯。

瓦斯和高温火源接触后，并不立即引燃，而要迟延一个很短的时间，这种特征称为瓦斯引燃迟延性。瓦斯引燃迟延时间的长短与瓦斯浓度和引火温度有关，瓦斯浓度越高，迟延时间越长，引火温度越高，迟延时间就越短；这种引燃迟延现象，对矿内安全爆破有很重要的意义。井下爆破时，虽然安全炸药爆炸的火焰温度高达2000℃以上，但其火焰存在时间仅有千分之几秒，来不及引燃瓦斯，所以瓦斯矿井使用煤矿安全炸药，按《煤矿安全规程》的要求爆破不会引起瓦斯爆炸或燃烧。但如果炸药质量不合格或炮泥充填不当时，会使爆炸火焰停留时间延长，超过瓦斯引燃感应期而造成事故。

（3）氧的浓度。在煤矿井下巷道及采场等一般氧浓度均满足瓦斯爆炸条件（氧浓度大于12%）。井下含瓦斯的混合气体中氧的浓度降低时，瓦斯爆炸界限随之提高。当氧的浓度低于12%时，混合气体即失去爆炸性。这一性质对井下密闭火区有重要意义。在密闭的火区内往往积存大量瓦斯，且有火源存在，但因氧的浓度降低，不会发生爆炸，若一旦有新鲜空气进入，氧的浓度达到12%以上时，就可能发生爆炸。因此，应加强火区管理，在启封火区时，更应格外慎重。必须在火熄灭后才能启封。

B　预防瓦斯爆炸的措施

瓦斯浓度、引火温度、氧的浓度是矿井发生瓦斯爆炸必须具备的三个条件。《煤矿安全规程》规定，井下空气中氧浓度不得低于20%，因此预防瓦斯爆炸主要从防止瓦斯积聚和瓦斯引燃着手。

（1）防止瓦斯积聚的措施如下：

1）加强通风。有效的通风是防止瓦斯积聚和超限最基本和最有效的方法，矿井中必须做到风流稳定、有足够的风量和风速，避免循环风，局部通风机风筒末端要靠近工作面，向瓦斯积聚地点加大风量和提高风速等。当瓦斯超过允许浓度时，必须及时进行处理。

2）及时处理局部积聚的瓦斯。容易局部积聚瓦斯的地点主要有工作面上隅角、独头掘进工作面上隅角、顶板冒落的空洞内、综放工作面后部放煤口及采空区边界处、低风速巷道的顶板附近等，及时有效地处理局部瓦斯聚集对防止瓦斯爆炸事故具有重要意义。

3）加强瓦斯监测与检测。准确地掌握矿井空气中的瓦斯含量是有效防止瓦斯事故的重要基础。目前在井下主要巷道硐室、采掘工作面的适当位置，采用瓦斯监测监控系统对矿井瓦斯进行适时动态监测、监控（瓦斯超限时自动报警并切断电源）。同时，对井下的移动场所等采用瓦斯检查仪器随时随地进行瓦斯检测。

（2）防止瓦斯引燃措施如下：

1）在井口和井口房内，禁止使用明火；

2）在瓦斯矿井，要使用矿用防爆型电气设备，对其防爆性能要经常检查，不符合要求的要及时更换；

3）严格执行爆破制度；

4）严格管理火区，防止密闭墙漏风，并定期测定火区内温度。

10.4.1.2　瓦斯喷出与突出及其预防

瓦斯喷出、煤与瓦斯突出是矿井瓦斯的特殊涌出现象。瓦斯喷出、煤与瓦斯突出能使工作面或井巷充满瓦斯，造成窒息，形成爆炸条件，以致破坏通风系统、造成风流紊乱或短时逆转。突出的煤和瓦斯能堵塞巷道，破坏支架、设备及设施。因此，这类瓦斯的突然涌出对煤矿安全生产危害很大，必须认真防治。

除了煤与瓦斯突出外，当煤层中含有大量二氧化碳气体时，由于煤对二氧化碳的吸附能力极强，故也会发生煤和二氧化碳突出。我国煤矿已发生过数起煤和二氧化碳突出危害。

瓦斯喷出及其预防如下所述。

（1）瓦斯喷出的特点。如果煤层或岩层中存在着大量高压游离瓦斯，当采掘工作面接近或沟通这一区域时，瓦斯就会像喷泉一样从裂缝或裂隙中大量喷出，突然涌向采掘空间，在短时间内造成风流中瓦斯突然增大，具有突然性和集中性。瓦斯喷出可导致突出地点的人员窒息，扩散到风流中遇高温火源可能发生爆炸等重大事故。

（2）瓦斯喷出的预防与处理。预防与处理瓦斯喷出的措施，应根据瓦斯喷出量的大小和瓦斯压力的高低来拟定，有些矿井总结为探、排、引、堵四类方法。

1）探明地质构造。在掘进工作面的前方和两侧打钻，探明含有大量瓦斯的断层、断裂和溶洞，以及它们的位置、范围和瓦斯情况。

2）排放（或抽采）瓦斯。如探明的高压瓦斯带范围不大、含量不多，可让其自然排放；若范围较大、瓦斯较多时可将钻孔封堵，接入瓦斯管路进行抽放。

3）将瓦斯引至回风流。当喷出瓦斯的裂隙范围小、瓦斯量不大时，可用金属罩或帆布将喷瓦斯的裂隙盖住，然后再罩上接风筒或管子将瓦斯引至回风流，以保证工作面爆破、掘进安全。

4）封堵裂隙。喷瓦斯的裂隙较小、瓦斯量较小时，可用黄泥或其他材料封堵裂隙，阻止瓦斯喷出。

此外，对有瓦斯喷出危险的工作面要有独立的通风系统，并要适当加大风量，以保证瓦斯不超限和影响其他区域。

10.4.1.3 煤与瓦斯突出及其预防

A 煤与瓦斯突出的特点

煤与瓦斯突出是指地下开采过程中，在很短的时间内（几秒钟或几分钟），突然由煤体内部大量喷出煤（岩）与瓦斯，并伴随着强烈震动和声响的一种矿井动力现象。喷出的煤（岩）从几吨到几百吨甚至上万吨，喷出的瓦斯从几百立方米到几万立方米甚至几十万立方米。短时间内大量的煤和瓦斯突然喷出，可以造成极其严重的后果。

煤与瓦斯突出可以发生在矿井的各类巷道和采煤工作面的各种作业时间，但以上山石门揭煤和平巷掘进时最容易发生。

煤与瓦斯突出机理十分复杂，一般认为煤与瓦斯突出主要是矿山压力和煤层瓦斯压力及煤岩力学性质等综合作用的结果。

煤与瓦斯突出一般具有规律性，主要如下：

（1）煤与瓦斯突出多发生在地质构造附近（如断层、褶曲、扭转等），以及高应力集中区（如巷道的上隅角、受煤柱集中应力影响的位置）等；

（2）突出次数、强度随煤厚（特别是软分层厚度）、倾角等增大且危险性增大；

（3）突出与采掘的工序有关，且多发生在爆破和落煤时或其后；

（4）突出与煤层的瓦斯含量和瓦斯压力之间没有固定关系。

B　煤与瓦斯突出预兆

煤与瓦斯突出前，一般都有一定的预兆，可以分为无声预兆和有声预兆两类。

（1）无声预兆有以下几种：

1）煤层结构变化。层理紊乱，煤层由硬变软，煤层厚度变化，倾角由小变大，煤由湿变干、光泽暗淡，煤层顶、底板出现断层、断裂、波状起伏，煤岩严重破坏。

2）工作面压力增大，煤壁外鼓等。

3）风流中瓦斯含量增大，或忽大忽小。

（2）有声预兆。响"煤炮"、深部岩层或煤层的破裂声、掉渣、支柱折断等都属有声预兆。因此，熟悉和掌握本煤层的突出预兆，可以及时撤出人员并采取措施，减少煤与瓦斯突出所造成的损失。

C　预防煤与瓦斯突出的措施

预防煤与瓦斯突出的措施，可以分为区域性措施和局部性措施两大类。《防治煤与瓦斯突出规定》对防治突出的各个环节都做出了具体规定，将防治突出技术归纳为"四位一体"的综合性防突措施，包括突出危险性预测、防治突出措施、防突措施的效果检验和安全防护措施。

（1）区域性措施。区域性措施是指使大范围煤层消除突出危险性的措施，主要有开采保护层（又称解放层）和预抽煤层瓦斯两种。

开采保护层是在开采具有煤与瓦斯突出危险的煤层群时，预先开采无煤与瓦斯突出危险或危险性较小的煤层，使在卸压区内的有煤与瓦斯突出危险的煤层的压力降低（卸压），泄出大量瓦斯，增加煤体的透气性，从而使其减弱或失去煤与瓦斯突出危险。这种预先开采的煤层称为保护层，被解除煤与瓦斯突出危险的煤层称为被保护层。

（2）局部性防突措施。局部性防突措施是指在有煤与瓦斯突出危险的煤层中掘进巷道时，采用影响范围比较小的局部预防性方法，在较小范围内消除或降低突出威胁。

1）钻孔抽采或排放瓦斯。钻孔抽采或排放瓦斯是石门揭煤时的一种措施，即用石门开拓有煤与瓦斯突出的煤层时，从掘进工作面距煤层10m以外，开始向煤层打钻，使煤层中的瓦斯从钻孔中自然排放出来，降低瓦斯压力，达到预防突出的目的，钻孔超前掘进工作面的距离不得小于5m。在揭开煤层之前，掘进工作面和煤层之间必须保持一定的岩柱，然后一次崩开石门的全断面岩柱和煤层全厚。

2）震动爆破。震动爆破也是石门揭煤的一种措施，它是在掘进工作面增加炮眼数目，加大装药量，全断面一次爆破，人为地激发煤与瓦斯突出，以避免用一般爆破方法容易发生延期性突出。

3）水力冲孔。水力冲孔是在安全岩柱（或煤柱）的保护下向煤层打钻孔，用高压水通过钻杆冲击煤体，边钻边冲，使煤、瓦斯和水一起从钻杆与孔壁间流出，从而将煤与瓦斯突出的能量"化整为零"地逐步释放出来。

预防煤与瓦斯突出的措施除上述几种外，还有松动爆破、超前钻孔、超前支架、煤层注水、水力压裂、金属骨架、开卸压槽卸压等方法。

10.4.2 矿尘的危害及预防

矿井在生产过程中所产生的各种矿物微粒统称为矿尘。其中飞扬在空气中的称为浮尘，从空气中沉降下来的称为落尘。矿尘的两种存在状态是相对的，随着外界气候条件改变，浮尘和落尘之间是可以互相转化的。

10.4.2.1 矿尘及其危害性

煤矿矿尘就其危害和数量而言，主要是煤尘和岩尘，其生成量以采掘工作面最高，其次为运输过程中的各转载点。

矿尘危害的主要表现如下：

（1）污染工作场所，危害人体健康，引起职业病。作业地点矿尘过多会影响视线，甚至造成视力减退，不利于及时发现事故隐患，从而增加了发生事故的机会；皮肤沾染矿尘，会阻塞毛孔、引起皮肤病或发炎；人体吸入过量的矿尘，轻者可引起上呼吸道炎症，严重时可导致尘肺病，尘肺病是目前危害较大的一种矿工职业病。

（2）燃烧或爆炸。井下煤尘在一定的条件下可以燃烧或爆炸，对于瓦斯矿井，煤尘可能参与瓦斯爆炸，煤尘或瓦斯煤尘爆炸可酿成严重的矿山灾害。

（3）加速机械设备的磨损，缩短仪器设备的使用寿命。

10.4.2.2 煤尘的爆炸及其预防

煤尘接触高温热源时，首先迅速放出挥发分，因其燃点较低，所以一旦和空气混合便在高温作用下燃烧起来，燃烧生成的热又使煤尘加快挥发而燃烧，生成更多的热。这些热量传播给附近煤尘并使其重复以上的过程，在此过程连续不断进行中，氧化反应越来越快，温度越来越高，范围越来越大，当其达到一定程度时，便由一般燃烧发展成剧烈爆炸。

煤尘爆炸一旦形成，爆炸波便可将巷道中的落尘扬起而成为浮尘，为爆炸的延续和扩大补充尘源。因此，煤尘爆炸不仅表现出有连续性的特点，而且在连续爆炸的条件下，可能有离开爆源越远其破坏力越大的特征。

煤尘引燃的温度变化范围较大，一般为 $700 \sim 800℃$，有时也可达 $1100℃$。煤矿中能点燃煤尘的高温热源有爆破时出现的火焰、电气设备的电火花、电缆和架线上的电弧、采掘机械工作时出现的冲击火花、安全灯火焰、井下火灾以及瓦斯爆炸等。

煤尘爆炸性可以分为有爆炸危险性及无爆炸危险性两种，需经过煤尘爆炸试验来确定。一般来讲，无烟煤的煤尘没有爆炸危险性。但煤尘无论有无爆炸危险，对人体健康都是有害的，因此在矿井生产过程中应当采取必要的防尘措施。

防止煤尘爆炸的措施分为降尘措施、防止引燃措施、隔爆措施。

A 降尘措施

减少煤尘发生量和浮尘量，是防尘措施中最积极的办法，具体措施如下：

（1）煤层注水湿润煤体。在回采以前，通过钻孔将压力水注入煤体以湿润煤体。可在采煤工作面煤壁上打钻孔，也可在回风巷或运输巷平行工作面煤壁打钻孔。国内不少矿井都试验和采用了这种防尘措施，均获得较好的防尘效果。

（2）采空区灌水。当开采近距离煤层群的上组煤或者采用分层法开采厚煤层时，往往在采空区灌水湿润下组煤或下分层的煤体，以防止开采时煤尘的生成。对前者来说，两个煤层间的岩层应具有较好的透水性；而后者往往采用与防止自燃发火进行预防性灌浆相结合的方法，其技术要求和灌浆基本相同。

（3）水封爆破及水炮泥。它们都是由钻孔注水预湿煤体演变而来的，将注水与爆破结合起来，不仅起到消烟防尘的作用，而且也提高了炸药的爆破效果。

（4）喷雾洒水。在尘源发生地点喷雾洒水是捕尘降尘简便易行而有效的措施。在机组采煤、联合掘进机组掘进、装煤、翻车、转载等生产环节中采取正确的喷雾洒水措施，将大大减少煤尘的飞扬。在爆破时采取喷雾洒水既起降尘作用又能消除炮烟，缩短通风排烟时间。

（5）采用合理的风速。井下风速必须严格控制，增加风量或改变通风系统后，风速应符合《煤矿安全规程》规定，防止煤尘的飞扬。

（6）清扫积尘。沉积在巷道四壁的煤尘，一旦受到冲击再度扬起，形成初爆的尘云，为煤尘爆炸创造了条件。因此它是造成井下煤尘爆炸的一个隐患，必须清除掉。

B　防止引燃措施

参见本章防止瓦斯引燃部分。

C　隔爆措施

隔爆措施是将已经发生的煤尘爆炸限制在较小的范围内，阻止其继续传播与发展，可以用安设在巷道中的岩粉棚或水槽棚来达到此目的。

岩粉棚由安装在巷道中靠近顶板处的若干块木制岩粉台板组成，板与板的间隙稍大于板宽，每块台板上放置一定数量的不燃性岩粉；在出现煤尘爆炸时，爆炸波将台板震翻，岩粉弥漫在巷道中，从炽热的燃烧煤尘中吸收热量并隔断火焰，从而起到阻止爆炸向前扩展的作用。

用水槽棚或悬挂水袋的方法代替岩粉棚，用水代替岩粉，效果比岩粉好。

采用自动水幕作为隔爆设施，利用煤尘爆炸所产生的爆炸波打开水阀门，自动喷雾形成水幕，以隔断煤尘爆炸的传播。

岩粉棚或水槽棚应设置在矿井两翼、相邻采区和相邻煤层处。

10.4.2.3　煤矿尘肺病的预防

预防尘肺病的关键是降低集中发生矿尘地点的矿尘浓度。防治措施以湿式凿岩为主，包括喷雾洒水、通风除尘、净化风流和个体防尘在内的综合性防尘措施。

（1）湿式凿岩。湿式凿岩是在风钻凿眼时用水冲洗炮眼内破碎的岩粉，使其成胶质状从炮眼中流出。

（2）喷雾洒水。喷雾洒水在采掘工作面是降低爆破、装岩（煤）及其他工序产生矿尘和防止落尘飞扬的重要措施，如在掘进机、采煤机、液压支架内、放顶煤的放煤口等的集中产尘点安装喷雾洒水装置。此外，在矿井运输、转载等其他生产系统中都普遍采用安装喷雾洒水装置方法降低煤（岩）尘。

（3）净化风流。在矿井巷道中，按照规定每隔一定距离安装喷雾器喷雾形成净化水幕，在掘进巷道的局部通风机风筒中装设喷雾器形成水幕，使风流中的空气得到净化。

（4）个人防护。在实施上述综合防尘的基础上，为防止人员直接吸入矿尘，对在粉尘较大场所的工人发放防尘口罩等个体防尘面具，要求所有接触粉尘作业人员必须佩戴防尘口罩等。

10.4.3 矿井火灾及防治

发生在矿井内的火灾统称为矿井火灾。发生在井口附近的地面火灾能直接影响井下生产、威胁矿工安全的火灾亦称为矿井火灾。

10.4.3.1 火灾分类

按引火原因矿井火灾可分为内因（自燃）火灾和外因火灾两类。

A 内因（自燃）火灾

自燃物在一定外部条件（适量的通风供氧）下，自身发生物理化学反应，产生并积聚热量，使其温度升高到自燃点而形成的火灾称为内因火灾。煤矿中的自燃物主要是具有自燃倾向性的煤炭。

煤炭自燃火灾经常发生的地点：

（1）采空区，特别是有大量遗煤未及时封闭或封闭不严的采空区；

（2）巷道两侧受地压破坏的煤柱；

（3）巷道堆积的浮煤和冒顶片帮处；

（4）与地面老窑连通处。

鉴于火灾发生必须同时具备可燃物、引发燃烧的热源、充足氧气的供给三个方面的条件，因此，在火灾预防与处理时，一切技术措施都应该是针对某一个或某几个因素，降低其发生的可能性。

煤炭自燃火灾外部征兆不明显，燃烧没有较大的火焰，很难早期察觉，有时对已发生的火灾也不容易找到真正的火源，再加上受井下空间条件限制，增加了扑灭火灾的难度。

B 外因火灾

可燃物在外界火源（明火、爆破、机械摩擦、电流短路等）作用下，引起燃烧形成的火灾称为外因火灾。外因火灾大多发生在井下风流畅通的工作地点，如果发现不及时或者灭火方法不当，火势发展很快，将造成严重后果。

C 矿井火灾的危害

矿井火灾的危害如下：

（1）矿井火灾发生后，随着火灾的发展而产生高温和大量火烟，火烟内含有大量有毒和窒息性气体，严重威胁工人生命安全；

（2）能够引起瓦斯、煤尘爆炸；

（3）使井下风流逆转；

（4）产生再生火源；

（5）损坏机械设备，破坏矿井的正常生产秩序。

10.4.3.2 内因火灾发生原因及防治措施

A 煤炭自燃的原因

煤炭自燃是氧化过程自身加速发展的结果。煤炭在常温下能吸附空气中的氧而发生氧化作用产生热量。如果产生的热量不能很好散发并继续积聚，当温度上升达到煤的着火温度时，就会引起煤炭自燃。

煤炭自燃大体上可以划分为三个主要阶段，即潜伏期、自热期和燃烧期。

（1）潜伏期。有自燃倾向性的煤炭与空气接触后，吸附氧而形成不稳定的氧化物或含氧的游离基，初期看不出其温度上升和周围环境温度上升。此过程煤的氧化比较平缓，煤的总量略有增加，着火温度降低，化学活泼性增强。

（2）自热期。在潜伏期之后，煤氧化的速度在增加，不稳定的氧化物开始分解成水、二氧化碳和一氧化碳。这时若产生的热量未散发或传导出来，则积聚起来的热量便会使煤体逐渐升温，达到某一临界值时便开始进入燃烧期。

（3）燃烧期。煤进入燃烧期就出现了一般的着火现象：产生明火、烟雾、一氧化碳、二氧化碳以及其他可燃气体，火源中心处的煤温可高达 $1000 \sim 2000 ℃$。

总之，煤炭自燃的加速度很大，生成的热量来不及放散，引起自动加速氧化的特性，不仅在说明煤炭自燃的理论方面有意义，而且可以作为鉴别煤炭自燃难易的依据。

B　煤炭自燃的早期识别

煤炭自燃发现越早越易扑灭。因此，及早识别自燃火灾，对于顺利和迅速扑灭井下火灾有决定性作用。识别方法如下：

（1）根据自燃的外部征兆判断。早期自燃的外部征兆包括：空气的湿度、温度增加，在火区附近出现烟雾，巷道壁和支架上有水珠，有煤油、煤焦油、松节油等的气味。

（2）根据矿井空气成分的变化判断。煤的氧化过程可使附近地区空气成分发生变化，即氧的浓度降低、一氧化碳和二氧化碳浓度增加，并出现一些碳氢化合物。这种矿内空气成分的变化，特别是一氧化碳浓度的改变，可以作为判断煤炭是否自燃的一个重要指标。测定矿井空气中一氧化碳浓度的方法有矿井监测监控系统（一氧化碳传感器），直接在井下用一氧化碳测定仪和测定管进行含量的测定。

C　自燃火灾的预防

（1）合理地开拓开采系统、采煤方法及通风系统。煤炭只有处于破碎状态、通风不畅、易于蓄热的环境中才能产生自燃现象。因此，在开拓开采的巷道布置及选择采煤方法时，就应该充分考虑防火的要求。在进行开拓开采系统设计及选择采煤方法时应遵循：减少煤层暴露面积，少留浮煤，少切割煤体，住宅区尽早封闭；尽量采用长壁式采煤方法，推行综合机械化采煤等。

（2）预防性灌浆。预防性灌浆是将水、浆材按适当的比例混合，制成一定浓度的浆液，借助输浆管路送往可能发生自燃的区域，以防止自燃火灾的发生。预防性灌浆是防止煤炭自然发火（煤炭自燃）的一项传统措施，也是目前使用比较成功、稳定性好的措施。

（3）阻化剂防火。选用氯化钙、氯化镁、水玻璃等溶液作阻化剂，灌注到采空区、煤柱裂隙等易于自燃的地点。降低或阻止煤的氧化进程，或用喷枪在煤层暴露面上喷敷一薄层，防止煤的自热以预防煤炭自燃。

（4）均压防灭火。漏风是造成煤炭自然发火的主要原因，均压防灭火与封闭防灭火的原理一样，即都是堵漏。

（5）惰性气体防灭火。惰性气体防灭火，就是利用惰性气体能抑制可燃物燃烧的一种防灭火方法，常用的如氮气、二氧化碳和卤代烷基等。

10.4.3.3 外因火灾的预防

外因火灾对于井下工作人员的威胁比自燃火灾更大，如不及时控制和扑灭，火势会迅速扩大，生成大量一氧化碳，可造成井下人员的大量伤亡。因此，任何矿井都必须十分重视外因火灾的预防。

外因火灾的预防主要应采取"预防为主，消防结合"的方针，把防火放在首位。防火措施主要有技术措施、教育措施和管理措施三种。

A 技术措施

（1）防止起火：确定发火危险区，加强对明火和高温火源的管理与控制，防止火源产生；消除燃烧的物质基础，防止火源与可燃物接触；安装可靠的保护设施，防止潜在热源转化为显热源。

（2）防止火灾扩大。

B 教育措施

教育措施包括知识教育、技术教育和态度教育三个方面。

C 管理措施

管理措施主要是制定各种规程、规范和标准且强制执行。

此外，为了防止地面火灾传入井下和井下火灾事故扩大，进风口和进风平硐口都要安装防火铁门。进风井筒和各水平的井底车场连接处要安设两道防火铁门。在炸药库和机电硐室出入口也要安设防火门，以便发生火灾及时关闭。为一旦井下发生火灾时便于迅速扑灭，井下要设消防材料库，贮存灭火器材，并要定期检查和更换。井下设置消防供水系统，主要运输巷道要装有消防水管和水阀。矿井要有充足的消防水，以便在外因火灾的初期，立即用水扑灭。

10.4.3.4 井下灭火方法

当井下发生火灾时，最先发觉火灾的人员要保持镇静，根据火灾的性质，采取一切可能的办法直接灭火，力争在火灾初期就把火扑灭。同时迅速向矿值班人员报告火情，并通知矿山救护队。

矿内灭火方法有直接灭火法、隔绝灭火法和联合灭火法。

（1）直接灭火法。矿内火灾特别是外因火灾初起时，通常是局部的，燃烧也较缓慢。因此，可根据火源的性质采用水、沙子、化学灭火器（泡沫灭火器、干粉灭火器等）、高倍数泡沫灭火装置以及挖除火源等方法直接扑灭火源。

（2）隔绝灭火法。矿内火灾用直接灭火法不能扑灭时，应迅速在通往火区的所有巷道内建筑防火墙（密闭墙）进行封闭，使火源与外界空气隔绝，当火区内氧气耗尽时，火灾即自行熄灭。常见的防火墙由砖和料石砌筑。此外，还有高水材料、泡沫塑料等快速密闭材料构筑等灭火方法。

（3）联合灭火法。实践证明，单独使用防火墙封闭火区，熄灭火灾所需要的时间很长，造成一定时期煤炭回采呆滞，影响生产。如果密闭质量不高，漏风较大，就达不到灭火的目的。通常在火区封闭后，同时采取一些其他配套措施，加快熄灭火灾，提高灭火速度，这种方法称为联合灭火法。

常用的联合灭火法是向封闭的火区灌注泥浆、惰性气体（二氧化碳、炉烟、氮气等）以及采用调节风压法等。

10.4.4　矿井防水技术

10.4.4.1　矿井水源和涌水通道

在矿井建设和生产过程中，地面水和地下水都可能通过各种通道涌入矿井，所有涌入矿井的水，统称为矿井水。为了保证矿井建设和生产正常进行，必须采取有效措施防止水进入矿井，或将进入矿井的水排出，前者称为防水，后者称为排水。

当矿井涌水量超过正常排水能力时，就可能造成水灾，给矿井建设和生产带来严重后果，甚至威胁井下人员的生命安全。因此，矿井水防治必须坚持"以防为主、防排结合"的方针。

井下涌水的发生，必须具备矿井水源和涌水通道两个条件，因此一切防水措施都应以消除水源和杜绝涌水通道两方面着手。

A　矿井水源

矿井水源按其来源分为地面水和地下水两类。

（1）地面水。地面的江、河、湖、沟、渠、池塘里的积水或季节性的雨水和山洪都称为地面水。地面水往往可通过井筒、塌陷裂缝、断层裂隙、溶洞和钻孔等直接进入井下造成水灾。

（2）地下水。地下水分为含水层水、断层水及老空水等。

1）含水层水。把矿井的砾石层、流沙层、石灰岩层等含水比较丰富的岩层称为含水层。若含水层与地面水相连通时，对矿井威胁更大。

2）断层水。由于断层附近的岩石通常较破碎，易于积水，同时由于断层容易将若干个含水层导通，形成较强的水力通道。因此，把积存在断层附近或通过断层导通涌出的含水层水称为断层水。

3）老空水。井下采空区和废旧井巷里常有积水，称为老空水。老空水一般都在生产区的上部，所以静水压力很大，来势凶猛，且常含有有害气体。因此采掘工作面接近这些地区时，必须提高警惕，采取措施，以防止发生井下透水事故。

一般来说，上述水源不是孤立存在的，往往是互相沟通、互相补给。因此，必须把矿井各种水源之间的水力联系调查清楚，以便采取正确的防水措施。

B　涌水通道

水源进入矿井的可能通道有断层破碎带、采掘过程形成的裂缝、井巷、封闭不好或没有封孔的旧钻孔等。对某一具体矿井来说，上述因素不一定同时具有充水作用，而往往只是其中个别因素或几个因素起着主导作用。所以，必须抓住主要因素加以分析，以便采取有效的措施，防止矿井水灾事故发生。

10.4.4.2　矿井防水

A　地面水的防治

（1）防止井口灌水。所有矿井的井口标高，都应在本地区历年最高洪水位以上。如果因受地形限制，难以找到合适的井筒位置，则应修筑坚实的高台，以使井口标高高于历年最高洪水水位。

（2）防止地面渗水。对井田范围内的河流、沟渠等，应将其疏干或改道，移到矿区之外。如不能将河流改道，则应修筑护河堤坝，加固河床，以防向井下漏水或汛期河水出潮对矿井的危害。

（3）加强地面防水工程的检查。在雨季到来之前，应对整个地面防水工程进行检查，发现问题及时处理。

B　井下水的防治

（1）掌握矿井的水文地质资料。水文地质资料是制定防水措施的依据，因此，必须掌握井田范围内井上、下水源及涌水通道等情况；并将有关资料标注在采掘工程平面图上，划定安全开采范围。

（2）井下探水。当掘进巷道接近地下水源、被淹井巷或遇到可疑水源以及打开隔水煤柱放水时，都必须贯彻执行"有掘必探、先探后掘"的原则。探水作业不仅直接关系到探水作业人员的安全，而且关系到探水区域甚至整个矿井的安全，因此探水作业必须严格执行《煤矿安全规程》中的有关规定。

（3）井下放水。掌握和探明地下水源之后，应采取一定的措施将威胁矿井安全生产的水有计划地放出，并排出地面。

（4）井下堵水。对于井下难以疏干的水源，就需要留一定宽度的煤柱或岩柱隔水，对局部涌水通道进行充填，或在涌水巷道中设置防水闸墙（水闸门）进行堵水。

C　矿井透水事故的预兆及处理

采掘工作面透水前，一般都有预兆，这些透水预兆如下：

（1）煤层发潮、发暗。煤层本来是干燥光亮的，由于水的渗入，就变得潮湿发暗了，如果挖去一层还是这样，就说明附近可能有积水。

（2）巷道壁或煤壁"挂汗"。这是由于压力水渗过微小的裂缝凝结于岩石或煤层表面造成的现象，看上去就好像煤壁或巷道壁出汗似的。

（3）煤壁或巷道空气变冷。煤层含水时，能吸收大量的热，所以用手摸煤壁时感到发凉，巷道内也会较正常时冷。

（4）顶板压力及淋水增大，或底板鼓起并向外渗水。

（5）出现压力水流（或称为压力水线）且水质浑浊，这是离水源已经很近的预兆。

（6）有水声出现，一种是水受挤压发出的"嘶嘶"声，另一种是空洞泄水声，这些都是离水源很近的危险预兆。

（7）有硫化氢、二氧化碳等气体逸出工作面的有害气体增加。

（8）煤壁或巷道壁"挂红"，酸味大，水味发涩，有臭鸡蛋味。这些都属于积水年久、水中溶解许多杂质的原因；积水中含铁离子能使水变成红色，酸性水发涩，含硫化氢的水有臭鸡蛋味。

以上仅仅是一般预兆。有时也会遇到特殊情况，如过断层时有的没有出现什么预兆，只是压力增加，以后支架破损，水即涌出。

当工作面发现涌水预兆或涌水大量增加时，说明已接近积水区，此时应停止作业，迅速报告矿调度室及时采取有效措施，防止透水事故的发生。

D　透水时采取的措施

（1）尽快掌握透水事故的地点、水量、已经淹没或可能淹没的巷道，用不同方法尽快通知井下可能受威胁的一切人员撤到安全地点；

（2）组织所有力量，采取一切有效措施，迅速排水和抢救遇险人员；

（3）加强通风，排除透水带来的有害气体，必要时先通风后组织抢救人员；

（4）排水期间要经常检查有害气体的变化情况，并应时刻警惕再次透水。

E　恢复被淹矿井的方法

恢复被淹矿井的方法可分为直接排干法和先堵后排法两种。

（1）直接排干法。对于水量不大、水源有限或与其他水源无通道联系的被淹井巷，可以通过增加排水设备、加大排水能力的方法，直接排干被淹井巷。

（2）先堵后排法。当井下涌水量特别大，单纯采用排水方法无法恢复时，则可先进行堵水，截断水源再进行排水。

思　考　题

10-1　矿井通风的任务是什么？

10-2　矿井空气中有害气体有哪些？

10-3　什么是矿井通风阻力，有哪几类？

10-4　试述瓦斯爆炸事故预防措施。

10-5　试述煤尘爆炸预防措施。

10-6　试述内因火灾发生原因及防治措施。

11 矿山生产过程信息化管理

11.1 概　述

11.1.1 背景

中华人民共和国成立后，尤其是改革开放以来，我国制造业持续快速发展，建成了门类齐全、独立完整的产业体系，有力推动了工业化和现代化进程，显著增强了综合国力，支撑了世界大国地位。然而，与世界先进水平相比，中国制造业仍然大而不强，在自主创新能力、资源利用效率、产业结构水平、信息化程度、质量效益等方面差距明显，转型升级和跨越发展的任务紧迫而艰巨。

对于采矿业来说，要走科技含量高、经济效益好、资源消耗低、环境污染少、人力资源优势得到充分发挥的新型工业化道路，数字化、信息化是其发展的必然趋势。近年来，国际和国内已经在数字化矿山建设领域进行了成功的尝试并取得了巨大的进展。国内众多的矿山企业通过对生产过程的信息化管理，提升了矿山的生产管理水平。

11.1.2 业务目标

生产执行系统（Manufacturing Execution System，MES）：矿山生产过程的执行管理系统，即在生产过程监控的基础上，以生产计划为指导，跟踪矿山生产过程数据，通过数据分析优化生产过程，实现各项生产指标考核。

矿山生产执行系统从矿山生产工艺流程入手，以生产计划—生产调度—生产统计为主线，实现生产计划以及生产工单的审批、下达，在日常生产管理中对计划的执行情况进行跟踪；并实时监管系统的生产工艺信息和设备运行状态信息，经过分析处理，形成管理中需要的各种报表及分析结果。

生产过程信息化管理以生产执行系统 MES 为核心，通过对生产过程数据信息的采集、分析、数据信息的集成整合，实现采选生产数据信息的共享，进行科学动态地调度管理生产资源，及时优化和组织生产，确保生产流程畅通、工艺过程稳定，提高生产效率，保证质量，减少消耗，降低成本，提高效益，实现企业生产管理信息化、信息资源化、传输网络化、管理科学化的现代企业目标。主要目标如下：

（1）解决矿山生产过程数据和资料繁、乱、杂等管理和存储问题，进行统一管理。

（2）二次挖潜和利用已有的矿山生产过程信息，拓展应用的领域，充分发挥生产过程信息的优势。

（3）打破生产过程信息的"孤岛"现象，实现信息的高度共享。

（4）实现办公自动化、手段现代化、管理科学化，实现矿产资源信息及时、准确地上报、汇总，辅助更新管理海量数据。

（5）与其他系统进行数据对接，保证数据的一致性、完整性、及时性和信息共享。

（6）培养和打造一支专业生产管理信息化管理队伍，组建完善的产业及生产过程信息化标准和网络体系，形成网络资料共享和交流平台。

（7）合理开发利用资源，对产业布局、产品结构进行系统地规划管理和调整，以满足公司对矿产资源的规划管理和产业结构调整的需要。

11.1.3　技术目标

矿山生产过程信息化管理是通过监测监控、对比分析生产的各个环节工况与工作原理，简化矿山技术、生产与管理的复杂问题。其具体技术目标包括以下几个方面。

11.1.3.1　建立统一的信息化集成平台和管理运行机制

（1）在先进、实用、成本最优的前提下，整合现有硬件、软件和网络系统；

（2）依据集团公司信息化管理要求，按照统一的信息化管理架构建设统一平台；

（3）实现安全生产流程和安全管理流程的标准化、信息化。

11.1.3.2　以"数字化、智能化、自动化与信息化融合"为基础，实现"管控一体化"

（1）加强和完善底层自动化建设，采用技术领先、标准统一的工业以太网网络结构，集成各个生产和安全子系统的实时监控数据，完成生产系统的远程集中监控；通过数据分析、数据整合，保证数据同企业管理决策信息系统无缝的连接，保证整个综合自动化系统数据的有效性、一致性，实现不同业务和系统间能够实时的交换和数据共享。

（2）加强感知物联网和数据中心建设，提高底层监测设备和传感器的数量和质量，实现设备和环境的智能化在线检测；并根据信息化的标准要求，实现统一标准、统一存储、统一管理，实现最大程度的数据共享。

（3）构建包含各种复杂地质构造的高精度三维地质透明化模型，并实现基础的测数据的动态更新。有效地支持大型数据库和实时信息流通信技术，集成安全监测、综合自动化、通信视频等各类工业实时数据，构建矿山"采、掘、选、机、运、通"专业仿真模拟系统，实现全矿生产管理的一体化，最终实现平台的网络化、分布式综合管理。

（4）实现对生产安全风险的远程监管、集中控制、现场调度的标准管理体系。

11.1.3.3　实现多级多层次风险预控体系

（1）依托信息化完成企业流程标准化管理的固化和推广；

（2）建立企业全面的安全生产风险预控体系。

11.1.3.4　实现"两型、四化"

（1）两型：安全高效型、本质安全型；

（2）四化：基础对象数字化、生产管理精细化、技术装备现代化、人员培训制度化。

11.1.4　定义

（1）数字矿山：数字矿山是以计算机及其网络为平台，在统一的时间、空间框架下，将矿山的所有空间和属性数据进行科学、合理和高效的管理与整合，构建为一个矿山信息模型，提供直观、快速的检索和显示手段，充分应用于矿山生产、管理与决策中，达到生产方案优化、管理高效和决策科学化的目的。

（2）矿山生产与调度：矿山企业的作业过程、生产设备较分散，矿山的提升、运输、通风、排水、填充等工艺工程和设备分布范围广泛，要对这些设备的运行参数进行及时的了解和掌握。生产调度与监控系统就是建立矿山主要生产设备、设施监测网络，采用不同种类的传感器将矿山主要生产设备的运行信息进行采集，通过专门的工业以太网传输到总调度室，进行模拟处理后，显示到监测屏幕上，及时掌握各系统的工作参数，便于管理人员对矿山生产设备运行状态进行统一监控，调度指挥生产，从而实现对矿山生产系统、设备的集中监控，实现对井下工作人员及移动设备的自动识别、跟踪定位和管理。

（3）信息集成系统：基于计算机环境和技术，将生产自动化系统、生产管理系统与经营决策系统综合集成，提高企业经营效率、促进企业战略目标实现的大系统。

（4）数据管理：利用计算机硬件和软件技术对数据进行有效的收集、存储、处理和应用的过程。其目的在于充分有效地发挥数据的作用，实现数据有效管理的关键是数据组织。随着计算机技术的发展，数据管理经历了人工管理、文件系统、数据库系统三个发展阶段。

（5）数据源：数据的来源，是提供某种所需要数据的器件或原始媒体。在数据源中存储了所有建立数据库连接的信息，就像通过指定文件名称可以在文件系统中找到文件一样，通过提供正确的数据源名称，使用者可以找到相应的数据库连接。

11.2　信息化框架

11.2.1　业务支撑体系架构

生产过程管理以生产标准化管理贯穿整个管理过程。在管理过程中，分为数据接入、数据储存、数据访问、数据展示四个层级，如图 11-1 所示。

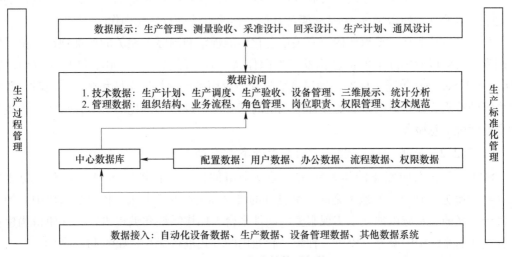

图 11-1　业务支撑体系架构

数据接入层为接入系统外部其他系统数据、自动化设备数据以及系统人工录入的数据，让各系统之间形成数据共享，同时将自动化设备的数据接入系统，减少自动化数据的二次读取和传递。系统人工录入的数据作为生产过程管理系统的主要数据来源，保障系统的基本运行。

数据存储层为储存系统数据接入层数据和系统配置数据，数据存储层是系统数据的存储中心，为各功能模块存储和提供系统运行数据。其中，配置数据是为了保证系统功能以及流程的正常运行，初始化是为系统配置的基础数据。

数据访问层是系统运行时各技术功能模块和系统管理模块访问数据存储层数据的过程，其主要访问数据的技术功能模块有生产计划、生产调度、生产验收、设备管理、三维展示、统计分析，主要访问数据的管理模块有组织机构、业务流程、角色管理、岗位管理、权限管理等。其数据访问是对数据存储层数据的调用，为数据展示层的数据展示提供访问通道和规则。

数据展示层是对数据存储层的数据按照各功能需求进行展示和运用，其数据展示层不仅局限在系统内部的展示和运用，还为外部的其他系统提供展示数据的基础。外部系统通过数据接口协议访问数据，实现数据的共享和数据价值的最大化运用。

11.2.2　信息化系统框架

11.2.2.1　采用标准规范，结合个性化特点进行设计开发

XML：可扩展标记语言，标准通用标记语言的子集，是一种用于标记电子文件使其具有结构性的标记语言。

SQL：结构化查询语言（Structured Query Language，SQL）是一种特殊目的的编程语言，也是一种数据库查询和程序设计语言，用于存取数据以及查询、更新和管理关系数据库系统；同时也是数据库脚本文件的扩展名。

Web Service：基于网络的、分布式的模块化组件，它执行特定的任务，遵守具体的技术规范，这些规范使得 Web Service 能与其他兼容的组件进行交互操作。

系统的设计和建设要参照国家有关信息化标准规范和国际上相关的标准规范，使系统与国家、行业以及国际上的信息化发展方向保持一致。尽量采用 XML、结构化查询语言 SQL、Web Services 等通用标准，确保系统与其他应用系统的数据交换和接口。同时，要根据系统的特点，在现有国家、行业标准规范的基础上，进行个性化的扩展，从而提供更好的企业管理信息服务。

11.2.2.2　采用 SOA 架构，灵活应对业务需求的变化

SOA 架构：面向服务的体系结构，是一个组件模型，它将应用程序的不同功能单元（称为服务）通过这些服务之间定义良好的接口和契约联系起来。接口是采用中立的方式进行定义的，它应该独立于实现服务的硬件平台、操作系统和编程语言，这使得构建在各种这样的系统中的服务可以以一种统一和通用的方式进行交互，如图 11-2 所示。

首先，系统包括综合数据库、数据交换系统、应用系统、应用支撑平台等，需要实现各类数据/应用之间互相集成服务；而且，该项目建设时要统筹考虑下属企业的分布式部

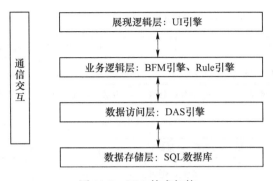

图 11-2 SOA 技术架构

署；此外，为了应对业务的不断发展变化，需要不断建设新的系统、新的功能、新的数据。因此，要求系统总体框架具有集成性、灵活性、扩展性。

SOA 在数据、应用之间建立了一个独立的服务交易"市场"，便于"数据、应用"间服务交易。数据和应用都将不同粒度的服务发布到交换"市场"，使得服务的调用只需要与服务"市场"打交道，而不用直接与服务拥有者打交道。

系统采用 SOA 面向服务架构，将实现项目相关的各类数据与应用间灵活调用，从而使整个项目可以灵活扩展数据和新的应用，实现灵活应用的业务需求。

11.2.3 业务流程框架

11.2.3.1 整体业务流程

矿山生产过程管理旨在从矿山生产工艺流程入手，以生产计划—生产监控—生产统计为主线，记录生产计划数据和生产过程信息，集成数字采矿软件、设备管理系统、物资管理系统、计量系统和自动化系统等第三方软、硬件系统数据，对信息进行记录、加工、分析和展示，实现信息的高度共享。系统提供包括计划执行与修正、资源合理利用、产量与质量统计分析、平衡工况的优化调度、异常工况的动态调度、辅助生产调度决策等功能一体化解决方案，做到"实时监控、平衡协调、动态调度、资源优化"，从而最大化地规避安全风险，挖掘设备的生产潜力，降低生产成本，改善企业生产状况，持续提高生产力和劳动生产率，实现精益生产，为企业的生产组织和管理工作的全面提升增添新的价值，如图 11-3 所示。

11.2.3.2 年计划管理流程

年计划主要是制订矿山的年生产相关的计划，制订计划前需要查阅本年度计划及其执行情况，根据本年度的情况初步制订下年度的计划。其计划包括生产计划、设备计划以及其他的相关计划，年计划编制完成后进入年计划的审批流程。各年计划编制好后提交至各技术分管人员，技术分管人员组织对相关年计划进行审批；各负责人将相应年计划通过审批后提交给技术负责人，技术负责人组织审批，随后按照生产管理实际情况逐级审批。矿山按照通过审批的年计划进行生产，在生产中若发现无法完成年计划或其他原因需要调整计划，则调整年计划，其年调整计划的管理流程与年计划相同。年计划管理流程如图 11-4 所示。

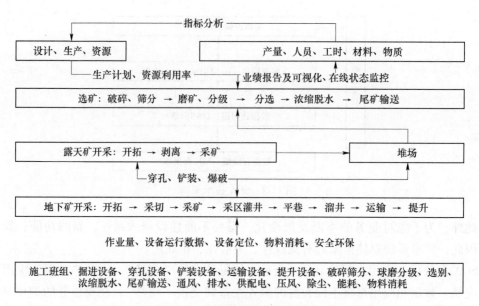

图 11-3 生产管理整体业务流程

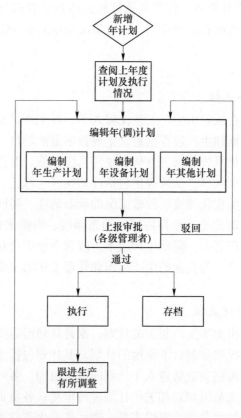

图 11-4 年（调）计划管理流程

11.2.3.3 月度验收流程

月度验收是对该月现场实际情况的汇总。每月定期到现场对实际生产情况进行验收，验收完后新增月度验收记录并维护月度验收的相关数据，有各相关负责人和项目总负责人进行审批，若通过审批则存档，反之未通过审批则驳回调整。其月度验收审批的流程如图11-5所示。

图11-5 月度验收管理流程

11.2.3.4 竣工验收流程

竣工验收是对某工程实际完成情况的汇总。项目完工后，有相关负责人上传工程进度材料，发起项目竣工验收申请，公司组织相关人员到现场进行验收，根据现场的验收情况填写工程验收材料，并发起竣工验收审批。若验收未通过则需要进行整改，验收通过后则进行工程竣工结项。随后提交竣工验收报告、批复竣工验收报告，提交竣工验收材料并存档。其竣工验收审批的流程如图11-6所示。

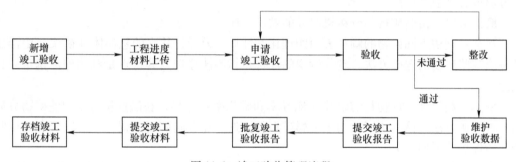

图11-6 竣工验收管理流程

11.2.3.5 三维数据交互流程

三维数据交互流程主要是为了实现生产过程管理系统与三维模型数据的交互。通过三维数据交互流程交互可减少系统二次编辑工作或提高数据编辑的效率。在三维数据交互流程中，系统需要配置系统需要的数据类及格式，其维护的数据类包括要素类、要素类对应的属性、工区等。三维模型建模前通过在线访问读取系统维护的要素类，并随后进行建模，创建模型中对配置数据类对应数据进行维护（编辑属性数据）。模型创建完成后进行模型及数据同步，然后在系统中进行展示，实现三维数据交互。在创建模型和编辑属性数据时，系统需要维护相应的生产业务数据。

11.3 信息化内容

生产执行系统是从矿山底层自动化设备采集开始，到生产过程的监控监测和生产数据在线管理，以及影响生产成本数据管理的综合信息管理系统。系统为各级生产管理人员提供实时、准确的生产数据，通过对生产信息的采集、分析和跟踪，不断挖掘人力和设备作业潜能，节能降耗，持续改善管理目标，实现精益化生产。

11.3.1 生产标准化管理

生产标准化管理是实现生产过程数据进行流程化、规范化管理的基础，也是实现生产计划管理、生产调度管理、生产验收管理、生产统计分析等功能的先决条件。主要包括：生产工艺配置、工序定义、指标定义、生产运营标准创建、开采单元划分、工程设计数据管理、业务配置等。

11.3.1.1 名词

掘进：在岩（土）层或矿层中，开掘各种形状、断面或纵横交错的井、巷、硐室的工作。

支护：用支架或其他方法（如化学加固、喷射混凝土等）支撑或加固井筒、巷道和采掘场所的围岩，以防止围岩塌落措施的总称。

井下破碎：从采场搬运出来的矿石在井下破碎站破碎，使其块度符合箕斗提升或带式输送机运输的要求。

破碎筛分：将来自采矿的原矿石用机械方法加工成一定粒度，并用带有不同孔眼的筛子分离成各种粒级产品。

磨矿分级：由磨矿机与分级机组成的磨矿工序。

浮选：利用不同矿物的颗粒表面物理化学性质的差异，从水的悬浮体（矿浆）中浮出某种或某些矿物的选矿方法。现代所说的浮选是指泡沫浮选，其特点是利用泡沫携带矿粒上浮。

磁选：利用被分选物料的磁性（磁导率和磁化率）差异，在磁选机磁场中使矿物分离的一种选矿方法。该方法广泛用于金属矿石的分选、非金属矿石的提纯、二次资源的回收和环境保护等方面。

电选：利用物料电性质的不同进行分选的一种选矿方法。在电选设备的高压电场中，导体矿物与非导体矿物受到不等的电力、重力和离心力的综合作用，产生明显不同的运动轨迹，依此实现矿物分离。

重选：根据矿物颗粒的密度差异在流体介质中进行矿石分选的选矿方法，又称为重力选矿。在重力场或离心力场中，密度大的颗粒具有较大的沉降力，在运动中趋向于进入粒群的底层或外层；密度小的颗粒转入到上层或内层；分别排出后，得到重产品和轻产品。

落矿：使矿石与矿体分离，并破碎到适应块度的作业。

掘进进尺：开掘各种井、巷、硐室掘进的井巷长度，是工业统计中的一项技术经济指标，可作为分析研究工业生产情况的统计资料。计算掘进进尺时，要严格按成巷的要求和具体规定进行统计，凡未达到成巷标准的进尺，一律不准计入。无效进尺应计算为掘进进尺。所谓无效进尺，是指由于地质变化、测量错误以及其他技术错误等原因，未能达到预期效果的进尺而完全作废，根本不能利用的进尺。

矿石体重：矿石样品质量与该矿石样品总体积（包括孔隙、裂隙体积）的比值。同种矿产样品的体重小于比重。

岩石体重：岩石样品质量与该岩石样品总体积（包括孔隙、裂隙体积）的比值。

矿山松散系数：是指矿石破碎后处于松散状态下的体积与矿石破碎前处于整体状态下的体积之比。

11.3.1.2 生产标准化管理的内容

（1）生产工艺配置。可根据实际生产运营情况，配置采矿、选矿的生产工艺。例如，采矿生产工艺主要包括掘进、采矿、支护、充填、运输、井下破碎、提升、安装等，选矿的生产工艺主要包括破碎筛分、磨矿分级、分选（浮选、磁选、电选、重选等）、脱水等，车间需将本企业涉及的生产工艺维护到系统中。

（2）工序定义。可根据生产管理的实际需要，对每一项生产工艺配置其工序。例如：之前实施过某一矿山，其掘进工艺包含掘进、出渣两个管理工序，采矿包含钻孔、落矿、出矿三个管理工序。

（3）指标定义。每一个生产工序对应的指标应可配置，如掘进工序的指标包括掘进进尺和掘进方向，对于有特殊需求的车间掘进工序还可能包括掘进单价和产值。在系统中，用户可以根据自己的实际需要进行配置和定义。

（4）生产运营标准创建。通过系统对一些生产指标进行预警、报警的提醒或警示，创建一个预警、报警限值的标准。

（5）开采单元划分。按矿山的实际情况对开采单元进行划分，可按照矿带、中段、分段、盘区、矿块等划分开采单元，并作为条件查询和统计分析的依据。

（6）工程设计数据管理。应统一管理开拓工程、采切工程、采场、安装工程、其他工程等，并作为实现生产计划管理、生产调度管理、生产验收管理、生产统计分析等功能的基础。可维护工程的设计信息，如：开拓工程的设计长度、设计断面，采场的设计可采矿量、设计出矿品位、设计出矿能力等信息，并作为跟踪工程施工进度及验证设计与生产实绩的基础。

（7）业务配置。应对矿石体重、岩石体重、矿石松散系数、工序与施工设备的关联、工序与班组的关联进行配置。

11.3.2 生产计划管理

生产计划管理可以实现生产计划编制、审批下达以及调整。其计划按时间跨度应包括年、季度、月计划。

11.3.2.1 计划内容

生产计划依据计划周期分类，可以分为年计划管理、年调整计划管理、月计划管理、周计划管理四个部分。由技术人员维护计划的基础数据，系统自动生成目前公司统一使用的项目部计划报表，主要包括汇总横表、汇总竖表、基建掘进、生产掘进、采（出）矿、副产矿、支护、充填、中深孔、安装、其他、标准采掘总量、凿岩台车等。

年计划、年调整计划主要包括生产作业计划、三级矿量平衡计划及设备计划，其中生产作业计划编制包含编制说明、掘进、采（出）矿、支护、充填、安装、其他及反井工程等，三级矿量平衡计划只有一张三级矿量平衡计划表，设备计划包含铲运机、有轨运输、卡车运输的作业量计划以及设备需求配置计划表。月计划、周计划主要为生产作业计划，包含编制说明、掘进、采（出）矿、支护、充填、安装、其他及反井工程等，月计划、周计划编制必须录入施工班组、施工设备信息，保证计划精确、具有可执行性，以此作为调度的依据。

11.3.2.2　生产计划编制

生产计划编制需要支持以下三种模式：

（1）同步数字采矿软件编制的生产计划数据；

（2）支持 Excel 格式生产计划报表的数据导入；

（3）支持在系统中直接编制生产计划。

对于周计划的数据，系统可通过对月计划的数据自动分解生成，技术人员可在此基础上进行计划数据的修改，如此一来，加强了技术人员使用的便捷性。生产计划编制要结合现阶段的生产计划报表与系统易用性双重考虑进行设计。

11.3.2.3　生产计划审批下达

根据业务需要制定的业务流程，在系统中定义系统业务的流程先后顺序，将各业务流程进行标准化、规范化处理。系统在后期进行相关业务的功能操作时，严格按照定义的业务流程进行，避免人工操作时的随意性，保证业务流转的完整性。根据定义的流程进行相关业务操作和数据流转过程中，需要领导在关键节点对相关的数据、资料等信息进行审核，因此，需要在线进行相关的业务审批，保证流程顺利进行。

系统中按角色定义各类生产计划的审批流程，如："车间主任→厂长→矿长→区域公司经理→下达"的审批流程，实现生产计划的线上逐级审批，具有完善的审核记录（同意、驳回、审核意见等）。下达后的计划，各级用户可以根据自己的权限在系统中实现对计划的查询、导出、打印等操作。

11.3.2.4　生产计划调整

当审批过程中发现计划存在一定的缺陷时，需要对计划进一步调整。在系统中，设置具有调整权限的用户对计划重新导入进入审批流程，系统对调整之前的计划信息进行保留，提高监控能力。

11.3.2.5　计划跟踪与反馈

生产实际中的剥离量、供矿量、精矿量、回收率等生产指标应及时反馈到生产计划。通过对生产计划的跟踪，实现计划完成率、计划允差等分析。系统通过对生产数据统计、分析与生产计划数据形成对比，计算计划的兑现率。

11.3.3　生产调度管理

生产调度主要涉及矿山生产调度指挥中心调度，采矿、运矿、选矿生产调度等方面。通过生产调度信息的管理，全面整合了日常生产数据、安全监测监控实时数据、生产自动化设备生产实绩数据、工业视频数据、人员考勤记录等多种信息。生产调度的主要业务是协调生产，记录生产调度台账和生产调度日志。

11.3.3.1　生产调度台账

调度台账是跟踪每天、每班的工程施工情况，及时记录生产过程信息及考勤信息，主要包含工程台账、设备台账、其他台账、影响因素统计四部分内容。其中工程台账包含掘进台账、采（出）矿台账、支护台账、充填台账、安装台账、其他工程台账、反井工程台账及竖井循环工作台账；设备台账包含设备运行台账、铲运机台账、有轨运输台账及卡车运输台账；其他台账主要为二次爆破台账。

针对公司所有项目部定制统一的调度台账样式，台账的基础数据统一由生产调度室负责记录，系统结合月计划信息，对月计划外的工程进行标识。

工程台账主要是记录当天的施工作业地点、施工班组、施工设备、工程量及人员考勤等信息。设备台账主要是记录主要生产设备的运行情况和台时及其作业量。二次爆破台账是记录爆破量以及火工材料的使用情况，作为月底内部结算的依据。

11.3.3.2　生产调度日志

每班对采、选、安全生产情况进行描述，对当班遇到的问题、处理措施以及相关人员进行说明，形成生产调度日志。

通过系统，可以按日期、班次、人物、地点、信息重要性对调度日志进行统计查询，针对内容系统需支持模糊查询。

11.3.3.3　生产指挥中心

每班宜对采、选生产情况进行描述，对当班遇到的问题、处理措施以及相关人员进行说明。可按日期、班次、人物、地点、信息重要性对调度日志进行统计。

11.3.4　生产验收管理

11.3.4.1　月度验收

月度验收包含内部验收和外部验收两方面，验收的业务数据包括掘进、中深孔、支护、充填、安装、其他、铲运机、卡车、考核等。月度验收管理模块主要是收集内、外部验收数据，生成项目部使用的内、外部验收统计表，同时为后面的生产统计分析提供基础数据。

月度验收数据维护分为月生产验收数据维护及月设备作业量维护。其中，月生产验收数据维护包含掘进、采（出）矿、支护、充填、安装以及反井项目部的反井工程等月度验收数据；月设备作业量维护包含铲运机铲装、有轨运输、卡车运输的作业量维护。系统根据月度验收维护数据以及日常生产调度台账数据的汇总，形成项目部、分公司、公司所需的汇总横表、汇总竖表、基建掘进、生产掘进、采（出）矿、副产矿、中深孔、支护、充填、安装、其他、铲运机、卡车等月度验收报表。

11.3.4.2　签证台账管理

矿山相关单位发起零星工程的委托，或项目部根据生产情况申请零星工程，由于工程较小，将零星工程规划到走简单签证程序。技术质量室编制工程签证单，经营部门审核签证是否满足要求，附现场记录、图片，报审批。

系统中定义统一的签证台账，每发生一笔签证时，由项目部技术管理人员对签证单编号、工程签证单名称、工程部位、签证内容、签证依据、顺延工期、工程量等签证信息进行维护和更新。数据维护完毕后，技术人员提交该信息，供经营人员维护结算和审批信息。最后技术人员维护的信息与经营人员维护的信息进行汇总形成签证台账，供各级人员审核、查看。

11.3.4.3　竣工验收管理

竣工验收台账记录项目部工程竣工申请到竣工结束的过程信息，由项目部技术管理人员和经营人员共同维护、更新。技术人员需要维护的信息包括：工程名称、选择工程对应的合同、填写竣工验收申请时间、业主验收时间、竣工报告提交时间、竣工报告批复时间、竣工资料提交时间、业主接收时间以及相关证明文件上传等。此外，待业主竣工验收后，需要将竣工验收工程量信息更新到合同进展台账中。竣工验收项目包含项目部的掘进、支护、安装、其他、反井工程等。

11.3.5   生产设备管理

11.3.5.1   设备台账管理

设备台账应包含所有的设备基本信息，包括但不限于设备类型、设备名称、设备编码、设备原值、设备净值等，同时反映设备使用状态，如：在用、封存、故障、大修。

11.3.5.2   设备盘点管理

设备盘点是按照财务固定资产（即账内在用资产）来对设备进行清查，在实际盘点中，会出现盘盈或盘亏的情况，宜对其进行记录，同时记录所盘点设备的技术状态。

11.3.5.3   设备点检管理

设备点检管理包括设备点检标准、设备点检计划、设备点检台账、设备点检记录四部分。

（1）应制定设备台账中所有设备的点检标准，确定设备的点检部位、点检内容、点检周期等信息，作为后续点检计划和点检台账的基础信息。

（2）根据设备点检标准和设备的点检台账，自动生成设备点检计划，并对到期及逾期的设备点检信息进行预警。

（3）根据设备点检标准和设备的点检台账，自动生成设备点检计划，并对到期及逾期的设备点检信息进行预警。根据检查结果，确定是否将存在的隐患单独分类，上报隐患。

（4）应对设备的点检台账进行统计和查看，形成每台设备的点检记录。

11.3.5.4   设备保养管理

设备保养管理包括设备保养计划和设备保养记录两部分。

（1）设备保养计划除设备基本信息外，还应有保养部位、预计保养日期、逾期天数、备注信息。

（2）设备保养记录详情应对设备保养台账进行记录统计，包括：保养部位、保养内容、保养时间、保养人员、保养描述、保养费用、保养工时、保养结果和备注信息。

11.3.5.5   设备故障维修

设备维修管理包括设备故障维修和设备故障统计两部分。

（1）设备故障维修时，应记录设备的故障信息、维修信息和备品备件更换信息。

（2）应统计设备故障数目、故障时长、故障停机时长、维修工时、维修费用、平均故障时长、平均故障停机时长、平均维修工时、平均维修费用，同时对故障数目按照故障类型进行统计。

11.3.5.6   设备大修管理

设备大修管理分为设备大修申请、设备大修计划、设备大修记录、设备大修验收四部分。

（1）设备在进行停机大修前，应先对设备进行设备状况鉴定，确定需要进行大修的设备，提交设备大修申请。

（2）设备大修申请通过后，设备管理部门应根据设备的实际运行状况编制设备大修计划，制定详细的大修方案以及相关的人员材料需求，提交领导审批。

（3）设备大修施工结束后，应根据大修计划填写设备大修记录，记录大修工程进行状态。

（4）设备大修施工完成后，应对设备大修情况进行验收，符合验收标准的，通过验收可以投入生产。

11.3.5.7　设备隐患管理

（1）应对设备隐患发生的位置、时间、发现人、整改人等信息进行手工记录；

（2）应按照隐患等级，对隐患分级汇总；

（3）应以附件的形式上传隐患监控记录，包含图片、文档等文件。

11.3.5.8　设备运行台账管理

管理设备的日常运行数据，主要包括设备状态、设备使用时间、日台时产量、运转率、柴油消耗等，为后续的统计分析提供基础数据，产量自动统计。

11.3.5.9　设备成本管理

应利用物资仓储管理模块统计生产过程每台设备的油耗、备件消耗、轮胎单机消耗、润滑油消耗等数据，结合每项物资单价计算每台设备的生产成本。

11.3.5.10　设备状态监控

应采集卡调系统的设备工况数据，存储到服务器，通过系统可以随时查看设备工况信息。

11.3.5.11　物资仓储管理

应针对物资管理的环节和流程，实现在生产过程中对物资的采购、使用、储备及产品的库存、出库、入库等行为进行计划、组织和控制。主要包括：物资计划管理、物资采购管理、物资入库管理、物资库存管理、物资出库管理等功能。

11.3.5.12　物资计划管理

应支持对使用需求单位（部门）的各类物资采购需求的审批、报送、查询、维护（修改、删除、审批拒绝的注销）、审批通过的需求计划的注销。

11.3.5.13　物资采购管理

经审批的采购计划应按需要拆分成采购任务单，流转各项采购员执行具体的采购任务。

11.3.5.14　物资入库管理

物资应进行入库登记，包括：物资编号、物资名称、规格型号、类别、计量单位、数量、单价、金额、经办人、保管人、仓库、备注等信息。

11.3.5.15　能源消耗管理

能源消耗管理主要是管理生产过程中水、电、油等能源的消耗情况。在能源消耗管理中以生产区域为单位统计各类能源的消耗情况，并在各生产区域内对能源的使用情况进行细化统计。对统计的各类能源消耗分期进行对比，把控其能源的总体使用情况。

11.3.6　统计分析管理

生产统计分析是对计划数据、生产过程数据、生产验收数据、质检化验数据、设备运行状态数据、物资消耗情况、能源消耗情况、产品产量数据等进行进一步加工、处理，根据用户的实际需求定制各类型的生产统计分析报表，形成生产管理所需的日报、周报、月报、季报、年报等。

生产统计分析报表主要包括：主要技术经济指标报表、产量与作业量报表、矿石质量统计报表、计量报表、过滤指标统计表、球磨指标统计表、药剂消耗统计表、选矿指标统计报表、设备完好及运转情况报表、物资消耗统计报表、库存统计报表、能源消耗统计表等。系统还可以提供用户按年、季度、月、周、天，以及自定义时间段进行查询，也可以按区队、施工设备、施工班组等条件进行查询。

11.3.7　系统管理

系统管理提供系统参数配置及其权限控制功能，主要功能有用户管理、系统配置、参数配置、流程定义、业务审批及系统日志。

11.3.7.1　用户管理

用户管理是为了保证系统能正常被相关使用者使用的功能。其功能主要是为用户分配使用账号、分配角色和角色权限管理等。其中，为用户分配使用账号是为了保证用户能顺利登录系统，分配角色和角色权限管理是为了保证每一个系统使用者具备与职位相对应的功能模块。

（1）平台机构管理。根据矿山企业的机构组织、厂（车间）等的组织形式维护系统平台的机构信息。

（2）用户管理。管理和维护系统运维、使用的用户，根据用户的特征分配不同的角色信息，被分配角色的用户在登录系统之后，可操作与角色关联的系统功能、业务模块。

（3）角色管理。通过角色管理的功能，可以定义矿山企业系统管理及维护的角色信息，也可以定义矿山企业下属各厂级、车间级等角色，并维护各角色可管理维护的系统功能信息。通过角色的定义，不同的角色用户拥有不同的系统功能。

（4）权限管理。矿山企业管理员可以分配矿山的管理员账号，矿山企业的机构、角色和用户可以通过矿山企业的管理员来维护。

通过权限的管理，可实现用户对模块级、功能项级、按钮级（新增、修改、删除等功能按钮）的权限管理功能。

11.3.7.2　系统配置

通过配置管理的功能，系统用户可管理和维护系统需要用到的数据字典信息、系统运行参数信息和系统的业务功能信息。

（1）功能管理：系统用户可管理和维护系统各功能项的链接，包括各功能的操作按钮。

（2）资源管理：系统用户可管理和维护系统运行所需要用到的数据字典信息。

（3）参数管理：系统用户可管理和维护系统运行所必需的公共参数信息。

11.3.7.3　参数配置

（1）基础信息定义。基础信息定义包括矿山的金属元素、储量单位等信息的定义。

（2）流程定制。系统用户根据业务的需要，可自定义定制业务审批流程，其他用户在提交业务审批数据后，各审批流程节点中的人员在登录系统后，进入其对应的审批模块中，可对其业务审批数据做出通过或者不通过的审批。

（3）告警提示。根据矿业权的到期时间点，配置好矿业权到期提醒的周期，系统通过调度程序，识别矿业权的到期时间和配置信息，根据配置信息中的时间段进行到期矿业权到期告警提示。

系统用户可根据矿业权告警信息对矿业权进行处理，通过触发矿业权到期处理的流程进入矿业处理流程。

11.3.7.4 流程定义

按照制定的数据管理规范和业务流程，在系统中定义系统业务的流程先后顺序，将各规范和业务流程进行标准化、规范化处理。系统在后期进行相关业务的功能操作时，严格按照定义的业务流程进行，避免人工操作时的随意性，保证业务流转的完整性。

11.3.7.5 业务审批

根据定义的流程进行相关业务操作和数据流转过程中，需要领导在关键节点对相关的数据、资料等信息进行审核，因此，需要在线进行相关的业务审批，保证流程顺利进行。利用线上审批既保证信息数据流程功能的完整性，也保证了信息审批历史的可追溯性，对实现企业信息的管理具有重要作用。

11.3.7.6 移动端应用

移动端软件作为 Web 系统的一个延伸和辅助，解决了现场采集数据的有效性和时效性，以及重要信息的通知与处理不及时的问题，实现了真正的移动化办公。

移动端软件应具备通知公告查看、消息提醒、移动审批、生产台账、设备台账、生产验收、安全检查、危险源检查、事故上报、隐患举报、隐患闭环管理、安全生产数据统计查看等常用功能，具有现场数据采集、信息上报、信息提醒及管理反馈闭环运作处理功能。

11.4 信息化数据管理

11.4.1 数据描述方法

数据的描述是在大量的数据中找出有价值数据的过程，其描述的对象包括数据的属性、数据量、数据范围等。通过对数据的整体描述，寻找数据潜在的价值。数据的描述方法主要有可视化分析、数据预测。

数据的可视化分析主要是借助于图形化手段，清晰有效地传达与沟通信息。有效地传达思想观念，美学形式与功能需要齐头并进，通过直观地传达关键的方面与特征，从而实现对于相当稀疏而又复杂的数据集的深入洞察。目前主要的数据可视化手段有数据图表和三维模型两大类。其中，数据图表主要有柱状、条形、扇形、折线等多个类型；三维模型主要是通过专业的三维软件实现对类似空间数据的信息进行三维展示。

数据预测是在基于大量实际数据的基础上，对未来相关数据变化趋势的预估。数据预测所得出的结果不仅仅得到处理现实业务简单、客观的结论，更能用于帮助企业经营决策，收集起来的资料还可以被规划。其数据分析方法包括线性回归分析、方差分析、主成分分析和典型相关分析、判别分析、聚类分析、Bayes 统计分析等。

（1）线性回归分析：是利用数理统计中回归分析，来确定两种或两种以上变量间相互依赖的定量关系的一种统计分析方法，运用十分广泛。其表达形式为 $y = w'x + e$，e 为误差服从均值为 0 的正态分布。

（2）方差分析：又称为"变异数分析"，是 R. A. Fisher 发明的，用于两个及两个以上样本均数差别的显著性检验。

（3）主成分分析：是一种统计方法，通过正交变换将一组可能存在相关性的变量转换为一组线性不相关的变量，转换后的这组变量称为主成分。在实际课题中，为了全面分析问题，往往提出很多与此有关的变量（或因素），因为每个变量都在不同程度上反映这个课题的某些信息。

（4）典型相关分析：是对互协方差矩阵的一种理解，是利用综合变量对之间的相关关系来反映两组指标之间的整体相关性的多元统计分析方法。

（5）判别分析：判别分析又称为"分辨法"，是在分类确定的条件下，根据某一研究对象的各种特征值判别其类型归属问题的一种多变量统计分析方法。

（6）聚类分析：是指将物理或抽象对象的集合分组为由类似的对象组成的多个类的分析过程。

（7）Bayes 统计分析：是基于贝叶斯定理而发展起来的，用于系统地阐述和解决统计问题的方法。

11.4.2　数据管理原则

由于对数据需要储存要求的日益严格、规范，导致数据保留期不断增长，只有对数据进行有效的管理才能实现其数据保存的价值。分散无序、低质量、错误的数据没有使用价值，甚至影响正常的经营管理。为此，需要良好的数据管理规则，其数据管理的主要原则分别为操作简单、时间可用、安全可靠、管理规范。

11.4.2.1　操作简单

数据的海量及多样性导致管理操作十分复杂；复杂管理操作会导致操作出错，风险增加，响应速度下降，不能满足 SLA 要求，增加管理人员或工作量。数据管理操作简单化的含义在于不需要复杂操作界面就能达到数据管理的目的，重复操作的过程采用自动化手段实现。

SLA：Service-Level Agreement 的缩写，意思是服务等级协议。SLA 是关于数据网络服务供应商和客户间的一份合同，其中定义了服务类型、服务质量和客户付款等术语。

11.4.2.2　数据可用

数据可用性不仅涉及界面的设计，也涉及整个系统的技术水平；可用性是通过人的因素来反映的，通过用户操作各种任务去评价；环境因素必须被考虑在内，在各个不同领域，评价的参数和指标是不同的，不存在一个普遍适用的评价标准；要考虑非正常操作情况，例如用户疲劳、注意力比较分散、紧急任务、多任务等具体情况下的操作。

11.4.2.3　安全可靠

为防止把计算机内的机密数据泄露给无关的用户，必须采取某种安全保密措施，通过这些措施控制用户访问程序就称为计算机系统的安全性或保密性。简而言之，数据只能被有权限的用户进行访问，要防止数据泄露、更改或破坏。

11.4.2.4 管理规范

数据管理是日复一日的重复事务，必须制定实施标准（规范、规程、制度等）来达到统一，确保数据的可用性及价值；建立规范数据管理组织架构，制定数据采集、传输、储存、监控、分析的工作规范及数据管理工作流程，健全数据管理监控体制，实现数据采集标准化、数据运行自动化、数据分析制度化，以及管理人员定期培训等。

11.4.3 数据生命周期

数据生命周期，在大中型企业中数据库的应用有着严格的阶段划分，也称为生命周期。通过这个生命周期，数据库专家们可以为企业规划出合理的蓝图，如图11-7所示。

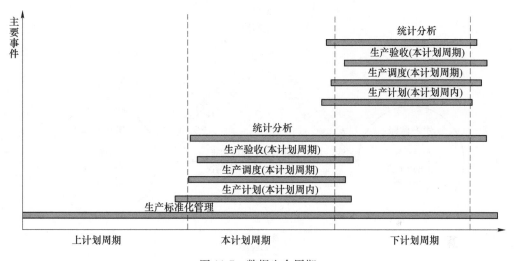

图 11-7　数据生命周期

与系统密切相关的核心数据生命周期是管理系统运行的重要事件，其中生命周期的终止状态是指该事件发生后该数据的状态和内容从此不会再被修改（但还有可能会被查询）。

需要说明的是，这里要描述生命周期的数据主要是指在施工调度业务处理过程中产生的各种实例数据。而调度规则、专业服务目录、专业服务规格等是在系统就绪阶段就被创建的基本配置数据。

在生产过程管理中，生产标准化管理从始至终贯穿系统运行的整个生命周期。生产标准化管理是系统运行的基础，是保障系统正常运行的前提。生产计划的生命周期为上计划周期末开始到下计划周期初，本周期的生产计划需要在上周期末开始编制，其生命周期在本计划周期前产生，其计划数据在本周期中从始至终贯穿，且在下计划周期初时还作为生产数据执行的参考。生产调度数据在本计划周期内从始至终贯穿，并作为下计划周期初时的初始数据。生产验收数据生命周期略长于生产调度，其生产验收与工程相关，其周期与计划周期没有必然联系。统计分析数据作为系统后期运行决策的基础，贯穿系统运行的整个生命周期。在系统中，虽然部分数据生命周期已经结束，但是其数据还可被查询和运用。

11.4.4　数据之间的关系

在矿山生产过程信息化过程中，主要有生产计划、生产台账、生产验收等三类主要数据，并通过三类数据统计形成第四类分析数据。在四类数据中，生成计划为生产台账和生产验收提供基础数据参考。生产台账以生产计划为基础生产台账，生产台账数据反馈生产计划的执行情况。在生产验收阶段，生产验收反馈生产计划的实际执行情况，并对生产台账的实际情况进行核实。对三大类数据进行综合工具分析，分析其计划执行情况、物料消耗情况和工程质量完成情况，为后续的生产提供决策依据，如图 11-8 所示。

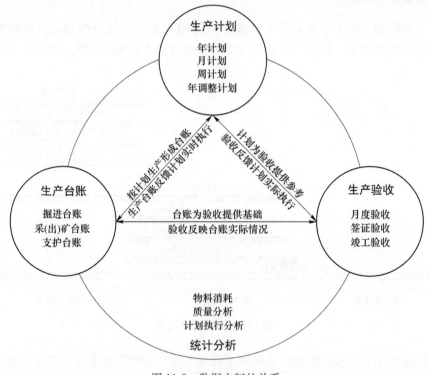

图 11-8　数据之间的关系

生产台账主要是指不属于会计核算中的账簿系统，不是会计核算时所记的账簿，它是企业为了加强某方面的管理、更加详细地了解某方面的信息而设置的一种辅助账簿，没有固定的格式，没有固定的账页。企业可根据实际需要自行设计，尽量详细，以全面反映某方面的信息，不必按凭证号记账，但能反映出记账号更好。实际上，台账就是流水账。

11.5　信息交互要求

11.5.1　信息交互原则

信息交互、数据交互：信息交互和数据交互指代的并非同一事物，数据交互姑且算作信息交互的一种。这里建议统一起来，避免造成行文指代不明以及上下文联系不够紧密的现象。

TCP：传输控制协议（Transmission Control Protocol）的缩写，是一种面向连接的、可靠的、基于字节流的传输层通信协议，由 IETF 的 RFC 793 定义。在因特网协议族（Internet protocol suite）中，TCP 层是位于 IP 层之上、应用层之下的中间层。

信息交互：是指自然与社会各方面情报、资料、数据、技术知识的传递与交流活动。

数据交互：通常指的是计算机用户与计算机之间进行信息交换的过程，也指前端与服务端之间的数据传递。

TCP 的数据交互过程，采用的是发送应答方式。对于数据交互，非常重要的是要了解数据包编号的应用，每个发送包都会有一个自己的编号，而"包编号+包的数据长度"就是下一个连续包的编号。如图 11-9 中第一个包编号是 800，数据长度是 512，则下一个包的编号是 800+512＝1512。而接收端的确认消息中，只包含它期望收到的下一个包的包号，用于告知发送端数据包的接收进展。图 11-9 中当发送端发现确认的包号不是将要发送的包号时，则可能发生了丢包，需要进行重发。重发的包与原先的包的大小不同，TCP 的重发只是从丢包的包号开始重新发数据，但是数据的大小可以不一样，可以包含更多的数据。同样，接收端会忽略比已收到的包号小的数据包，确认消息中，只包含根据已收包得出的最大的期望收包号。也就是说，接收端不需要对每个收到的包单独确认，而只需要确认最大的接收包号就可以完成对之前所有包的确认。而在交互应用时，一个数据包会同时携带本端的确认消息。

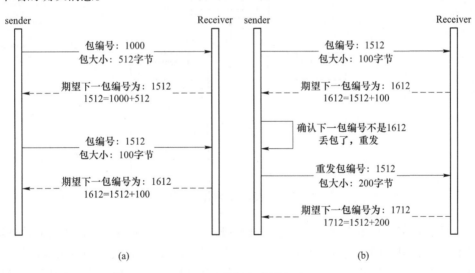

图 11-9 数据包编号应用

（a）正常发包；（b）数据丢失包

11.5.2 信息交互监控及异常处理

封装：一般来说，这个概念是使用协议"封套"，使来自一个协议栈的信息，通过支持不同和不兼容协议栈的网络传输。封装，有时也称为隧道（tunneling），是将一个协议报文分组插入另一个协议报文分组。本地协议分组"背"着被封装的分组跨过本地协议网传输，它提供了一种将一个网上报文分组通过一个使用不同协议的中间网传送到另一个网上的方法。

Runtime Exception：Java 程序执行时所产生的异常。

一般情况下，企业级应用都对应着复杂的业务逻辑，为了保证系统的健壮，必然需要面对各种系统业务异常和运行时异常。不好的异常处理方式容易造成应用程序逻辑混乱，脆弱而难以管理。应用程序中充斥着零散的异常处理代码，使程序代码晦涩难懂、可读性差，并且难以维护。一个好的异常处理框架能为应用程序的异常处理提供统一的处理视图，把异常处理从程序正常运行逻辑分离出来，以至于提供更加结构化以及可读性的程序架构。另外，一个好的异常处理框架具备可扩展性，很容易根据具体的异常处理需求，扩展出特定的异常处理逻辑。另外，异常处理框架从一定程度上依赖并体现系统架构层次。系统架构决定了系统中各个子系统、各个层次之间的交互，而异常处理框架则统一体现这种架构中的各种交互所发生的错误、异常。因此，异常处理框架是系统架构时就应该考虑的问题。

在 Java 程序设计语言中，使用一种异常处理的错误捕获机制。当程序运行过程中发生一些异常情况时，程序有可能被中断或导致错误的结果出现。在这种情况下，程序不会返回任何值，而是抛出封装了错误信息的对象。Java 语言提供了专门的异常处理机制去处理这些异常，如图 11-10 所示。

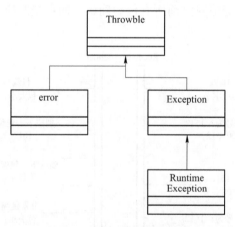

图 11-10　Java 异常体系结构

Java 语言规范将派生于 Error 类或 Runtime Exception 类的所有异常都称为非检查异常。除了非检查异常以外的所有异常都称为检查异常。检查异常对方法调用者来说属于必须处理的异常，当一个应用系统定义了大量或者容易产生很多检查异常的方法调用时，程序中会有很多的异常处理代码。

如果一个异常是致命的且不可恢复并且对于捕获该异常的方法根本不知如何处理时，或者捕获这类异常无任何益处，我们认为应该定义这类异常为非检查异常，由顶层专门的异常处理程序处理；像数据库连接错误、网络连接错误或者文件打不开等之类的异常一般均属于非检查异常。这类异常一般与外部环境相关，一旦出现，基本无法有效地处理。而对于一些具备可以回避异常或预料内可以恢复并存在相应的处理方法的异常，可以定义该类异常为检查异常。像一般由输入不合法数据引起的异常或者与业务相关的一些异常，基本上属于检查异常。当出现这类异常时，一般可以经过有效处理或通过重试可以恢复正常状态。

由于检查异常属于必须处理的异常，在存在大量的检查异常的程序中，意味着很多的异常处理代码。另外，检查异常也导致破坏接口方法。如果一个接口上的某个方法已被多处使用，当为这个方法添加一个检查异常时，导致所有调用此方法的代码都需要修改处理该异常。当然，存在合适数量的检查异常，无疑是比较快捷的，有助于避免许多潜在的错误。

到底何时使用检查异常，何时使用非检查异常，并没有一个绝对的标准，需要依具体情况而定。很多情况，在程序中需要将检查异常包装成非检查异常抛给顶层程序统一处理；而有些情况，需要将非检查异常包装成检查异常统一抛出。

11.5.3　技术实现

分布式部署：是指将数据分散地存储于多台独立的机器设备上，采用可扩展的系统结构，利用多台存储服务器分担存储负荷，利用位置服务器定位存储信息，不但解决了传统集中式存储系统中单存储服务器的瓶颈问题，还提高了系统的可靠性、可用性和扩展性。

数据集中共享：其特点是数据集中存放，集中管理，统一发布。各部门的数据统一提交到信息资源管理中心的服务器上，由信息资源管理中心对数据进行分类整合后，根据数据的公开程度分别在外网和互联网上发布，以门户网站方式提供给用户。

分布式部署系统具有高度的内聚性和透明性。内聚性是指每一个数据库分布节点高度自治，有本地的数据库管理系统。透明性是指每一个数据库分布节点对用户的应用来说都是透明的，看不出是本地还是远程。分布式部署系统特别适用于有不同分支机构或较小的分散站点与公司总部的网络连接通常是低带宽、高滞后或不可靠的情况，分布式部署系统是通过较低廉的价格来实现更高的性能。但是分布式部署系统面临数据集中共享问题，所以系统中将各分布点处理后的数据打包上传到总部服务器的方式来解决这一问题。各分布式部署点与总部公司之间数据上行接口流程示意图如图11-11所示。

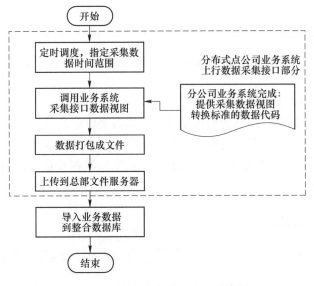

图 11-11　数据上行接口流程示意图

11.5.4　自动化交互信息

11.5.4.1　地磅数据接口

地磅：也称为地秤，是用以测定车辆重量或车内货物重量的一种固定衡器。安装在地上，放物体的台面与地一般平，多用于仓库和车站。

数据库：在计算机系统设备内，按照一定结构存放，并将相互关联的数据集合称为数据库。这些数据集合是数字、文字、图像等各种形式的信息，经过计算机处理而形成的特定符号的集合。

地磅主要是针对汽车运输物资的计量，其计量的物资包含进厂采购物资、厂内原矿和成品销售物资计量三大类。地磅的数据保存到数据库中，采集软件采集数据插入到生产过程信息化管理系统数据库，如图 11-12 所示。

```
地磅数据库 ——自动——> 采集软件 ——自动——> 生产过程管理数据库
```

图 11-12　地磅数据采集流程示意图

11.5.4.2　皮带秤数据接口

皮带秤：安装在皮带输送机上的动态称重仪表。皮带秤能对皮带输送机输送的散装固体物料自动连续测量，可测量通过秤架的瞬时输送量和总累计量。皮带秤在工业中广泛用于进料的自动连续称重和配料的自动称重。

OPC：OPC（OIE For Process Control）是以 OIE/COM 机制作为连接数据源（OPC 服务器）和数据的使用者（OPC 应用程序）之间的软件接口标准。

由于皮带秤传感器没有采用数据库，只是显示实时流量，传感器采集到数据通过 OPC 或者其他接口转发出来，通过数据采集系统读取数据接口，插入到生产过程信息化管理系统数据库，如图 11-13 所示。

```
OPC或者TCP/IP ——自动——> 采集软件 ——自动——> 生产过程管理数据库
```

图 11-13　皮带秤计量数据采集流程示意图

11.5.4.3　自动加药机数据接口

任意路数的加药控制，每点的加药量可以根据需要设定，从每分钟几毫升到每分钟数千毫升。自动加药机中有数据库的版本采集数据到生产管理数据库，没有保存到数据库的版本由采集软件通过 OPC 或者 TCP/IP 等其他协议采集数据并且保存到生产过程管理数据库，如图 11-14 所示。

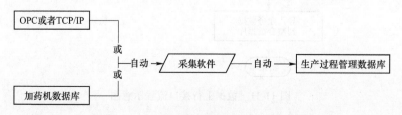

图 11-14　自动加药机数据采集流程示意图

11.5.4.4　流量计数据接口

流量计记录液体或者气体通过的瞬时流量。流量计中有数据库的版本采集数据到生产管理数据库，没有保存到数据库的版本由采集软件通过 OPC 或者 TCP/IP 等其他协议采集数据并且保存到生产过程管理数据库，如图 11-15 所示。

图 11-15　流量计数据采集流程示意图

11.5.4.5　通风自动化数据接口

接口方式：OPC 通信方式。

接口数据：主扇风机编号、主扇风机运行状态、主扇风机工作台时、主扇风机功率。

11.5.4.6　排水自动化数据接口

接口方式：OPC 通信方式；

接口数据：水泵编号、水泵运行状态、水泵工作台时、水泵功率。

11.5.4.7　破碎自动化数据接口

接口方式：OPC 通信方式；

接口数据：破碎机编号、破碎机运行状态、破碎机工作台时。

11.5.4.8　球磨自动化数据接口

接口方式：OPC 通信方式；

接口数据：球磨机编号、球磨机运行状态、球磨机工作台时。

思　考　题

11-1　矿山生产过程信息化技术目标是什么？

11-2　矿山生产过程信息化内容有哪些？

11-3　信息交互的要求有哪些？

12 矿山安全生产标准化

12.1 概　述

12.1.1 安全生产标准化概念

安全生产标准化，以"安全第一、预防为主、综合治理"的方针和"以人为本"的科学发展观，以"隐患排查治理"为基础，构建规范化、科学化、系统化和法制化的企业安全生产工作，强化生产风险管理和过程控制，注重安全绩效和持续改进；通过建立安全生产责任制，制定安全管理制度和操作规程，排查治理隐患和监控重大危险源，建立预防机制，规范生产行为，使各生产环节符合有关安全生产法律法规和标准规范的要求，人（人员）、机（机械）、料（材料）、法（工法）、环（环境）、测（测量）处于良好的生产状态，并持续改进，不断加强企业安全生产规范化建设。

以安全生产标准化管理信息系统为载体，依据各行业企业安全生产标准化规范要求和满足安全管理的基本规律，结合企业安全生产管理实际和风险差异，以风险管控为核心，遵从 PDCA 痕迹化闭环管理规则，而建立的信息化、规范化、程序化的全过程痕迹化跟踪管理系统，代表了现代安全管理的发展方向，是先进安全管理思想与我国传统安全管理方法、企业具体实际的有机结合，有效提高企业安全生产水平，从而推动我国安全生产状况的根本好转。

PDCA 循环的含义是将质量管理分为四个阶段，即计划（plan）、执行（do）、检查（check）、调整（adjust）。在质量管理活动中，要求把各项工作按照计划制订、计划实施、检查实施效果，然后将成功的纳入标准，不成功的留待下一循环去解决。

12.1.2 安全生产标准化的意义

安全生产标准化是企业安全生产管理工作的重要组成部分。利用现代信息化的技术工具，结合先进安全管理理念，对安全生产行为、安全生产过程和安全生产指令等生产活动中的安全问题进行系统分析和决策，解决生产管理过程中的安全问题，实现安全管理的信息化。

12.1.2.1 安全生产管理工作面临的问题

（1）对于基层作业人员：本岗位存在哪些危险源？职业危害因素是什么？操作是否符合安全规定？安全职责是否履行到位？安全绩效结果如何？

（2）对于安全管理人员：哪些隐患整改快到期了还没有整改？哪些安全规章制度需要修改或更新？安全资格证书哪些快过期了？哪些人员需要进行取证培训？劳保用品发放是否准确及时？每天的工作都有哪些需要去完成？

（3）对于企业领导：目前企业的安全状况怎样？安全生产的动态预警曲线是否达到临界状态？是否会出现大的事故？安全目标制定了，执行情况如何？隐患排查、整改的情况如何？安全管理工作还有哪些不到位的地方？国家新出台的有关安全的政策、法规对我们企业有哪些影响？事务繁忙，怎样才能及时了解本企业的安全管理的各种信息？

因此，企业亟须通过安全生产标准化操作，严格按照各种法规、制度落到实处，实现业务执行规范化、作业标准化、过程可视化、管理流程化，实现安全生产的目标管理、在线监督与控制和资源共享的有效运作，从而全面提升企业本质安全水平。

12.1.2.2　执行安全生产标准化的意义

（1）执行安全生产标准化是落实企业安全生产主体责任的必要途径。国家有关安全生产法律法规和规定明确要求，要严格企业安全管理，全面开展安全达标。企业是安全生产的责任主体，也是安全生产标准化建设的主体，要通过加强企业每个岗位和环节的安全生产标准化建设，不断提高安全管理水平，促进企业安全生产主体责任落实到位。

（2）执行安全生产标准化是强化企业安全生产基础工作的长效制度。安全生产标准化建设涵盖了增强人员安全素质、提高装备设施水平、改善作业环境、强化岗位责任落实等各个方面，是一项长期的、基础性的系统工程，有利于全面促进企业提高安全生产保障水平。

（3）执行安全生产标准化是政府实施安全生产分类指导、分级监管的重要依据。实施安全生产标准化建设考评，将企业划分为不同等级，能够客观真实地反映出各地区企业安全生产状况和不同安全生产水平的企业数量，为加强安全监管提供有效的基础数据。

（4）执行安全生产标准化是有效防范事故发生的重要手段。深入开展安全生产标准化建设，能够进一步规范从业人员的安全行为，提高机械化和信息化水平，促进现场各类隐患的排查治理，推进安全生产长效机制建设，有效防范和坚决遏制事故发生，促进全国安全生产状况持续稳定好转。

12.1.3　安全生产标准化的信息化建设目标

12.1.3.1　安全业务目标

以《金属非金属矿山安全标准化规范——地下矿山实施指南》（AQ2007.2—2006）及其配套《金属非金属地下矿山安全生产标准化评分办法》标准等要求为依据，以金属非金属地下矿山安全生产标准化体系运行管理基本准则和要求为前提，围绕标准体系14大要素风险管控核心思想，遵从过程痕迹化闭环管理运行规则，充分运用当代先进的信息技术，建立符合企业安全生产标准化体系运行管理实际的规范化、程序化、信息化的全过程痕迹化跟踪管理实用型综合应用系统，为企业日常安全监管、制定管理措施、信息传递发布、绩效评估分析等提供流程化技术支撑。

12.1.3.2　安全信息技术目标

以"统筹规划，分步实施""先进实用，适度超前""纵横衔接，资源共享""统一标准，强化安全""加强管理，推进应用"的原则，相应的技术目标分为初期目标和长期目标。

A　初期目标

（1）安全生产标准化体系运行管理系统三大核心子系统框架搭建成功；

（2）完成信息化系统集成模块功能延伸细化，完善三大核心子系统和两大辅助功能子系统；

（3）整个系统平台实现无障碍智能化平稳运行；

（4）开发应用移动客户端软件，扩大应用层面，提高全员安全参与率。

B　长期目标

融合已有的信息化系统，实现安全标准化系统与其他系统的数据共享与交换。例如，与真三维企业管控系统集成融合，实现数据的可视化；与 GIS 系统融合，实现风险管理的动态控制和信息化施工；与财务系统融合，实现安全生产绩效考核的奖惩兑现；与安全避险六大系统连接，实时采集安全监测监控、井下人员、工业视频等信息，等等。

GIS 系统即地理信息系统（geographic information system），它是在计算机硬、软件系统支持下，对整个或部分地球表层（包括大气层）空间中的有关地理分布数据进行采集、储存、管理、运算、分析、显示和描述的技术系统。

矿山安全避险六大系统包括：监测监控系统、井下人员定位系统、井下紧急避险系统、矿井压风自救系统、矿井供水施救系统和矿井通信联络系统。

12.1.4　安全生产标准化术语与定义

金属非金属矿山：开采金属矿物、放射性矿物以及化工原料、建筑材料、冶金辅助原料、耐火材料及其他非金属矿物（煤炭除外）的矿山。

关键任务：属特定的工作任务，如果其未正确执行，可能造成重大的人员伤亡、财产损失、环境破坏或其他损失。

事件：导致或可能导致事故的情况。

危险源：可能导致伤害、疾病、财产损失、工作环境破坏或其组合的根源或状态。

危险源辨识：识别危险源的存在并确定其性质的过程。

风险评价：评价风险程度并确定其是否在可承受风险范围的全过程。

相关方：关注企业职业安全健康绩效或受其影响的个人或团体。

资源与能力：包括实施安全标准化所需要的人员、资金、设备、设施、材料、技术和方法，以及得到证实的知识、技能和经验。

安全绩效：是指企业根据安全生产方针和目标，在控制和消除职业安全健康风险方面取得的可测量结果。

12.2　安全生产标准化信息系统框架的构建

12.2.1　安全业务架构

12.2.1.1　安全生产标准化的信息化业务框架

安全标准化的体系框架模块包括：创建三大子系统，两大辅助功能，固化安全生产标准化体系 14 个核心要素。

安全过程管理的基本模式：遵循 PDCA 管理模式，实现过程痕迹化闭环管理。

安全标准化信息作业机制：基于"智能表单+工作流"的方式实现业务执行处理。

安全预警：基于流程化技术支撑的提醒与预警机制，实现高效智能。

标准化应用平台：PC 访问和移动终端访问协同应用，简化操作，全员参与。

12.2.1.2　安全标准化的信息固化处理

通过信息化技术对安全生产标准化进行固化，创建安全生产标准化的"三大子系统，两大辅助功能"，通过强大的数据库建设及信息化技术为企业的安全生产标准化工作的全面开展提供支撑和保障，实现安全标准化的信息固化处理。

安全生产标准化创建及基础信息管理子系统：为企业的安全生产标准化建设提供规范的制度文件编制指导，同时，收集企业现状的安全生产基本综合信息，即 15 项系统基本达标前置条件，对企业安全生产标准化现状进行评估。

安全生产标准化运行管理子系统：紧密围绕 14 个一级要素、51 个二级要素展开，使企业的安全生产管理流程均通过信息化手段得到规范和固化。

安全生产标准化绩效自动考评子系统：利用知识库搜索引擎技术和智能分析技术，自动评估各要素建设效果，并输出符合申报要求的自评报告、不符合项汇总表及整改措施汇总表，使企业通过自评能实时了解企业安全生产标准化建设短板所在，并及时完善安全生产标准化建设。

安全生产知识库：安全生产知识库中提供了日常业务管理过程中需要的内容知识，包括标准隐患库、检查表库、法律法规、MSDS 查询等。

MSDS（Material Safety Data Sheet）即化学品安全技术说明书，也可译为化学品安全说明书或化学品安全数据说明书，是化学品生产商和进口商用来阐明化学品的理化特性（如 pH 值、闪点、易燃度、反应活性等）以及对使用者的健康（如致癌、致畸等）可能产生的危害的一份文件。

企业安全生产指导文件网站：将企业海量指导文件形成一个管理网站，便于企业分类存储查询。它能够实现将创建过程中的所有文件制度表单以网站的形式发布，成为企业内部的一个文件发布平台，这样可惠及企业全体员工，让全员能直接预览和下载本企业在安全生产标准化达标方面的相关文件制度以及各类记录汇总表单，熟知企业制度、岗位职责，全面参与企业安全生产标准化的建设。

12.2.1.3　安全业务管理的基本模式（PDCA）

安全生产标准化管理采用 PDCA 动态循环的管理运行模式，以风险管理为安全生产标准化的核心理念，强调企业安全生产工作的规范化、系统化、标准化，达到企业安全管理、安全技术、安全装备、安全作业标准化及持续发展的目的，使企业安全管理真正上新台阶，实现安全生产长效机制。

12.2.1.4　安全业务应用平台

PC 访问方式：用户只需要记住一个账号，便可在客户端 PC 机上登录系统，访问被授权范围内的业务应用。

移动终端访问：为方便应用，更好地对现场安全管理数据进行及时有效的采集，在安卓智能手机端和现场触屏一体机端进行开发设计，用户可通过手机或平板电脑下载和安装移动端方式登录系统，进行相关系统操作，辅助企业安全管理人员和现场一线作业人员在现场进行工作处理。

12.2.1.5　安全标准化信息业务作业机制

智能表单：智能表单是安全生产标准化体系运行管理过程中最小的业务承载单元。表单中包含了用户在相应业务节点需要处理的业务内容（察看、分类信息快速选择、填写等），具有承载业务作业、多岗位协同作业以完成工作流作业、动态定制，以及定义灵活、创建简单、安全保密、权限管理、支持标签和支持查询功能等特征。智能表单与安全生产管理相结合应实现以下基本目标：灵活，表单上的数据可根据业务环境灵活定制；记忆功能，与工作流引擎相结合的智能表单，能够按照预定义的规则进行表单流转；痕迹保留，对表单的修改、填写、审批等操作信息均能保留，以便追溯查询。

工作流是多个岗位按照预定义的规则和时序，协同完成同一业务的过程。工作流具有以下特征：支持流程设计和流程监控，支持用户自定义。用户可根据不同的业务过程，定义任务（智能表单）在哪些节点处理和传递；支持设置向导式流转条件，可根据字段及操作人员设置流转规则；支持权限控制，不同的角色赋予不同的权限，包括操作权限、字段权限、记录权限；支持特殊流程控制，包括任务回退、任务取回、任务转派、任务代理、流程异常处理等；支持任务多级代理处理。若工作流中某个节点执行人某个时期内不能登录系统，则可以授权代理人进行处理；可设置任务超时事件及任务提醒；在安全生产标准化体系运行管理信息系统中引入工作流，结合矿山实际流程，形成适合现场的工作流技术解决方案。由此可以灵活实现业务的线上任务派发、工程项目审批、安全考核审批、目标责任落实到人等工作，大幅度提升了安全管理工作效率。

12.2.1.6　安全提醒与预警

安全生产标准化信息管理中，通过系统的提醒与预警机制实现对安全管理工作人员的提醒和预警，并辅以系统预警提醒、手机短信、电子邮件、微信等多种方式将消息推送至节点工作人员，切实有效扫除安全管理过程中的盲点和死角。

（1）提醒：当临近表单中设定的周期或时限时，系统会逐级提醒。例如，罐笼安全检测年检到期提醒，持证人员证书过期提醒，隐患整改限期、设备检测保养即将到期提醒等。或在业务数据流转过程中，若数据达到某个节点，系统便会在"待办事宜"项中发出提醒。

（2）预警：当表单中的数据大于或等于设定的阈值时，系统会发出预警，并分级提醒，直至启动问责程序，如隐患限期内未整改、证书资质过期、设备检测保养过期等。

（3）案例分析：分级预警体系，以湖北三鑫金铜股份有限公司的安全标准化实际情况为例，根据事项情况的轻重缓急，对不同的异常事件分不同的预警级别，实行三级预警。

1）一级预警：异常情况、事项第一次预警提醒相关的责任人，如设备异常情况预警，由设备责任人落实整改；

2）二级预警：若一级预警后，仍然没有整改或整改不到位的，同一情况、同一事项被第二次预警提醒，预警提醒情况将通报其主管领导，作为安全绩效考核的依据；

3）三级预警：若二级预警后，仍然没有整改或整改不到位的，同一情况、同一事项被第二次预警提醒，预警提醒情况将通报至总经理或董事长层级，同时，将启动问责程序。

12.2.2　安全生产标准化的信息系统整体框架

安全生产标准化管理信息系统整体架构如图12-1所示。

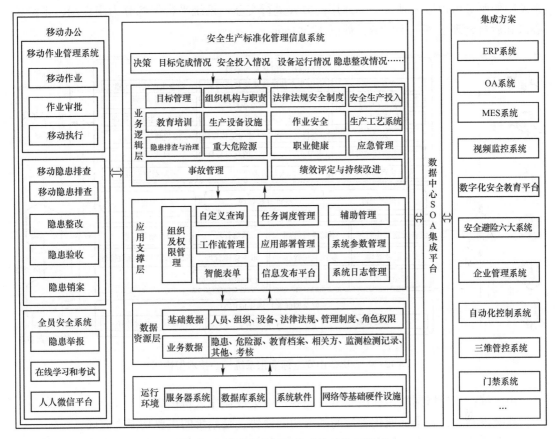

图12-1　安全生产标准化系统整体架构图

安全生产标准化管理系统应满足以下要求：

（1）在技术上构建安全管理的协同集成平台，数据以图文方式提供直观的可视化表达，满足跨时间、跨区域、跨部门的协同办公要求，实现数据多维度分析与共享，为高层管理者决策提供数据依据。

（2）满足企业经营管理层与现场作业层之间信息沟通桥梁的作用，在生产自动化和经营管理信息化的基础支撑下，实现企业经营安全管理信息化与自动化充分融合的关键技术，包括数据资源层、业务执行层和管理决策层组成的应用架构。

（3）具有企业自定义的工作流管控流程，系统紧密结合企业实际生产情况，将企业人员、流程和业务知识等紧密集成。

（4）可实现移动网络办公，引入移动互联网办公，通过承载具体核心业务的移动终端流程控制，随时随地实现安全管控。

（5）开放扩展的数据交换系统，打造基于SOA的数据共享与交换系统，以企业当前具备的信息化系统平台为基础，集成融合多套系统，以形成全方位的安全管控系统。

面向服务的架构（SOA）是一个组件模型，它将应用程序的不同功能单元（称为服务）通过这些服务之间定义良好的接口和契约联系起来。接口是采用中立的方式进行定义的，它应该独立于实现服务的硬件平台、操作系统和编程语言，这使得构建在各种各样的系统中的服务可以以一种统一和通用的方式进行交互。系统平台架构分为用户端、系统核心区和后台管理区等三个区域，如图 12-2 所示。

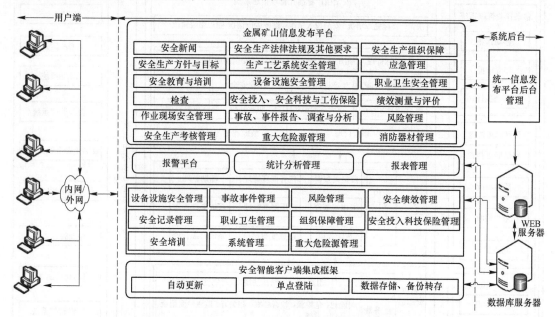

图 12-2　金属矿山安全标准化系统核心技术架构图

用户端：在局域网里，提供安全智能客户端集成操作人机接口。

系统核心区：安全标准化管理的基本功能模块，是系统的主要功能集成区。

后台系统：保证安全标准信息化平台运行的稳定性和性能区，包括防火前、数据库以及 WEB 服务器。

12.2.3　安全生产标准化信息系统功能框架

安全生产标准化信息系统分为 8 大部分：基础网络及硬件设施、标准化创建子系统、标准化运行管理子系统、绩效自评子系统、安全生产知识库、安全生产指导文件网站、系统管理、移动客户端，如图 12-3 所示。

基础网络及硬件设施：在现有局域网环境中架设服务器，安装操作系统和数据库软件。为了保证数据库中数据的安全性，采取数据备份的方式，定期将数据库备份到计算机的其他盘。

标准化创建子系统：为企业的安全生产标准化建设提供规范的制度文件编制指导，同时，收集企业现状的安全生产基本综合信息，即 15 项系统基本达标前置条件，对企业安全生产标准化现状进行评估。

标准化体系运行管理子系统：根据不同角色和部门开发相应的安全管理系统，紧密围绕 14 个一级要素、51 个二级要素展开，形成安全管理功能群，其中包括 14 个大模块、56 个子模块。

绩效自动评分子系统：利用知识库搜索引擎技术和智能分析技术，自动评估各要素建设效果，并输出符合申报要求的自评报告、不符合项汇总表及整改措施汇总表，使企业通过自评能实时了解企业安全生产标准化建设短板所在，并及时完善安全生产标准化建设。

安全生产知识库：安全生产知识库中提供了日常业务管理过程中需要的内容知识，包括标准隐患库、检查表库、法律法规、MSDS 查询等。

安全生产指导文件网站：在该网站中可以灵活定制各种栏目，并对栏目进行各种赋权操作。根据安全生产标准化建立的标准，定义了 15 个栏目，涵盖了安全标准化建设的所有内容，这样就保证了涉及安全标准化的具体建设内容都有相应的信息发布栏对应。

安全生产指导文件网站：它的建设可以有效地推动安全生产标准化体系的全员参与。

系统管理：系统设置、个人工作台等。

移动客户端：具备日常安全教育培训、安全检查、危险源管理、应急管理等现场数据采集、信息上报、信息提醒及管理反馈闭环运作处理功能。

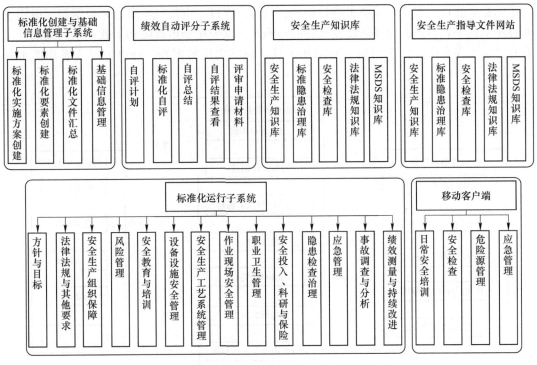

图 12-3　安全生产标准化信息系统功能架构图

12.2.4　安全业务信息系统流程框架

12.2.4.1　安全管理的整体业务

安全生产标准化管理信息系统整体业务流程，主要包括安全标准化的文件制定、运行管理、绩效评价，如图 12-4 所示。

标准文件创建：提供规范的制度文件编制指导、业务工作模板指导等，规章制度满足并超过标准化要求，具体管理流程如图 12-5 所示。根据标准化评分办法要求，维护国家

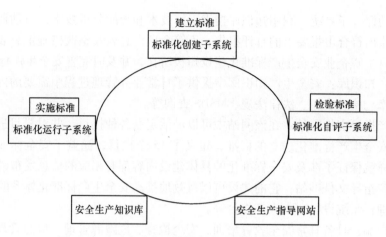

图 12-4　安全生产标准化管理业务信息系统闭环模型

要求的必要文件清单，对照清单进行创建、编辑或修订、审批与发布，并根据制度级别发布在不同的平台，即公司级制度发布在指导网站，供公司全员查阅和下载；车间级制度发布在个人工作台中，供部门员工查阅和下载。标准文件的审查、修订记录查看如图 12-6 所示。

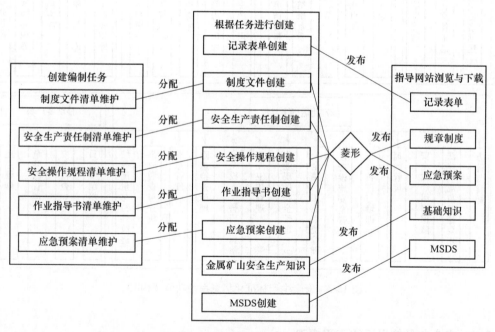

图 12-5　标准化创建操作流程图

标准化运行管理：标准化运行管理的核心与重点是要涵盖安全标准化要求的所有要素，将业务工作规范化、固化。

标准化自评：利用智能分析技术、数据库技术对安全标准化创建及运行过程中形成的记录自动分析，完成评估，汇总不符合项以便持续改进。

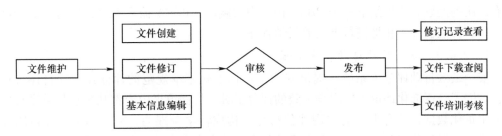

图 12-6　标准化文件管理流程图

12.2.4.2　安全生产标准化信息系统运行管理流程

安全生产标准化系统运行过程中，采用 PDCA 持续改进管理模式。针对金属非金属地下矿山安全生产标准化系统的 14 个一级要素和 51 个二级要素，每个二级要素包括策划、执行、符合、绩效 4 个部分，各要素运行模式如图 12-7 所示。

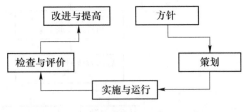

图 12-7　安全生产标准化运行模式

策划（Plan）：包括安全业务的方针和目标确定，生产安全活动计划的制订，以及实施过程中的制度建设与制定、活动计划的制订等。在制度建设中，主要包括活动执行的相关部门、人员及其职责，活动执行的管理程序和过程控制要求，活动执行的方法及原则等。在活动计划的制订中，主要包括活动的基本信息，如时限、相关部门或人员、地点或范围等，活动的内容，如隐患排查项、安全培训内容等。

执行（Do）：执行就是具体运作，实现计划中的内容。具体实施过程中，会通过智能表单来完成业务执行过程。

检查（Check）：总结执行计划的结果，分清哪些对了、哪些错了，明确效果，找出问题。在具体实施过程中，主要是对计划执行情况进行总结与分析，对活动效果进行评估，以找出问题，见表 12-1。

表 12-1　隐患排查整改表

单位：　　　　　　　　　　　　　　　　　　　　　　　　　　　　填报日期：

序号	检查时间	检查人	安全隐患情况	隐患等级	防范措施和整改措施	整改时限	整改负责人	整改完成时间	复查责任人	复查时间	整改结果	备注
1												
2												
3												

绩效（Act）：对总结检查的结果进行处理，成功的经验加以肯定，并予以标准化，或制定作业指导书，便于以后工作时遵循；对于失败的教训也要总结，避免重蹈覆辙；对于

没有解决的问题，应提给下一个 PDCA 循环中去解决。PDCA 循环就是按照这样的顺序进行管理，并且循环不止地进行下去的科学程序。

12.2.4.3　安全绩效自动评分流程

安全绩效自动评分子系统，提供安全生产标准化基本规范的评分细则和自评考核功能，内嵌了与标准化评审工作完全一致的评分工具，指标填报内容都从现有信息系统中直接采集量化数据，结合少量的主观评价打分，构成科学合理的、完善的绩效评价闭环管理。系统确保扣分规范、合理，并全面评估企业的安全生产标准化建设及符合情况，安全绩效自动评分子系统流程图如图 12-8 所示。

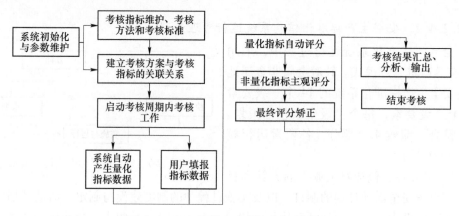

图 12-8　安全绩效自动评分子系统流程图

12.3　安全生产标准化信息建设内容

12.3.1　安全生产标准化基础信息创建及管理

安全生产标准化基础信息创建及管理子系统，是为安全生产标准化体系运行管理提供规范的文件制度和职责划分的编制提供指导，开展企业生产安全现状条件评估。

12.3.1.1　标准化实施方案创建

完成工作流的定制，明确工作流节点执行人职责和任务，制定工作方案及责任划分。

（1）明确机构关联单位及人员职责，建立工作机构推进标准化的构建，实现信息动态化管理；

（2）依据非煤矿山领域安全生产标准化规范，结合矿山实际情况定制工作流，明确工作方案及实施流程。

（3）划分各关联职能部门职责和任务，明确任务及负责人。

12.3.1.2　标准化要素创建

对安全生产标准化管理的 14 个一级要素和 51 个二级要素，建立运行管理过程中的任务创建跟踪与智能提醒，利用进度条实时显示每项任务派发情况，利用颜色区分提醒当前任务是否完成，限期、周期内任务实行智能消息提醒。

12.3.1.3　标准化文件汇总

以企业自有文档管理系统为基础，创建安全生产标准化的制度文件、记录表单、统计表单以及安全生产责任制、安全操作规程、专项应急预案、现场处置方案等标准文件，提供各类文档的新增、修订、发布、下载和在线打印等功能；并提供了全套制度文件及记录表单模板，满足企业制度、文件、规章及计划制订，全面支撑企业运行、实施及统计汇总。

专项应急预案是针对具体的事故类别（如煤矿瓦斯爆炸、危险化学品泄漏等事故）、危险源和应急保障而制订的计划或方案，是综合应急预案的组成部分，应按照综合应急预案的程序和要求组织制定，并作为综合应急预案的附件。专项应急预案应制定明确的救援程序和具体的应急救援措施。

12.3.1.4　文件发布及现场达标贴心提示

针对标准化文件管理，制定标准化文件的系统管理达标细化要求。针对不同文件发布特定需求，温馨提示现场达标标准。

12.3.1.5　企业安全生产基础信息管理

企业安全生产基础信息管理，主要依据企业安全生产标准化体系评审的 15 项前置条件，分基础管理和现场管理两大部分。

基础管理：主要为档案信息，包括主要负责人、安全生产管理人员、特种作业人员、其他从业人员等的姓名、工种、持证情况、安全教育培训情况、工伤保险等情况；根据人员档案信息自动生成安全生产管理机构图，且机构成员链接各安全生产责任制；安全管理制度清单勾选；设备设施检测检验记录台账；安全生产费用记录台账；劳动防护用品发放台账；事故应急救援组织、装备记录清单。

现场管理：主要对现场管理情况进行辨识的清单，包括安全出口、机械通风系统、排水系统、矿井提升运输系统的安全保护装置和供电系统。

12.3.2　安全生产标准化的体系运行管理

12.3.2.1　安全生产方针与目标运行管理

安全生产方针与目标的制定由安全环保部门结合矿山自身特点及国家法律法规进行起草，并通过安全生产标准化信息系统提交至矿长办公会初审，审核通过后在安全生产标准化平台上进行发布征求意见，并将最终修改完善后的安全生产方针文件交由企业安委会及员工代表进行讨论，由矿长登录系统实现在线签署，标准流程图如图 12-9 所示。

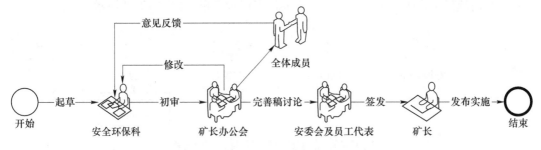

图 12-9　企业安全生产方针制定流程图

安全生产目标管理业务流程如图 12-10 所示。各部门依照分配的目标进行责任落实在线签署责任状,并将安全生产目标进一步分解至车间层面,车间生产负责人确定生产目标后签署安全生产责任状,将车间安全生产目标分解成班组、个人生产目标。安全生产目标制定流程如图 12-11 所示。安全环保部门负责企业安全生产目标执行情况日常检查,并组织考核,将检查记录及考核结果填入安全标准化系统;各部门依照关键指标对目标执行情况进行自查并录入系统后自动递交安全环保科。系统自动生成月度、季度和自定义的效果评估报告。安全环保科可通过系统将制定结果报告递交至安全生产副矿长,副矿长批准后交给企业管理科进行。企业安全生产目标监督、考核流程如图 12-12 所示。

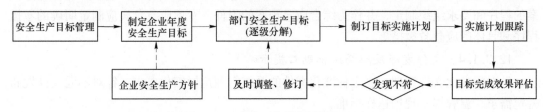

图 12-10 安全生产目标管理流程图

图 12-11 企业安全生产目标制定流程图

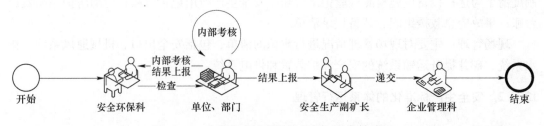

图 12-12 企业安全生产目标监督、考核流程图

安全生产目标评审,由安全环保科组织领导、各级负责人、专家及职工代表等组成评审小组对安全生产目标进行评审,评审结果递交安委会进行审议,判断对原有目标进行沿用或更新,更新则依照前文所述安全生产目标制定流程进行操作。整个评审过程各级单位须在系统内填报工作明细表,系统自动生成评审记录表格,如图 12-13 所示。

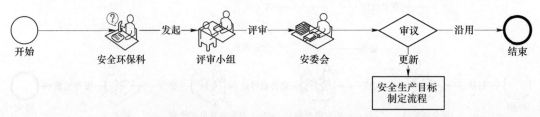

图 12-13 企业安全生产目标评审流程图

12.3.2.2 安全管理制度的运行管理

安全管理制度模块分为法律法规管理、标准化文件管理、评估三个部分，每个部分业务流程如图 12-14 所示。

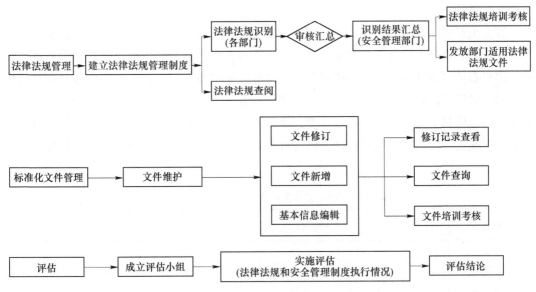

图 12-14　法律法规与其他要求（安全管理制度）业务流程图

对法律法规与其他要求相关文件的获取、评估、更新等操作进行流程化管理：法律法规文件的获取与更新等操作由安全环保科负责，评审则由安全环保科组织企业领导、专家及员工代表等组成评审小组进行评审。

法律法规信息维护管理：系统应提供企业相关的法律法规、行业标准、规章制度等文件构成的数据库，可对数据库内文件进行上传、检索、下载及打印等操作。

规章制度和操作规程的维护和定期更新：相关文件应设置多类别检索，按设定条件自动筛选出符合的相关文件，同时给出符合性评价结果，对符合条件的文件可以在线发布，并对员工反馈的意见进行收集，方便管理员查看。

法律法规查询、展示及下载：安全生产科组织评审小组对法律法规时效性以及规范的正确性定期检查核对，结合评审结果实时提醒废除的法规或不符合现阶段法规的操作规范，并提供多种法规检索方式，管理人员可以及时对须更新内容进行修订，并对修订操作及修订人进行记录，见表 12-2。

表 12-2　法律法规与其他要求评审记录

序号	编号	名称	发布时间	实施时间	类别	评审时间	评审结果	备注
1								
2								
3								

批准：　　　　　　　　　审核：　　　　　　　　　编制：

12.3.2.3　安全生产标准化的组织信息保障

组织机构和人员信息管理：建立组织机构和人员信息数据库，通过动态显示与更新各机构内人员信息与数量，自动生成安全组织机构图，实现对企业各级安全生产组织机构进行动态化管理。

安全生产责任制及其文件资料管理：安全生产责任通过文字形式记录进行落实，各事件责任划分、责任人信息等都须录入系统；生产过程中人员参与情况以事件为单位进行记录，用户需填写事件编号、事件所属部门、事件发生时间、记录人、事件内容及处理情况等，同时提供了以时间、记录人、部门等多种检索方式。安全责任书在线签署并生成对应文件，同时应具备文件下载及打印功能；企业安全生产标准化体系文件录入系统后将自动生成，管理员可以对文件进行修订，修订过程信息生产记录形成记录文件并进行备案，见表12-3。

表 12-3　安全生产责任制说明记录表

时间		主持人		记录人	
地点				说明人	
参加人员					
缺席人员					
责任制说明内容					

供应商和承包商信息管理：设备及其生产过程中涉及的供应商与承包商信息进行录入，包括承包商企业信息、联系方式、规模等基础信息，统计分析各厂家出现问题情况，综合各个方面对企业进行综合评分，方便对下一步合作提供依据，见表12-4。

表 12-4　承包商与供应商信息表

序号	承包商（供应商）名称	公司法人	经营范围	各种资质	有效期	联系人	承包（供应）期间安全表现评估

外部联系与内部沟通协调管理：企业内部与企业间信息流通自动监测并形成相关记录，信息采用文件模式构建，将安全沟通记录及其安全事项按时向相关各方发布，检索查阅相关人员处理意见及处理时间，明确各联系过程中参与人及负责人信息和处理情况，见表12-5。

表 12-5　外部联系与内部沟通记录表

沟通部门		反馈部门	
沟通内容：			
反馈内容：			
沟通结果及落实情况：			

沟通人：　　　　日期：

反馈人：　　　　日期：

说明：（1）支撑对象：＊＊＊＊＊公司《外部联系与内部沟通管理制度》；

　　　（2）适用范围：各车间、各科室对内、对外；

　　　（3）要求：各车间、科室每月 26 日前将本部门与内、外部联络的情况报安全科；

　　　（4）保存期限五年。

12.3.2.4　重大危险源信息管理

依据风险隐患排查为基础的管理理念，开展矿山存在的危险有害因素辨识与评价，对重大危险源进行评价、分级、申报、监控，提供重大危险源在线实时监控。对高危作业进行关键任务识别、观察，保证安全作业，如图 12-15 所示。

危险源辨识与评价信息：对矿山存在的危险有害因素按照区域场所、设备、岗位作业过程等进行辨识，对作业范围内的危险源进行辨识分析与分级管理，细化危险源录入信息，专业技术人员或管理人员对危险源进行评价并确定其等级，制定控制措施和监控频率。要求危险源录入时须输入危险源企业内部编号、所属工区或车间编号、危险源类型、工种/工艺/设备类型、作业性质、原因、危险源更新时间、地点等基础信息，提供危险源的单位、风险类型、风险等级等因素供查询及统计分析，提供分析结果的文件输出。

重大危险源监控与维护信息：对企业内所有重大危险源进行存档，对与危险源有关的所有信息及操作进行记录，实时更新危险源信息，管理员可以随时调取危险源信息并实时查看，对可能的风险事件进行详细记录，并提供增加、修改记录功能，对已完成任务可以进行删除。

重大危险源信息管理：通过对危险源进行档案化管理，将所有重大危险源进行在线监

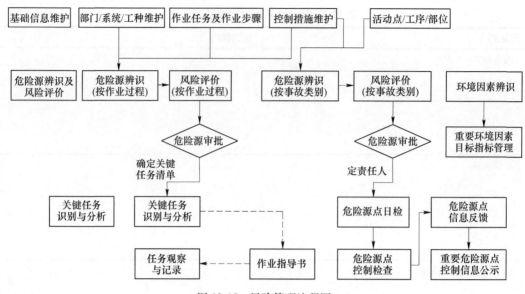

图 12-15   风险管理流程图

测管理，与之相关的操作或施工之间进行的风险评估结果录入系统；同时对重大危险源建立台账制度，进行分级监控，按照"集团公司—上级公司—矿山企业"三级分工，落实监管责任，对不同危险源进行管理。

关键任务识别与分析：对高危作业项目进行管理，作业类型、项目具体内容、起止时间、地点、负责人、作业人员资格等信息录入后自动生成记录表格，管理员可查看各部门审批意见及审批负责人等信息。

12.3.2.5   安全教育与培训信息管理

对安全管理中的安全教育与培训，实现信息的全流程管理，从培训需求调查、培训计划制定、培训实施、培训总结开展全过程的管理，让员工按照要求接受教育培训，提升安全素养和技能，让培训管理人员对过程达到可控管理，做到持续改进。

培训记录全流程信息管理：安全教育与培训的管理，包括安全培训计划的制定、安全培训的执行、安全培训的考核、安全培训结果评估这一业务流程。

安全培训计划制订是由安全环保部门以及矿、车间、班组的负责人负责，针对不同人员的安全培训的需求，制定相应的年度、季度和月度安全培训计划，包括岗前三级培训教育、企业负责人和安全管理人员安全培训、专项安全培训、特种作业安全培训、转岗安全培训、其他培训等，信息管理系统提供培训计划的审核、添加、编辑、删除等功能，以制定培训计划如图 12-16 所示。

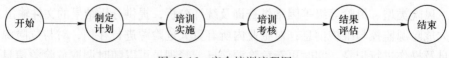

图 12-16   安全培训流程图

安全培训执行信息管理，对审核通过的计划，及时组织开展相应的安全培训，记录培训时间、培训内容、培训单位、参与培训的人员等信息，并生成标准数据文件。

培训考核及证件信息管理，实现安全培训的考核、证件等信息进行管理和查阅。安全培训结束后，由安全管理部门等组织安全培训考核，人力资源部门对考核成绩进行记录归档和成绩标准文件的生成。跟踪管理证件期限，对快到期证件的持证人员进行短信、邮件的提醒。

安全培训评估，安全环保部门以及各类计划的负责人员按照月、季度、年等对计划的执行和考核情况进行评估，按照不同的需求生成培训评估报告，为下一个月、季度、年培训计划的编制提供依据，如图 12-17 所示。

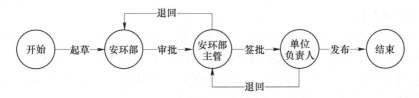

图 12-17 安全培训评估流程图

安全文化建设活动信息记录管理，对安全文化活动的全流程记录管理，即安全文化活动的计划、策划、开展以及最后的结果评估；并通过对安全文化活动的记录和结果评估，了解全员的安全意识情况和制定下一步的安全文化活动形式。安全文化活动的计划、策划、开展以及评估记录的业务流程如图 12-18 所示。

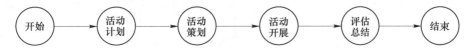

图 12-18 安全文化建设活动流程图

12.3.2.6 安全生产工艺系统信息管理

安全生产工艺系统信息管理的目的在设计阶段对安全措施进行审核把关，对生产阶段的工艺环境、工艺流程、生产保障系统进行检查。

安全生产工艺设计要求在管理设计阶段对生产工艺系统带来的风险，从源头开始解决，控制生产过程中的风险。其业务流程如图 12-19 所示。

图 12-19 安全生产工艺设计流程图

（1）设计管理制度的制定是由安全环保部门根据不同生产工艺的安全要求起草，然后交由相关部门或组织审批，审批通过后再交给企业负责人批准，最后在安全标准化系统平台公布实施。对于需要修订的制度，经修订后需再次交由之前的审批部门或组织进行审批，最后由企业负责人通过后公布实施。其主要的工作流程如图 12-20 所示。

（2）设计要求运行控制：企业依据设计管理制度的要求进行生产工艺设计的设计、审核、监督与管理工作，设计完成后由安全环保部门等有关科室的专业技术人员进行评审、会审，最后由总工程师签字后生效。评审、会审的过程由安全环保部门等相关科室记录在

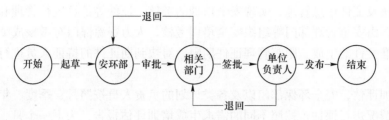

图 12-20　安全生产工艺设计审批流程图

安全标准化系统平台。

（3）采矿工艺安全管理：采矿生产过程中，资源储量管理人员及时填写资源储量管理台账，根据日常的地质测量数据按期如实地填写台账和计算资源储量变动数据以及相关指标，对造成损失的原因进行定期分析。安全环保部门对现场施工与设计的符合性、安全工程及措施的落实等进行监督检查，并保存检查记录。

（4）生产保障系统主要针对地下矿山生产中的提升运输、供配电、通风、防排水、防灭火、充填、安全避险七大系统等环节，建立相应的生产保障系统，保障安全生产的连续性。首先企业针对各个环节进行规范管理，制定相应的规章制度，然后企业生产保障系统的管理部门负责按照制度要求对系统进行日常的维护管理并记录，安全环保部门以及生产技术部门要对各个系统的状态及管理情况进行检查并保存原始记录，如图 12-21 所示。

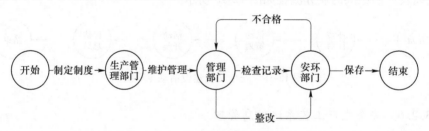

图 12-21　生产保障系统管理流程图

（5）生产信息的动态变化管理，首先要识别给企业带来影响的变化，如法律法规等的变化、组织机构变动、流程变化、人员变化、作业环境变化、生产工艺及作业方式变化、设备设施材料以及新技术等的应用，然后对已经识别的变化进行变化管理，企业各部门在实施变化前组织风险评估，再由企业和安环部门对变化进行审批，通过变化管理审批，将变化的事项、时间、地点、采取措施、实施人等记录在安全标准化系统中。最后对已经审批通过的变化进行风险控制，实施有效的风险控制措施。变化管理的流程如图 12-22 所示。

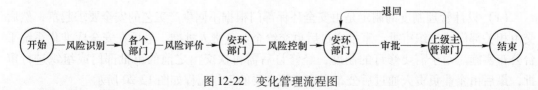

图 12-22　变化管理流程图

12.3.2.7　设备设施安全信息管理

从安全角度对设备进行管理，就是要对设备设施进行台账管理，建立设备档案卡，将设备的类别，操作规程以及维护与检验、设备变更、设备报废等信息详细记录下来。同时对设备设施的整个业务流程实现信息化过程管理，包括设备设施计划和采购、安装（建设）、调试、验收、使用、维护、维修、检测、检查、停用、恢复到最后的报废过程，其业务流程如图 12-23 所示。

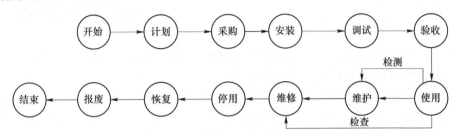

图 12-23　设备设施管理流程图

（1）设备分类信息，首先将设备设施分为安全设备设施、环保设备设施、特种设备三大类，其中各大类中又有细分，如图 12-24 所示。

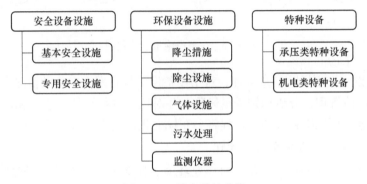

图 12-24　设备设施分类

按照企业对设备设施的分类实现分类信息台账管理，包括设备设施的基本信息、设备点检记录、设备运行记录、设备维修记录、报废信息；同时，通过附件上传的形式，还可以及时查看该设备的安全操作规程。系统根据设备生产日期和使用年限，自动提醒过期的设备。

（2）设备设施计划和采购信息，对于设备设施的计划采购需按照严格的流程进行，且选购的设备必须符合国家标准要求。设备设施计划和采购流程如图 12-25 所示。

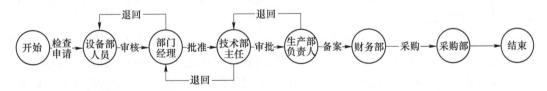

图 12-25　设备设施的计划和采购流程图

（3）设备保养和维护维修信息，对设备设施进行保养和维护维修的安全管理，并将详细信息记录到系统中，对需要定期进行保养和维护的特种设备、重点设备等，系统设置好定期维护时间后，根据保养周期和上次保养的日期，系统会以短信和系统消息的形式提醒设备设施的负责人进行设备设施的保养和维护。

（4）设备检查检修信息，给出设备设施安全检查表，记录并保存检查明细，便于查询。同时根据检查周期和上次检查日期，系统以短信和系统消息的形式自动提醒。

（5）设备检测信息，类似设备检查过程，提供设备设施检测过程记录和自动提醒功能。

（6）设备停用和恢复信息，设备的停用和恢复审批，根据相应的工作流程，清晰规范地记录并展现设备设施停用和恢复的详细过程。

（7）设备报废信息，凡符合报废条件的固定资产设备设施由各车间向设备部门提出报废申请，并现场检定，填写《固定资产报废审批表》，公司领导及上级主管部门批准后，最后再向财务部备案由财务部做好残值回收工作，方可报废。其报废流程为如图 12-26 所示。

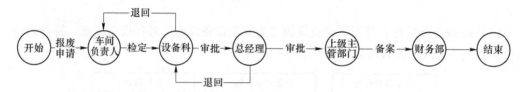

图 12-26　设备设施报废流程图

（8）设备设施变更风险信息管理，对于设备设施状态发生变化的情况，必须对其进行设备设施变更风险管理，分析识别变更风险，并对风险进行评估，制定相应的控制措施并实施。设备设施变更风险管理的全过程将会在标准化系统中进行记录管理。

12.3.2.8　作业现场安全信息管理

作业现场安全管理主要目的在于对作业环境、作业过程、作业人员进行全面的管理，包括作业安全管理台账、资质管理台账和劳动保护用品管理。

作业安全管理台账：作业安全管理由矿山企业安环部门制定作业现场管理制度，各部门和各车间按照作业现场管理制度的规定进行现场作业环境管理和作业过程管理。通过信息管理系统对作业环境和作业过程提供台账管理，将现场作业环境情况和检查结果详细记录在台账中。主要包括：作业现场管理制度，即安环部门根据作业现场情况依照国家的相关法律法规制定，并通过信息管理系统上传、查看、修订和下载；作业环境管理，主要针对有危险因素的作业场所和设备设施，设置明显的安全警示标志、围栏、警戒区域等。作业过程管理，是指对生产作业过程中的各种事故风险进行风险因素识别、风险因素分析、风险隐患控制等管理工作。

案例分析：对于生产过程中涉及的危险作业（动火作业、受限空间内作业、临时用电作业、高处作业等），进行过程管理，作业人员申请特殊作业证，经各级审批通过后方能持证上岗，系统需对其中的每个过程进行详细的记录。例如，动火证，动火分为特殊危险动火、一级动火和二级动火。对不同级别动火审批主要在于审核的部门权限差异，特殊危险动火通过分管领导审核、一级动火通过安全管理部审核、二级动火通过车间、部门领导审核；开展动火作业的现场风险分析，制定安全防范措施，获取分析项、分析结果等信息；开展现场动火作业，将现场实施情况回填入系统。动火作业审批流程如图 12-27 所示。

图 12-27　一级动火证审核流程图

资质管理台账：资质管理台账信息主要由人力资源部统一管理，对人员安全资格及外包企业资质证书、安全生产资格证进行登记、归档，对快到期的安全生产许可证，系统将以手机短信和系统提示的方式自动智能提醒相关人员。

劳动保护用品管理：供应处负责制定公司劳动保护用品管理办法、发放标准，负责劳动保护用品的采购、质量、入库、保管、发放等台账的创建等，各部门负责本部门的劳保用品计划申报，安环部相关安全员负责审批，如图 12-28 所示。

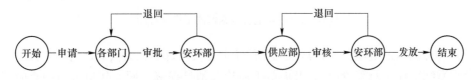

图 12-28　劳保用品发放流程图

12.3.2.9　职业卫生信息管理

职业卫生管理工作主要包括三大部分内容，即职业危害因素的监测、作业人员的健康监护以及职业健康的宣传教育与培训，总体上遵循策划、运行及控制的管理流程，如图 12-29 所示。职业卫生信息管理就是依据职业健康管理制度，管理作业中存在的职业危险有害因素，使其达到职业安全要求，并对产生的文件、资料等信息进行管理。其中，包括制定职业健康管理制度、发布职业卫生信息，供相关人员查看、增减、删除、修订等操作。

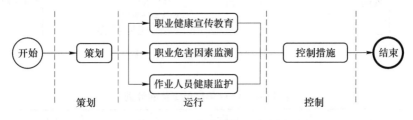

图 12-29　职业卫生管理流程图

（1）职业危害因素的监测，是职业卫生管理的重点，遵循如图 12-30 所示工作流程：按照《职业病危害因素分类目录》找出各生产部门中存在的职业病危害因素，然后依据国家应急管理部给出的申报表进行填写，并向所在地市（县）级人民政府安全生产监督管理部门申报。接到申报回执后，将已申报的职业危害因素下发给安环部，安环部根据危害因素的性质、所在部门以及接触的人员数量等具体情况制定职业卫生监测计划（该计划包括监测对象）、监测方案（方法、频次、记录、结果处置以及整改措施）、负责监测的责任部门及责任人。该计划待上级领导审核通过后通知相应的监测人员进行现场的监测，并及时填报监测结果上报安环部，建立数据管理台账并提供下载输出功能。安环部门通过分析监测结果数据，找出危害所在，从而制定相应的措施（监测设备的校正、监测人员的培训、危险因素的控制以及警示标志的设置），通知相关人员或部门进行整改，然后对整改结果进行复查，并作全工程的备案记录，保证管理的痕迹化。

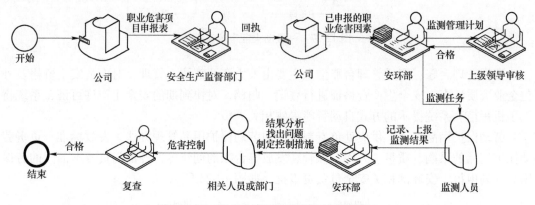

图 12-30　职业危害因素监测工作流程图

（2）作业人员的健康监护，涉及的部门主要是安环部、人力资源部与职工医院和财务部（负责缴纳医疗诊断等费用），开展员工体检及消息提醒、职业病患者与调查的档案标准文件创建管理，该项管理其工作流如图 12-31 所示。其中体检计划表见表 12-6，患者信息档案见表 12-7，安环部根据职工医院反馈的体检信息采取相应的安全防护及整改措施，如改善作业环境、设置警示标语或通知人力资源部调离或调换岗位等，视具体情况而定。

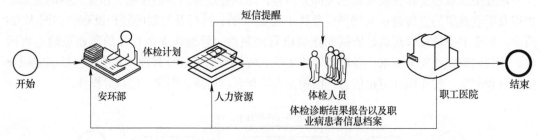

图 12-31　人员健康监护工作流程图

表 12-6　××××年度员工体检计划

序号	体检性质	体检项目	体检对象	体检医院	体检时间	备案
1						
2						

表 12-7　××××年度职业危害接触人员职业健康档案汇总表

序号	姓名	性别	出生年月	部门	岗位	专业工龄	体检日期	诊断单位	诊断情况	病情变化	整改措施
1											
2											

（3）职业健康宣传教育：首要的工作就是编制教育计划，明确教育的内容、形式、频次、对象等，其具体过程见安全教育与培训。

12.3.2.10　安全投入、安全科技与工伤保险

安全投入、安全科技与工伤保险主要包括安全费用投入管理、科技成果信息管理和工伤保险信息管理，为安全标准化发展提供经费保障。

（1）安全费用投入管理，是制定安全生产费用使用计划和建立费用使用跟踪台账，安全生产管理部门制订费用使用计划，经主管安全生产的副矿长审核通过后，按计划分配和开展安全活动，将费用使用情况实时上报财务部记账统计，保证完整的安全生产费用提取和使用记录，并定期将汇总结果向上级领导汇报、审核，其工作流程如图12-32所示。其中，安全生产费用（项目）使用情况汇总表（统计表）及信息台账分别见表12-8和表12-9。

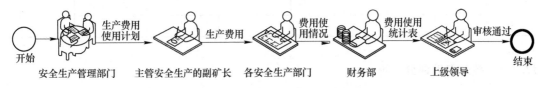

图 12-32　安全费用投入管理工作流程图

表 12-8　××××年度安全生产费用使用情况汇总表　　　　（万元）

序号	单位代号	单位	上年结转	本年度提取安全费		本年度累计可用量	本年度累计使用		安全费余额	未列支安全费的项目		本年度安全总投入		
				当月提取	累计提取		当月使用	累计使用		当月发生	年度累计	当月投入	累计投入	总投入率
1														
2														

表 12-9　××××年度安全生产费用项目使用情况统计表　　　　（万元）

序号	项目	本年度当期累计	当期发生	其　　中				费用来源	备案
				建设工程	设备费	工器具	其他费用		
				（一）列支安全费的项目					
1									
2									
3									
合计									

（2）科技成果信息管理，通过信息平台组织安全科技的立项、组织开展成果评定，最后将科技成果通过信息平台进行发布。信息发布平台不仅可以记录安全生产科技成果信息，而且还提供数据的增、删、改、查询、输出等功能。

（3）工伤保险信息管理，根据《工伤保险条例》的规定，按时为每位职工缴纳工伤保险费和安全生产责任保险费，并及时将缴纳信息在系统中填报，供员工及相关监督部门查看。通过查看系统信息，工伤保险管理部门发现逾期未缴纳的可短信通知人力资源科及时为员工缴纳相关费用，并将工伤事故人员数量及相应的事故赔偿情况进行系统填报，实现系统化的管理，其工伤赔付统计表见表 12-10。

表 12-10　工伤赔付统计表

序号	姓名	事故发生时间	是否评残	伤残等级	医疗救治费用/元	医疗补偿费用/元	备注
1							
2							
3							
⋮							

12.3.3　绩效自动评分系统

安全生产管理绩效自评信息系统，为企业提供安全生产标准化基本规范评分细则的自评考核功能。按照标准化自评流程构建，内嵌了与标准化评审工作完全一致的评分工具，确保扣分规范、合理，并能全面评估出企业的安全生产标准化建设及符合情况，主要实现以下功能：

第一，通过在"标准化创建"及"安全运行标准化管理"各功能模块中设计智能表单，确定关键词用于自动评估扣分情况，实现标准化考评的自动评分；

第二，多部门、多人员协同执行考核评分任务，综合统计汇总；

第三，结合考核分数输出各要素的得分雷达图，使企业通过自评能实时了解企业安全生产标准化建设薄弱环节，并及时完善安全生产标准化建设；

第四，系统将结合企业输入的基本信息及考核情况自动输出一套符合向安全生产标准化评审主管单位申报的自评报告、不符合项汇总表及整改措施汇总表。

12.3.3.1　安全绩效指标维护

系统提供了对 14 类安全绩效指标的维护，实现对底层指标、二级指标和一级指标的分类维护，对指标项增、删、改及指标分值的修订，强制保证该底层指标数值之和保持不变以及与上一级指标层的关联，如底层指标统一删除，其分值则分配到上一层其他指标项中。

12.3.3.2　绩效评价流程管理

成立绩效评价小组，布置多部门、多人员协同执行考核评分任务等，建立绩效评价信息数据库。

12.3.3.3　实施评分

通过提取在"标准化创建"及"安全运行标准化管理"各功能模块中设计智能表单数据，利用推理引擎的技术确定关键词以获取自动评分扣分情况，同时，对于无法量化的数据，采用主观打分的方式进行打分，最后对两者综合汇总，形成绩效评分结果。

12.3.3.4　结果查看

对自评结果可在系统内查看，并提供图形统计功能，结合考核分数输出各要素的得分雷达图。生成预定格式的报告及表格，在有预定模板并结合输入信息的情况下可以输出符合安全标准化评审主管单位申报的自评报告、不符合项汇总表及整改措施汇总表。

12.3.3.5 自评结果通报

绩效评定结果管理中，将结果经企业主要负责人审批后，以正式文件的形式在信息发布平台发布，向所有部门、所属单位和从业人员通报，可以实现通报功能。

12.3.4 安全生产知识库及指导文件的网站建设

集成相关的安全生产知识，包括安全生产知识库、标准隐患库、安全检查库、法律法规知识库、MSDS（化学品安全技术说明书）知识库，将这些安全知识创建安全标准化的知识数据库（Microsoft SQL Server），由知识库的管理员提供上传、导入、编辑或者删除等相关库的数据或文件的操作，并提供客户端或者网站进行访问、搜索、查看及下载文件。

企业安全生产指导文件网站的创建，数据传输采用内部网发布方式进行，从矿内安全标准化信息系统服务器获取或由部门手工录入或批量导入获取信息，包括安全新闻、安全生产方针与目标、安全生产法律法规及其他要求、安全生产组织保障、风险管理、安全教育与培训、生产工艺系统安全管理、设备设施安全管理、作业现场安全管理、职业卫生安全管理、安全投入、安全科技与工伤保险管理、检查、应急管理、事故事件报告调查与分析管理、绩效测量与评价等 15 个栏目。WEB 服务器采用 IIS（Internet Information Server）服务，存储和发布的数据信息通过系统权限控制，各部门显示屏的控制终端上只需要安装 Web 浏览器即可。

网站建设提供移动端软件应用，其功能具备日常安全教育培训、安全检查、危险源管理、应急管理等，可以提供信息上报、信息提醒及管理反馈闭环运作处理，查看本人所对应的安全检查表，上传检查结果记录；当发现隐患时，可通过软件将隐患信息通过拍照、语音、短视频摄像、文字填写等功能进行填报。系统可在离线和在线两种模式下工作，即使在没有网络的情况下，用户也可以使用如安全检查记录、隐患记录等功能，待有网络时系统再将其记录自动上传至服务器。

12.3.5 系统管理

系统管理主要是对管理员开放的系统功能，主要功能包括基础信息维护管理、数据库字典、系统日志管理、系统信息管理等。

基础信息维护管理包括安全生产标准化评分办法维护、矿山安全绩效指标维护、危险源辨识评价指标维护等各安全业务活动中涉及的基础信息维护，主要实现的是对数据字典的增、删、改、查功能。

数据库字典实现的是对系统的所有基础数据字典的查看管理功能。

系统日志管理实现的是对系统的日志信息的查看和统计。

系统信息管理包括系统参数以及数据监控的管理。

系统参数实现的是对系统参数的显示和系统资源的管理。

数据监控实现的是对数据库运行状态的监控功能。

12.4　安全生产标准化数据信息化管理

12.4.1　数据描述方法

安全管理中，数据常用的描述方法有统计表和统计图两种。统计图又分为条形统计图、扇形统计图、折线统计图、雷达图和频率分布直方图。

12.4.2　数据信息化管理原则

（1）操作简单性：海量及多样性的数据条件下，对于数据信息化要求不需要复杂操作界面就能达到数据管理的目的，重复操作的过程采用自动化手段实现。

（2）数据可用性：可用性不仅涉及界面的设计，也涉及整个系统的技术水平，其通过人的因素来反映和用户操作任务去评价，并对不同领域选择评价的参数和指标不同，同时要考虑非正常操作情况，如用户疲劳、注意力比较分散、紧急任务、多任务等。

（3）安全可靠性：为防止机密数据的泄露，必须采取安全保密措施，数据只能被有权限的用户进行访问和处理。

（4）管理规范性：建立数据管理实施标准（规范、规程、制度等）和数据管理组织架构规范，制定数据采集、传输、储存、监控、分析的工作规范及数据管理工作流程，健全数据管理监控体制，实现数据采集标准化、数据运行自动化、数据分析制度化以及管理人员定期培训等。

12.4.3　数据信息化的关联关系

（1）原始单据与实体之间的关系，一般情况下，它们是一对一的关系，即一张原始单据对应且只对应一个实体。在特殊情况下，它们可能是一对多或多对一的关系，即一张原始单证对应多个实体，或多张原始单证对应一个实体。

（2）主键与外键，一个实体不能既无主键又无外键。在 E-R 图中，处于叶子部位的实体，可以定义主键，也可以不定义主键，但必须要有外键。

（3）基本表的性质，基本表与中间表、临时表不同，具有如下四个特性：原子性基本表中的字段是不可再分解的；原始性基本表中的记录是原始数据（基础数据）的记录；演绎性由基本表与代码表中的数据，可以派生出所有的输出数据；稳定性基本表的结构是相对稳定的，表中的记录是要长期保存的。

理解基本表的性质后，在设计数据库时，就能将基本表与中间表、临时表区分开来。

（4）范式标准，基本表及其字段之间的关系，应尽量满足第三范式。但是，满足第三范式的数据库设计，往往不是最好的设计。为了提高数据库的运行效率，常常需要降低范式标准，适当增加冗余，达到以空间换时间的目的。

12.4.4　安全生产标准化信息交互标准

12.4.4.1　消息推送接口

消息推送中间件主要用于 Web 客户端、Android 客户端和 ios 客户端，为消息传递而设计的推送系统。推送是基于 TCP/IP 协议，使用 Java 的 socket 进行通信，利用支持高性能、高可靠性的 Netty 框架来开发的。Netty 是 jBoss 提供的一个 Java 开源框架，并提供了异步的、事件驱动的网络应用框架和工具。使用了 MySQL 数据库，其中数据库的主要作用是对于推送系统中涉及的必要缓存的保存，防止推送服务器崩溃时消息的遗失。

案例分析：Android 设计框架如图 12-33 所示。

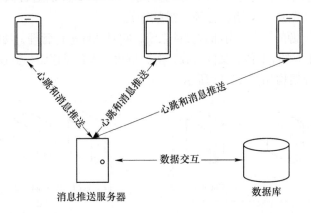

图 12-33　Android 设计框架图

消息推送流程图如图 12-34 所示。

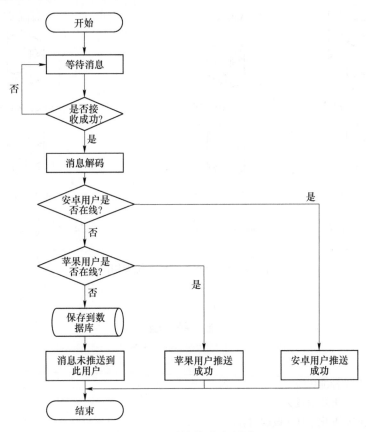

图 12-34　消息推送流程图

12.4.4.2　分布式文件系统接口

选择轻量级的开源分布式文件系统 FastDFS，主要解决了大容量的文件存储和高并发访问的问题，实现文件存取时的负载均衡。FastDFS 实现了软件方式的 RAID，由廉价 IDE硬盘进行存储，支持存储服务器在线扩容、支持相同内容文件单一性，节约磁盘空间，只能通过 Client API 访问，不支持 POSIX 访问方式。FastDFS 特别适合大中型网站使用，用来存储资源文件（如图片、文档、音频、视频等）。

FastDFS 是一个开源的轻量级分布式文件系统，它对文件进行管理，功能包括：文件存储、文件同步、文件访问（文件上传、文件下载）等，解决了大容量存储和负载均衡的问题。

分布式文件系统架构如图 12-35 所示。

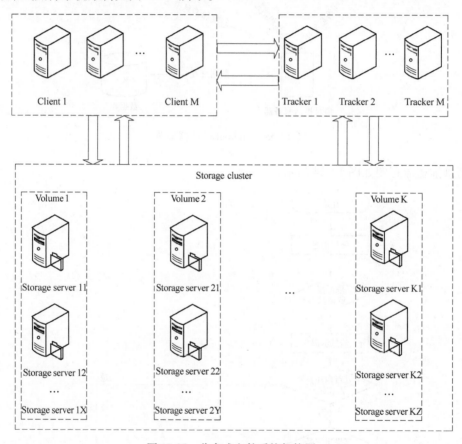

图 12-35　分布式文件系统架构图

思　考　题

12-1　什么是安全生产标准化？

12-2　试述安全生产标准化的意义。

12-3　简述安全生产标准化信息建设的内容。

参 考 文 献

[1] 中国地质调查局国际矿业研究中心. 全球矿业发展报告 2020—2021 [M]. 北京：地质出版
社，2021.

[2] 中华人民共和国自然资源部. 中国矿产资源报告 2021 [M]. 北京：地质出版社，2021.

[3] 钱鸣高，石平五，许家林. 矿山压力与岩层控制 [M]. 徐州：中国矿业大学出版社，2010.

[4] 曹树刚，勾攀峰，樊克恭. 采煤学 [M]. 北京：煤炭工业出版社，2017.

[5] 高永涛，吴顺川. 露天采矿学 [M]. 长沙：中南大学出版社，2010.

[6] 叶海旺. 露天采矿学 [M]. 北京：冶金工业出版社，2019.

[7] 赵红泽，曹博. 露天采矿学 [M]. 北京：煤炭工业出版社，2019.

[8] 周英. 采煤概论 [M]. 北京：煤炭工业出版社，2015.

[9] 王玉杰. 爆破工程 [M]. 武汉：武汉理工大学出版社，2018.

[10] 翁春林，叶加冕. 工程爆破 [M]. 北京：冶金工业出版社，2016.

[11] 王青，任凤玉. 采矿学 [M]. 2 版. 北京：冶金工业出版社，2011.

[12] 吴爱祥，王勇，张敏哲，等. 金属矿山地下开采关键技术新进展与展望 [J]. 金属矿山，
2021（1）：1-13.

[13] 方新秋，梁敏富. 智能采矿导论 [M]. 徐州：中国矿业大学出版社，2010.

[14] 国家安全生产监督管理总局煤矿智能化开采技术创新中心，陕西陕煤. 第一届煤矿智能化开采黄
陵论坛论文集 [M]. 北京：煤炭工业出版社，2017.

[15] 蔡美峰，谭文辉，吴星辉，等. 金属矿山深部智能开采现状及其发展策略 [J]. 中国有色金属学
报，2021，31（11）：3409-3421.

[16] 张宏伟. 煤矿绿色开采技术 [M]. 徐州：中国矿业大学出版社，2015.

[17] 王子云，何晓光，康祥民. 绿色矿山评价与建设 [M]. 北京：中国石化出版社有限公司，2021.

[18] 尹国勋. 矿山环境保护 [M]. 徐州：中国矿业大学出版社，2010.

[19] 曹运江，戴世鑫，蒋建良，等. 矿山地质环境保护和恢复治理理论与实践 [M]. 徐州：科学出版
社，2017.

[20] 张国枢. 通风安全学 [M]. 徐州：中国矿业大学出版社，2021.

[21] 连民杰. 矿山灾害治理与应急处置技术 [M]. 北京：气象出版社，2012.

[22] 易俊，黄文祥. 矿山事故应急救援技术 [M]. 北京：煤炭工业出版社，2019.

[23] 霍文. 数字矿山数据标准化研究与实践 [M]. 徐州：中国矿业大学出版社，2020.

[24] 韩茜. 智慧矿山信息化标准化系统关键问题研究 [M]. 北京：中国质检出版社，中国标准出版
社，2018.

[25] 赵小虎. 物联网与智能矿山 [M]. 北京：科学出版社，2016.

[26] 连民杰，李晓飞. 金属非金属矿山安全标准化建设理论与实务 [M]. 北京：气象出版社，2012.

[27] 杨军伟. 采矿工程专业导论 [M]. 徐州：中国矿业大学出版社，2017.

[28] 黄志安，张英华. 采矿工程概论 [M]. 北京：冶金工业出版社，2014.